课堂实录

AutoCAD

园林设计与
施工图绘制

陈志民 / 编著

课堂实录

清华大学出版社

北 京

内容简介

本书是一本AutoCAD的园林设计案例教程，针对实际工程案例，以课堂实录的形式，系统地介绍了使用AutoCAD进行园林设计与绘图的相关技术。

全书共3篇18章，依次介绍了AutoCAD的基本知识和基本操作，以及园林水体、园林山石、园林建筑、园路、园林铺装、园林植物、园林小品等园林元素的相关设计知识和施工图绘制方法。最后以住宅小区、屋顶花园、小游园和道路绿化园林4个大型案例，综合演练前面所学知识，以便读者积累实际工作经验。

本书免费提供多媒体教学光盘，包含160个课堂实例、共1080分钟的高清语音视频讲解，老师手把手的生动讲解，可全面提高读者的学习效率和兴趣。

本书内容丰富，结构层次清晰，讲解深入细致，具有很强的实用性，可以作为园林技术人员的参考书，也可以作为高校相关专业师生计算机辅助设计和园林设计课程参考用书，以及社会AutoCAD培训班配套教材。

图书在版编目(CIP)数据

AutoCAD园林设计与施工图绘制课堂实录/陈志民编著. --北京：清华大学出版社，2016
（课堂实录）
ISBN 978-7-302-40540-5

Ⅰ．①A… Ⅱ．①陈… Ⅲ.①园林设计-计算机辅助设计-AutoCAD软件　Ⅳ．①TU986.2-39

中国版本图书馆CIP数据核字（2015）第137546号

责任编辑：陈绿春
封面设计：潘国文
责任校对：胡伟民
责任印制：宋林

出版发行：清华大学出版社
　　　　　网　　址：http://www.tup.com.cn，http://www.wqbook.com
　　　　　地　　址：北京清华大学学研大厦A座　　　　　邮　　编：100084
　　　　　社 总 机：010-62770175　　　　　　　　　　 邮　　购：010-62786544
　　　　　投稿与读者服务：010-62776969，c-service@tup.tsinghua.edu.cn
　　　　　质 量 反 馈：010-62772015，zhiliang@tup.tsinghua.edu.cn

印 装 者：北京密云胶印厂
经　　销：全国新华书店
开　　本：188mm×260mm　　　　　　　印　张：23.5　　　　　字　数：695千字
　　　　　（附DVD1张）
版　　次：2016年2月第1版　　　　　　印　次：2016年2月第1次印刷
印　　数：1～3500
定　　价：59.00元

产品编号：055430-01

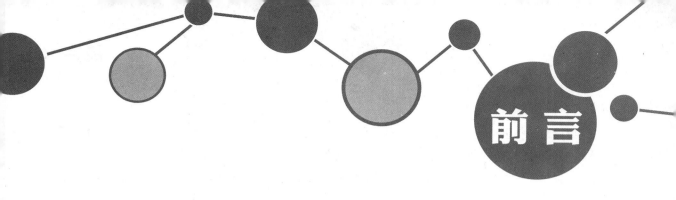

前　言

　　园林设计是一门研究如何应用艺术和技术手段处理自然、建筑和人类活动之间复杂关系，达到和谐完美、生态良好、景色如画之境界的一门学科。工作范围包括庭园、宅园、小游园、花园、公园以及城市街区、机关、厂矿、校园、宾馆饭店等。

　　AutoCAD的全称是Auto Computer Aided Design(计算机辅助设计)，作为一款通用的计算机辅助设计软件，它可以帮助用户在统一的环境下灵活完成概念和细节设计，并在一个环境下创作、管理和分享设计作品，所以十分适合广大普通用户使用。AutoCAD目前已经成为世界上应用最广的CAD软件，市场占有率居世界第一。

本书主要特点

　　（1）完善的知识体系

　　本书从AutoCAD基础知识讲起，然后针对园林设计行业，详细讲解了园林水体、山石、建筑、园路等园林元素的相关设计知识和施工图绘制方法。最后以住宅小区、屋顶花园、小游园和道路绿化园林4个大型案例，综合演练前面所学知识，以便读者积累实际工作经验。环环相扣，知识全面。

　　（2）丰富的经典案例

　　本书所有案例针对初、中级用户量身订做。针对每节所学的知识点，将经典案例以实战案例的方式穿插其中。与知识点相辅相成。

　　（3）实时的知识提醒点

　　AutoCAD绘图和园林设计的一些技巧和注意点拨贯穿全书，使读者在实际运用中更加得心应手。

　　（4）实用的行业案例

　　本书所有实例都取材于实际园林工程案例，具有典型性和实用性，使广大读者在学习软件的同时，能够了解园林设计行业的绘图特点和规律，积累实际工作经验。

　　（5）手把手的教学视频

　　全书配备了高清语音视频教学，清晰直观的生动讲解，使读者学习更有趣、更有效率。

本书主要内容

　　本书以AutoCAD 2014为平台，系统讲解了AutoCAD在园林景观制图中的设计方法、绘制过程和相关技巧。全书分为3个部分，包括基础知识篇、园林设计篇和综合实例篇。

　　第1篇为基础知识篇，讲解了园林设计的基本概念和AutoCAD入门的相关基础知识，包括AutoCAD图形绘制、编辑、尺寸标注、块等内容，为后面的具体设计打下坚实的软件基础。

第2篇为园林设计篇，按照园林设计的流程，分别详细讲解了园林水体、园林山石、园林建筑、园路、园林铺装、园林植物、园林小品等园林元素的相关设计知识和施工图绘制方法。

第3篇为综合实例篇，以住宅小区、屋顶花园、小游园和道路绿化园林共4个大型案例，综合演练前面所学知识，积累实际工作经验。

本书作者

本书由陈志民主编，参加编写的还包括：陈运炳、申玉秀、李红萍、李红艺、李红术、陈云香、陈文香、陈军云、彭斌全、林小群、刘清平、钟睦、刘里锋、朱海涛、廖博、喻文明、易盛、陈晶、张绍华、黄柯、何凯、黄华、陈文轶、杨少波、杨芳、刘有良、刘珊、赵祖欣、齐慧明、胡莹君等。

由于作者水平有限，书中欠妥、疏漏之处在所难免。在感谢您选择本书的同时，也希望您能够把对本书的意见和建议告诉我们。

读者服务邮箱:lushanbook@qq.com

作者

目录

第4章 编辑二维图形

第5章 图形的尺寸与文字标注

第6章　使用块和设计中心

第2篇　园林设计篇

第7章　园林水体设计与制图

第8章　园林山石设计与制图

第9章　园林建筑设计与制图

第3篇　综合实例篇

第14章　住宅小区园林设计

第15章　屋顶花园园林设计

第16章　小游园园林设计

第17章　道路绿化园林设计

第18章 施工图打印方法与技巧

第1章
园林设计概述

园林设计就是在一定的地域范围内，运用园林艺术和工程技术手段，通过改造地形（或进一步筑山、叠石、理水），种植树木、花草，营造建筑和布置园路等途径创作而建成美的自然环境和生活、游憩境域的过程。

1.1 园林景观设计概述

景观设计是一门综合性的、面向户外环境建设的学科，是一个集艺术、科学、工程技术于一体的应用型学科，其核心是人类户外生存环境的建设。因此它所涉及的学科专业非常广泛综合，包括城市规划、建筑学、林学、农学、地理学、动物学、经济学、生态学、管理学、宗教文化、历史学以及心理学等。

1.1.1 景观设计的层次

现代景观设计包含以下三个层次。

1. 景观环境形象/景观美学

指基于视觉的所有自然与人工形态及其感受的设计，即狭义的景观设计。

2. 环境生态绿化/景观生态学

在环境、生态、资源层面，包括土地利用、地形、水体、动植物、气候、光照等人文与自然资源在内的调查、分析、评估、规划、保护，即大地景观规划。

3. 大众群体行为心理/景观行为学

人类行为以及与之相关的文化历史与艺术层面，包括园林环境中潜在的历史文化、风土民情、风俗习惯等与人们精神生活息息相关的文明，即行为精神景观规划设计。

景观设计也是一门复杂的系统工程。是多学科集合的交叉型学科，也是艺术和科学有效结合的产物。由于它所涉及的是人类户外生存环境的建设问题，而人类生存环境是动态发展的，因此，它的内涵与外延也处于动态的发展过程中。

1.1.2 景观设计的内容

景观设计主要包含规划和具体空间设计两个环节。

1. 景观规划

规划环节指的是大规模、大尺度景观的把握，一共有五项内容：场地规划、土地规划、控制性规划、城市设计和环境规划。

★ 场地规划的内容是通过建筑、交通、景观、地形、水体、植被等诸多因素的组合和精确规划使某一块基地满足人类使用的要求，并具有良好的发展趋势。

★ 土地规划的主要工作是规划土地大规模的发展建设，包括土地划分、土地分析、土地经济社会政策，以及生态、技术上的发展规划和可行性研究。

★ 控制规划的主要内容是处理土地保护、使用与发展关系，包括景观地质、开放空间系统、公共游憩系统、给排水系统、交通系统等诸多单元之间关系的控制。

★ 城市设计的主要工作是城市化地区的公共空间的规划和设计，比如，城市形态的把握、和建筑师合作对于建筑面貌的控制、城市相关设施的规划设计（包括街道设施、标识）等，以满足城市经济的发展。

★ 环境规划的主要工作是对某一区域内自然系统的规划设计和环境保护，目的在于维护自然系统的承载力和可持续发展的能力。

2. 园林空间设计

主要是指基于环境美学的基础上，对城市居民户外生活环境进行的设计。景观设计中的主要要素是"地形、水体、植被、建筑及构筑物、公共艺术品等。主要的设计对象是城市开放空间，包括广场、步行街、居住区环境、城市街头绿地以及城市滨湖、滨河地带等，其目的是不但要满足人类生活功能上、生理健康上的要求，还要不断提高人类生活的品质，丰富人类的心理体验和精神追求。

纽约中央公园坐落在纽约曼哈顿岛的中央，是一块完全人造的自然景观。里面的设施包括浅绿色的草地、树木郁郁的小森林、庭院、溜冰场、回转木马、露天剧场、两座小动物园，可以泛舟水面的湖、网球场、运动场、美术馆等等。

如图1-1所示为纽约中央公园的俯拍效果。

图1-1 俯拍效果

如图1-2所示为纽约中央公园近景的拍摄

效果。

图1-2 近景的拍摄效果

1.2 园林景观设计的艺术法则

在进行园林景观设计工作时，应遵循一些艺术法则，概括起来说有以人为本、尊重自然、保护资源等，本节介绍一些在景观设计工作中经常用到的艺术法则。

1.2.1 多样与统一

多样与统一是指把众多的事物通过某种关系放在一起，获得和谐的效果。

1. 主与从

从园林景观平面布局上看，主要部分常成为全园的主要布局中心，次要部分成为次要的布局中心；次要布局中心既要有相对独立性，又要从属主要布局中心，彼此相互联系，互相呼应，相得益彰。

适当处理主与从的差异可以使主次分明、主体突出。因此在园林景观布局中，以呼应取得联系和以衬托突显差异，就成为处理主从关系不可分割的两方面。

主从关系的处理方法有：

① 组织轴线，分清主次

在园林景观布局中，常常运用轴线来安排各个组成部分的相对位置，形成它们之间一定的主从关系。一般是把主要部分放在主轴线上，从属部分放在轴线两侧和副轴线上，形成主次分明的局势。

② 互相衬托，突出主体

园林景观建筑各部分的体量由于功能要求不同，往往有高有低、有大有小。在布局上利用这种差异并加以强调，可以获得主次分明、主体突出的效果。

如图 1-3所示为某广场的设计效果图，在图中可以看到，主要部分（如喷泉、长廊等）被放在广场的中心位置或者无形的轴线上，而从属部分（如树木、休息椅等）被放在轴线两侧。

如图1-4所示为街头的景观小品，通过排列体积不一的象棋，可以达到相互衬托，分清主次的效果。

图1-3　广场设计效果图

图1-4　景观小品

2. 调和与对比

园林景观中各种景物之间的比较，会有差异大小之别。差异小的，共性多于差异性，称为调和；差异大的，差异性大于共性，甚至大到对立的程度，称之为对比。

1）调和

在园林景观设计中运用调和手法，主要是通过构景要素中的岩石、水体、建筑和植物等风格和色调的一致而获得的。

当园林景观设计的主体是植物时，尽管各种植物在形态、体量以及色泽上有千差万别，但从总体上看，它们之间的共性多于差异性，在绿色这个基调上得到了统一。

如图1-5所示为苏州园林中各种绿色植物的风格和色调一致，有含蓄与幽雅之美。

2）对比

在造型艺术构图中，把两个完全对立的事物做比较，叫做对比。通过对比而使对立着的双方达到相辅相成、相得益彰的艺术效果，这便达到了构图上的统一。

①形象对比

园林景观设计布局中构成园林景物的线、面、体和空间之间经常具有不同的形状，在布局中采用类似形状容易取得调和，但采用差异显著的形状，则易取得对比。比如园林景观中的建筑与植物、植物与园路、植物中的乔木与灌木、地形地貌中的山与水等均可以形成形象对比。

如图1-6所示为走廊、水体、绿色植物构成的形象对比。

图1-5　绿色植物的调和效果

图1-6　形象对比

②体量对比

把体量大小不同的物体放在一起进行比较，则大者愈显其大，小者愈显其小。

如图1-7所示为公园景观小品雕塑所形成体量对比效果。

③方向对比

园林景观设计中，经常运用垂直于水平方向进行对比，以丰富园林景物的形象。如图1-8所示为园林水面上曲桥产生不同方向的对比，方向对比取得和谐的关键是均衡。

图1-7 体量对比

图1-8 方向对比

1.2.2 节奏与韵律

在园林景观中，随处可见节奏与韵律的体现。例如行道树、花带、台阶、柱廊等都具有简单的节律感。稍微复杂一些的如地形、林冠线、林缘线、水岸线、园路等高低起伏和曲折变化，此外还有静水中的涟漪、飞瀑的轰鸣，空间的开合收放和相互渗透与流动，景观的疏密虚实与藏露隐显等都能够使人产生一种有声与无声交织在一起的节律感。

1．简单韵律

指由同种因素等距反复出现的连续构图，比如等距的行道树、等高等距的长廊、等高等宽的登山道和爬山墙等。

如图1-9所示为长廊中等距排列的柱子。

2．交替韵律

指由两种以上因素交替等距反复出现的

连续构图。例如行道树使用一株桃树和一株桂花树反复交替栽植、两种不同花坛的等距交替出现等。如图1-10所示为广场地面的铺装效果，用不同规格和颜色的瓷砖组成交错的图案，连续交替地出现。交替韵律设计得宜，能达到引人入胜的效果。

图1-9 简单韵律

图1-10 交替韵律

1.2.3 联系与分隔

分隔就是因为功能或者艺术要求将整体划分为若干局部，联系却是因功能或艺术要求把若干局部组成一个整体。

园林景观绿地都是由若干功能使用要求不同的空间或者局部组成的，它们之间都存在必要的联系与分隔，一个园林景观建筑的室内与庭院之间也存在联系与分隔的问题。

1．园林景物的体形和空间组合的联系与分隔

园林景物的体形和空间组合的联系与分隔，主要取决于功能使用的要求，以及建立在此基础上的园林景观艺术布局的要求。为

了取得联系的效果，经常在有关的园林景物与空间之间安排一定的轴线和对应的关系，形成互为对景或呼应，一般利用园林景观中的树木、土丘、道路、台阶、挡土墙、水面、栏杆、桥、花架、廊、建筑门、窗等作为联系与分隔的构件。

园林中拱门将门内与门外进行分隔，但是门又不是封闭的，因此又可以将门内与门外联系起来，如图1-11所示。

图1-11　体形和空间组合的联系与分隔

2. 立面景观上的联系与分隔

立面景观上的联系与分隔，是为了达到立面景观完整的目的。如图1-12所示中的假山、植物、水体、凉亭因为使用功能不同，因此形成了特点完全不同的部分。但是为了取得一定的艺术效果，将它们就近组合，强调它们之间联系，以形成集观赏和休憩于一体的场所，是求得园林景观布局整体的重要手段之一。

图1-12　立面景观上的联系与分隔

1.3　园林景观施工图的类型

一套完整的园林景观施工图由功能分析图、总平面图、景观小品施工图、水系设计图、园林广场施工图、园林植物种植设计图和园林建筑设计图等组成。

1.3.1　功能分析图

根据规划设计原则和现状图分析，根据不同年龄段游人的活动规划，不同兴趣爱好游人的需要，确定不同的分区，划出不同的空间，使不同的空间和区域满足不同的功能要求，并使功能与形式尽可能统一。另外，分区图可以反映不同空间、分区之间的关系。该图属于示意说明性质，可以用抽象图形或圆圈等图案予以表示，如图1-13所示。

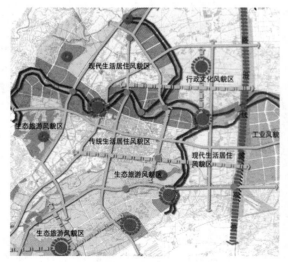

图1-13　功能分析图

1.3.2 总平面图

总平面图是表现规划范围内的各种造园要素（如地形、山石、水体、建筑及植物等）布局位置的水平投影图，它是反映园林工程总体设计意图的主要图纸，也是绘制其他图纸及造园施工的依据。

如图 1-14 所示为总平面图的绘制效果。

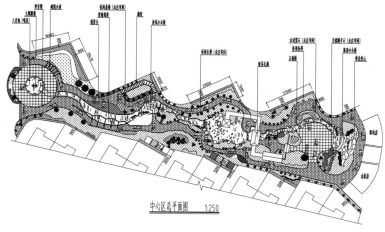

图1-14 总平面图

其绘制内容与要求如下。

1）园林要素表示法

★ 地形：地形的高低变化及其分布情况通常用等高线表示。设计地形等高线用细实线绘制，总平面图中等高线可以不注高程。

★ 园林建筑：在小比例图纸中（1:1000以上），只须用粗实线画出水平投影外轮廓线。建筑小品可不画。

★ 水体：水体一般用两条线表示，外面的一条表示水体边界线（即驳岸线），用特粗实线绘制；里面的一条表示水面，用细实线绘制。

★ 山石：山石均采用其水平投影轮廓线概括表示，以粗实线绘出边缘轮廓，以细实线概括绘出皴纹。

★ 园路：园路用细实线画出道路边缘，对铺装路面也可按设计图案简略示出。

★ 植物：园林植物由于种类繁多，姿态各异，平面图中无法详尽地表达，一般采用"图例"作概括地表示，所绘图例应区分出针叶树、阔叶树、常绿树、落叶树、乔木、灌木、绿篱、花卉、草坪、水生植物等。

2）编制图例说明

应在图纸中适当位置画出图例并注明其含义。为了使图面清晰，便于阅读，对图中的建筑应予以编号，然后再注明相应的名称。如图 1-15 所示为植物图例表的绘制。

3）标注定位尺寸或坐标网

采用坐标网格法标定工程的平面位置时，应用细实线绘出定位轴线，在其一端部绘制出直径为8mm的圆圈。定位轴线的编号横向用阿拉伯数字，从左至右顺序编号，竖向用大写拉丁字母（除I、O、Z不采用，以避免误解为1、0、3数字），从下至上顺序编写。每一网格边长可为5m、10m、20m（也可为30-100），按需要而定。并按测量基准点的坐标，标注出纵横第一网格坐标。

图 例 表

序号	图例	名称	规格
1		小叶榕树	h=2至2.5m,Φ5至6cm
2		棕榈树	h=2.5至3m,Φ12至15cm
3		苏铁	Φ12至15cm
4		毛叶丁香球	冠80至90cm
5		桂花树	h=3至4m,Φ12至15cm
6		香樟	h=2至2.5m,Φ6至8cm
7		叶子花桩景	h=3至4m,Φ50至60cm
8		日本樱花树	h=2至2.5m,Φ3至5cm
9		加拿利海枣	h=1.5至1.8m
10		香樟树	h=2至2.8m,Φ5至8cm
11		美人蕉	h=2m,Φ5cm
12		叶子花球	冠80x80cm
13		景观石	
14		红花继木	h=1.5至2m
15		紫藤	L=120-150cm
16		黄金叶群植	冠20cm
17		白玉兰	h=2至2.5m,Φ6cm
18		杜鹃群植	冠25至30cm
19		满天星群植	冠15至20cm
20		木竹群植	h=40至50cm
21		棕竹群植	
22		金叶女贞群植	h=35cm
23		睡莲	
24		混播草坪	
25		海桐球	冠80x80cm
26		红枫	h=3至3.5m,Φ10-12cm
27		凤尾竹	h=3至3.5m
28		万寿菊群植	冠15至20cm
29		黄连翘群植	冠15至20cm
30		红花群植	冠15至20cm
31		郁金香群植	冠15至20cm
32		西洋杜鹃	冠25至30cm
33		鸭脚木	冠30至50cm
34		毛叶杜鹃	冠25至30cm
35		夏鹃群植	冠25至30cm
36		桂樱	H=6-8mΦ7-8cm
37		宽叶树	H=3-5mΦ3-5cm
38		白牛筋	Φ30-35cm
39		紫薇	Φ12-18cm

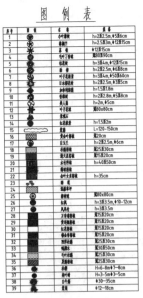

图1-15　图例表

设计说明

一、设计依据：

1、我国现行的建筑法规、规范、标准和所提供的相关资料

2、本施工图根据前期设计方案和甲方意见设计。

二、工程概况：

1、该项目为云南省烟草江川县公司办公生活中心区环境工程。

2、该环境风格以小中见大，步移景变，经济实用为主。

三、工程内容：

1、图中尺寸除标高以米为单位外，其余均以毫米计。

2、所有砖砌体均用M7.5水泥砂浆砌筑，水边应用防水砂浆两道。

3、所有室外台阶均为砖砌台阶。

4、采用成品路沿石500x120x250。

5、金属均刷防锈漆二遍，木材均刷防腐漆二遍。

6、休闲桌椅参见西南J812—(8/83)。

9、图中所用苗木，施工中可根据当地实际情况略调。

10、主题雕塑由专业厂家设计施工。

11、所有混凝土构件除基础垫层为C15外,未注均为C20混凝土。

12、钢筋锚固长度为41d,搭接长度为48d。

13、所有铺砖硬地应报小样与甲方或设计方认可材质、式样。

14、此建施图应配合有关水、电施工图进行施工,图中未尽事宜可按常规和相关规范进行施工。

15、08号图纸中，玻璃与塑钢连接以塑钢厂家安装图集为主。

16、图中砼梁柱除喷石头漆外不做粉刷，其他均做M7.5水泥砂浆粉刷。

17、图中木材均为铁杉木，做桐油防腐面刷本色漆。

18、水底砼垫层钢筋为Φ6@200双向。

19、图中所有浮雕、雕塑由专业人员作二次创作。

20、若图中与实际有冲突的地方以实际情况为主。

图1-16　设计说明

4）书写设计说明书

总体设计方案除图纸外，还要求完成设计说明书，如图 1-16所示。设计说明全面地介绍设计者的构思、设计要点，是用文字来进一步表达设计思想及艺术效果的，或者作为图纸内容的补充，对于图中需要强调的部分及未尽事宜也可用文字说明。具体包括以下几方面：

★ 用地位置、现状、面积。

★ 工程性质、规划设计原则。

★ 功能分区（各区内容）。

★ 用地面积比例（土地使用平衡表）。

★ 设计主要内容（山体地形、空间围合，河湖水系，出入口、道路系统、建筑布局、种植规划、园林小品等）。

★ 管线、电信规划说明。

1.3.3 景观小品施工图

景观小品施工图主要包括平面图、立面图、剖（断）面图、基础平面图，对于要求较高的细部，还应绘制详图说明。

景观小品施工图中，由于小品形态奇特，施工中难以完全符合设计尺寸要求。因此，没有必要也不可能将各部尺寸一一标注，一般采用坐标方格网法控制。

如图1-17所示为假山立面示意大样图的绘制结果。

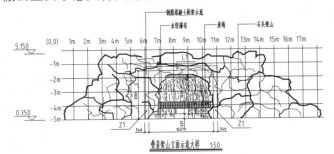

图1-17　假山立面示意大样图

1.3.4 水系设计图

用来表明水体的平面位置、水体形状、大小、深浅及工程做法，如图 1-18所示。图纸内容包括：

1）平面位置图

竖向规划以施工总图为依据，画出泉、小溪、河湖等水体及其附属物的平面位置。用细线画出坐标网，按水体形状画出各种水体的驳岸线、水底线和山石、汀步、小桥等位置，并分段注明岸边及池底的设计高程。

2）纵横剖面图

水体平面及高程0有变化的地方都要画出剖面图。通过这些图表示出水体的驳岸、池底、山石、汀步及岸边处理的关系。

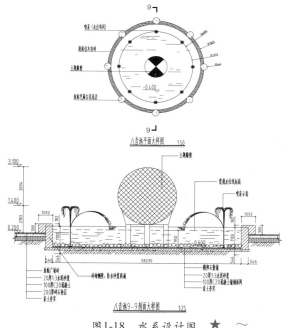

图1-18 水系设计图 ★ ～

1.3.5 园路广场施工图

园路广场施工图主要包括平面图、断面图和详图。

1）平面图

平面图主要表示园路、广场的平面状况（包括：形状、线型、大小、位置、铺设状况、高程、园路纵坡等）及其周围的地形、地貌，如图 1-19所示。

自然式园路的平面曲线复杂，交点和曲线半径都难以确定，不便单独绘制平曲线，其平面形状可由平面图中方格网控制，其轴线编号应与总平面图相符，以表示它在总平面图中的位置。

园路高程一般用路面中心标高（按其长向约每10~30m处标出高程）；各转折点标高及路面纵向坡度表示。（主路纵坡宜在1%~8%，横坡宜在1%~4%间，超过8%应作防滑处理；支路及小路纵坡宜在18%以下，超过10%应作防滑处理，超过22%时，应设台阶）。

2）断面图

园路广场横断面图是假设用铅垂切平面垂直园路中心轴线剖切而形成的断面图。一般与局部平面图配合，表示园路广场的断面形状、尺寸、各层材料、做法、施工要求，路面与广场面布置形式及艺术效果。

3）详图

绘制比例、注写标题栏、技术要求等。

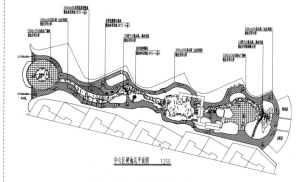

图1-19 园路广场施工图

1.3.6 园林植物种植设计图

园林植物种植设计图是表示植物位置、种类、数量、规格及种植类型的平面图，是组织种植施工和养护管理、编制预算的重要依据。如图 1-20所示为绘制完成的园林植物种植设计图。

其绘制内容与要求为：

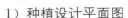

1）种植设计平面图

水体边界宜用粗、细两实线表示，建筑用中实线，道路用细实线，地下管道或构筑物用中虚线。

种植设计图，宜将各种植物按平面图中的图例，绘制在所设计的种植位置上。树冠大小按成龄后冠幅绘制，（孤立树冠径10~15m、高大乔木5~10m、中小乔木3~7m、花灌木1~3m、绿篱宽1~1.5m、球形树直径1~1.5m）。为了便于区别树种，计算株数，应将不同树种统一编号，标注在树冠图例内。

对单株或丛植的植物宜以圆点表示种植位置，对蔓生和成片种植的植物，用细实线绘出种植范围，草坪用小圆点表示，小圆点应绘得有疏有密，凡在道路、建筑物、山石、水体等边缘处应密，然后逐渐稀疏。对同一树种在可能的情况下尽量以粗实线连接起来，并用索引符号逐树种编号，索引符号用细实线绘制，圆圈的上半部注写植物编号，下半部注写数量，尽量排列整齐使图面清晰。

2）编制苗木统计表

在图中适当位置或单列出苗木统计表说明所设计的植物编号、树种名称、拉丁文名称、单位、数量、规格、出圃年龄等。

3）编写种植设计说明

如影响植物种植设计的因素，如土壤、气象、水位等情况的说明，种植施工说明等等。

4）具体绘制

绘制比例、风玫瑰图或指北针，主要技术要求及标题栏。

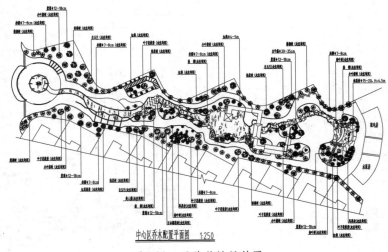

图1-20　园路种植设计图

1.3.7　园林建筑设计图

园林建筑设计图用来表现各景区园林建筑的位置及建筑物本身的组合、尺寸、式样、大小、高矮、颜色及做法等。

如以施工总图为基础画出建筑物的平面位置、建筑底面平面、建筑物各方向的剖面、屋顶平面、必要的大样图、建筑结构图及建筑庭园中活动设施工程、设备、装修设计。画这些图时，可参照"建筑制图标准"。

如图1-21所示为绘制完成的园林建筑平面图的效果。

如图1-22所示为园林建筑剖面图的绘制效果。

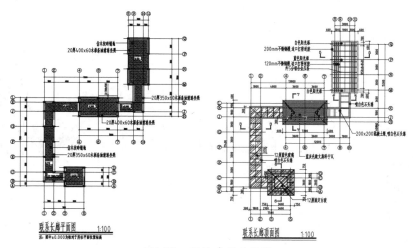

图1-21 园林建筑平面图

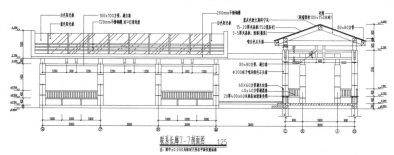

图1-22 园林建筑剖面图

第2章
AutoCAD 2014基础入门

AutoCAD基础入门主要介绍AutoCAD 2014的基本操作，包括软件启动与退出、图形文件的管理、绘图环境的设置、基本命令的调用方式、图形显示的控制方法、图层管理、绘制辅助工具的使用方法，为后面绘图命令的学习奠定基础，从而使读者学习起来更加得心应手。

2.1 初识AutoCAD

本书以2014版AutoCAD为平台，讲解AutoCAD园林设计制图的操作方法。

2.1.1 AutoCAD启动与退出

2014版本的AutoCAD应用软件可以从官网上下载，也可以购买正版光盘。在电脑中正确安装AutoCAD后，就可以启动软件并进行制图工作。

启动AutoCAD软件的方式有：

★ 单击"开始"|"程序"|Autodesk| AutoCAD2014-简体中文（Simplified Chinese）| AutoCAD2014-简体中文（Simplified Chinese）。

★ 双击电脑桌面上的AutoCAD2014图标。

★ 在AutoCAD2014的安装文件夹中双击acad.exe图标。

★ 双击任意一个扩展名为.dwg的图形文件。

执行上述任意一项操作后，就会在电脑桌面上弹出如图2-1所示的启动画面，这表示AutoCAD软件已被正确的启动。

在图纸绘制完毕或者由于其他的原因需要关闭软件时，就必须了解正确退出AutoCAD的操作方法。在退出软件之前，首先应保存当前图形，否则会丢失图纸中的数据。（AutoCAD有自动保存功能，可以按照指定的间隔对图纸执行保存操作，但即使如此，在退出软件时还是需要对图纸的最新状态进行保存。）

正确退出AutoCAD软件的操作方式有：

★ 执行"文件|退出"命令。

★ 在命令行中输入EXIT或者QUIT命令，按下Enter键可退出软件。

★ 按下Alt+F4组合键或者Ctrl+Q组合键。

★ 单击软件界面右上角的"关闭"按钮。

假如在退出软件前已对图纸执行保存操作，则执行上述任意操作后，便可顺利地退出软件。假如未对图纸执行保存操作，在退出软件时，软件会弹出如图2-2所示的提示对话框。

单击"是"按钮，可以将对图纸的最新改动保存到默认位置后再退出软件；单击"否"按钮，不保存图纸就直接退出软件；单击"取消"按钮，放弃退出软件的操作，重新返回绘图界面。

图2-1 启动画面

图2-2 提示对话框

2.1.2 AutoCAD工作空间

AutoCAD为用户提供了四种类型的工作空间（草图与注释空间、经典工作空间、三维基础空间、三维建模空间），用户可以自由选择工作空间来创建指定的图形。比如在绘制二维图形时，一般选用草图与注释空间（软件默认使用的空间）和经典工作空间；在创建三维模型时则选用其他两种工作空间。

1. "草图与注释"工作空间

系统默认开启"草图与注释空间",其工作界面如图 2-3所示。工作界面主要由"应用程序"按钮、"功能区"选项板、快速访问工具栏、文本窗口与命令行、状态栏等元素组成。在"草图与注释"空间中,可以使用"绘图"、"修改"、"图层"、"标注"、"文字"、"表格"等面板对二维图形执行绘制或编辑操作。

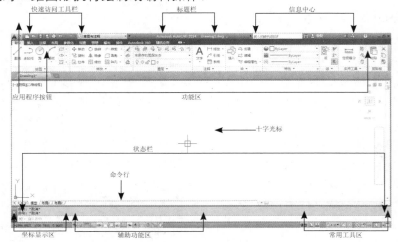

图2-3 "草图与注释"空间界面

2. "AutoCAD经典工作"空间

习惯使用AutoCAD传统界面的用户比较喜欢使用"AutoCAD经典工作"空间来绘制或编辑图形。该空间由"应用程序"按钮、快速访问工具栏、菜单栏、工具栏、文本窗口与命令行、状态栏等元素组成,如图 2-4所示。

"AutoCAD经典工作"空间的界面与"草图与注释"空间相比要稍大些,对于熟练记忆各项命令的代码或者比较清楚地了解各菜单中所包含的命令的用户,可以使用"AutoCAD经典工作"空间来绘制图形。

假如不太熟悉命令代码的用户则可以使用"草图与注释"空间来绘制图形,因为其面板上的命令均以按钮的方式显示,且按钮一侧还标注了命令的名称。对于新用户来说,在该空间中绘制图形可以熟悉各类命令所对应的工具按钮。

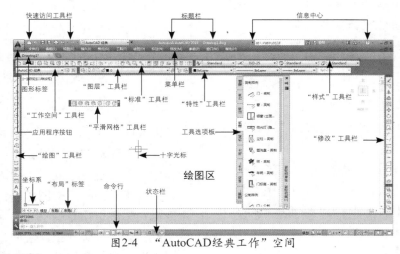

图2-4 "AutoCAD经典工作"空间

3. "三维基础"空间

"三维基础"空间的工作界面如图2-5所示。由"创建"面板、"编辑"面板、"绘图"

面板、"修改"面板、"选择"面板、"坐标"面板以及"应用程序"按钮、菜单栏、命令行等元素组成。

在该工作空间中，可以创建各类三维实体，比如长方体、圆柱体、球体、圆锥体等，同时也可创建二维图形，比如直线、多边形、圆形等。同时，"编辑"面板上的命令用来对三维实体执行编辑修改操作；"修改"面板上的命令则可以对三维、二维图形同时进行编辑修改操作。

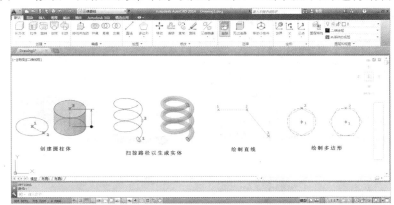

图2-5 "三维基础"空间

4. "三维建模"空间

在"三维建模"空间中可以很方便地对三维模型进行创建或编辑操作。在工作界面中有各种类型的选项板，如"常用"、"实体"、"曲面"、"网格"等，如图 2-6所示；从而为绘制/编辑三维图形、观察图形、创建动画、设置光源、为三维对象附加材质等操作提供了各种实用的工具。

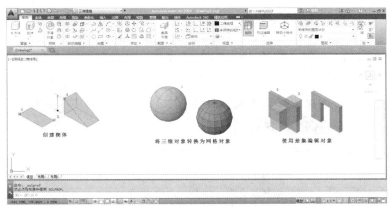

图2-6 "三维建模"空间

2.1.3 AutoCAD工作界面

由于"AutoCAD经典"工作空间是比较常用的工作空间，而且本书也在该空间中讲解园林施工图的绘制，因此在本节中便向读者介绍该空间工作界面的各组成部分。

1. 标题栏

标题栏如图 2-7所示，在其中显示"快速访问工具栏"中的各类按钮，包括"新建"按钮、"打开"按钮、"保存"按钮、"另存为"按钮、"打印"按钮等；此外还有"工作空间列表框"，在其下拉列表中显示了各类工作空间的名称，单击可以切换工作空间；再往右则显示了当前AutoCAD软件的版本以及当前图形文件的名称；在"搜索文本框"中输入搜索内容，按下Enter键可以弹出AutoCAD的帮助页面，用户可以从中得到关于搜索内容的解释；单击"帮助"按钮也可弹出帮助页面；单击"最小化"按钮 ━ 、"恢复窗口大小"按钮 🔲 ，可以对软件窗口执行相应的缩小或放大操作，单击"关闭"按钮 ✕ ，可以退出软件。

图2-7　标题栏

2．应用程序按钮

应用程序下拉列表如图 2-8所示。在其中包含了"新建"、"打开"、"保存"、"另存为"、"输出"、"发布"等命令，使用这些命令可以对图形文件执行各种操作。

例如，单击"另存为"选项，可以弹出【图形另存为】对话框，在其中可以对图形执行另存为操作。假如单击命令选项后的向右箭头，则可弹出如图 2-9所示的列表，在其中可以选择将图形另存为各种格式，可以另存为图形的副本、图形样板或图形标准等格式。

图2-8　应用程序下拉列表　　　　图2-9　选项列表

3．菜单栏

菜单栏如图 2-10所示，其中包含了"文件"菜单、"编辑"菜单、"视图"菜单等。单击"文件"菜单，可以弹出菜单列表，在其中显示的各类命令可以对文件执行编辑操作。选择"新建"命令，可以新建图形文件；选择"打开"命令，可以打开电脑中的AutoCAD文件；选择"保存"命令，可以将当前图形保存到指定的位置。

有些文件选项后附带了黑色的向右箭头，这是表示该命令包含子菜单；单击向右箭头，可以弹出子菜单列表。

图2-10　菜单栏

4．标准工具栏

标准工具栏如图 2-11所示，在其中包含了"新建"按钮、"打开"按钮、"保存"按钮等。单击其中的按钮，可以对图形执行相应的操作。

比如单击"实时平移"按钮 ✋ ，可以沿着屏幕方向平移视图。

图2-11　标准工具栏

5．样式工具栏

样式工具栏如图 2-12所示，在其中包含了"文字样式"按钮 🅰 、"标注样式"按钮 ，"表格样式"按钮 、"多重引线"样式按钮 。单击按钮，可以弹出样式对话框，在其中可以创建或修改样式。

例如单击"文字样式"按钮，可以弹出【文字样式】对话框，在其中可以新建文字样式，也可以对原有的文字样式执行修改操作，比如更改字体的类型、字体的高度值等。

图2-12　样式工具栏

6．工作空间工具栏

工作空间工具栏如图 2-13所示，单击列表框可以弹出如图 2-14所示的工作空间列表，在其中除了显示各工作空间的名称外，还可以对工作空间执行其他操作。

图2-13　工作空间工具栏　　　　图2-14　工作空间列表

选择"将当前工作空间另存为"选项，可以弹出如图 2-15所示的【保存工作空间】对话框，在其中设置工作空间的名称，单击"保存"按钮可以命名并保存当前的工作空间，并在工作空间列表中显示该名称。

图2-15　【保存工作空间】对话框　　　图2-16　【工作空间设置】对话框

选择"工作空间设置"选项，弹出如图 2-16所示的【工作空间设置】对话框，在其中可以调整菜单显示及顺序，还可定义在切换工作空间时是否对工作空间的修改进行保存。

选择"自定义"选项，可以弹出【自定义用户界面】对话框，在其中可以对指定的文件进行自定义设置操作。

7．其他类型的工具栏

其他类型的工具栏还包括"图层"工具栏、"特性"工具栏、"绘图"工具栏以及"修改"工具栏。

"图层"工具栏如图 2-17所示，其中包含"图层特性管理器"按钮、"图层控制"列表、"将对象图层置为当前"按钮、"上一个图层"按钮、"图层状态管理器"按钮。通过单击其中的各个按钮，可以对图层执行各项操作，例如创建或删除图层、更改图层的状态、设置图层的属性等。

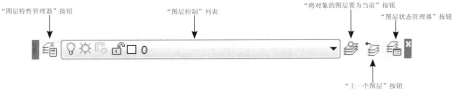

图2-17　"图层"工具栏

"特性"工具栏如图 2-18所示，分别由"颜色控制"列表、"线型控制"列表、"线宽控制"列表组成。在列表中可以对图形的颜色属性、线型属性、线宽属性进行控制。

"线宽控制"列表　　　　　"线型控制"列表　　　　　"颜色控制"列表

图2-18　"特性"工具栏

"绘图"工具栏如图 2-19所示，单击工具栏中的命令按钮，可以调用相应的绘图命令，并在绘图区中执行操作以完成各类图形的绘制。例如单击"直线"按钮，可以调用"直线"命令，根据命令行的提示分别指定直线的第一点和下一个点，可以完成直线的绘制。

图2-19　"绘图"工具栏

"修改"工具栏如图 2-20所示，其中包括"删除"按钮、"复制"按钮、"镜像"按钮等，通过单击命令按钮，可以调用相应的修改命令来对图形执行修改操作。

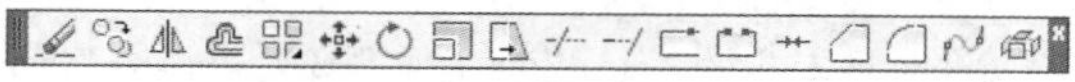

图2-20　"修改"工具栏

8. 绘图区

绘图区如图 2-21所示，是AutoCAD应用程序中最重要的组成部分之一，其最基本的功能是用来显示各类图形，而且绘图及编辑操作也在绘图区中完成。

系统默认绘图区的颜色为黑色，用户可以在【选项】对话框中更改绘图区的颜色。

提示

在命令行中输入OP，按下Enter键，在弹出的【选项】对话框中单击"显示"选项卡；在"窗口"元素选项组中单击"颜色"按钮，在弹出的【图形窗口颜色】对话框中单击右上角的颜色控制按钮，可弹出颜色列表，选择其中的一种颜色，比如"白色"，如图 2-22所示，可将绘图区的背景颜色更改为白色。

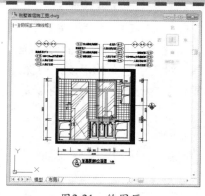

图2-21　绘图区

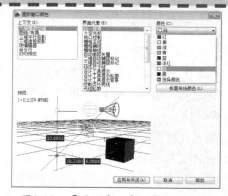

图2-22　【图形窗口颜色】对话框

9. 十字光标

十字光标为鼠标在绘图区中的显示样式，主要用来拾取图形。不仅如此，十字光标还可以在编辑或者绘制图形的过程中提供定位作用。用户可以根据自己的制图习惯，对十字光标的大小进行设置。

提示

在【选项】对话框中的"显示"选项卡中，通过设置"十字光标大小"选项框中的参数值，可以控制十字光标的大小，如图 2-23所示。

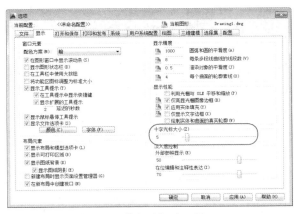

图2-23 【选项】对话框　　　　　　　　　　　图2-24　布局空间

10. 布局标签

布局标签位于绘图区的左下角点，单击标签，可以从模型空间进入布局空间，如图 2-24所示。布局空间的主要作用是用来出图的，即在模型空间中所绘制的图形，在布局空间中执行调整、排版等操作后，便可打印输出。

在布局空间的视口内可以对图形对象执行编辑修改操作，与在模型空间中执行编辑操作得到的结果一致。

> **提示**
>
> 初次进入布局空间，系统可自动创建视口。假如视口不符合使用需求，可以选中并按下Delete键将其删除。执行"视图"|"视口"|"新建视口"命令，可以在调出的【视口】对话框中选择视口的样式，在布局空间中分别点取视口的对角点可创建视口。

11. 命令行

命令行用来显示当前正在执行的命令的各选项，如图 2-25所示。在命令行中输入各选项后的字母，可以选中该项，并设置相应的参数。例如输入A，可以选中"圆弧"选项，此时命令行会接着提示指定圆弧的端点或者是输入圆弧的角度、半径等参数。

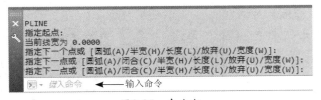

图2-25　命令行

12. 状态栏

状态栏如图 2-25所示，左侧的三个数值分别对应于光标在绘图区中的X、Y、Z轴上的坐标值，中间为各类辅助绘图工具按钮，包括"捕捉"按钮、"栅格"按钮、"正交"按钮等。

状态栏右侧的功能按钮既可以用来对视图执行操作（例如"快速查看布局"按钮）、也可用来设置绘图环境（例如"切换工作空间"按钮），还可在模型空间及图纸空间中进行切换，还可修改注释比例。

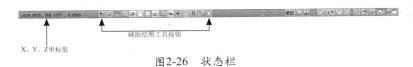

图2-26　状态栏

2.2 图形文件的管理

在AutoCAD中绘制完成图形对象后，需要对这些对象进行管理操作，以便将来调用图纸或者修改图纸。而AutoCAD中关于图形文件的管理又有多种方式，比如新建文件、保存文件、输出文件等等。

鉴于篇幅有限，本小节选取其中四个较为常用的图形文件管理的命令，向读者介绍它们的使用方式。

▌2.2.1 新建文件

启动AutoCAD应用程序后，系统会自动新建一个图形文件，用户可以在此基础上绘制图形。但是在绘制图形的过程中假如需要在新的图形文件上进行绘图工作时，就需要用到"新建文件"命令。

执行"新建"命令，可以创建新的图形文件。

1. 执行方式

★ 菜单栏：执行"文件"|"新建"命令。

★ "标准"工具栏：单击工具栏中的"新建"按钮 □。

★ 标题栏：单击标题栏左侧的"新建"按钮 □。

★ 组合键：Ctrl+N。

★ 命令行：在命令行中输入NEW命令并按下Enter键。

2. 操作步骤

执行"文件"|"新建"命令，系统弹出如图2-27所示的【选择样板】对话框。

在其中选择新图形文件的样板，单击"确定"按钮，可以完成新建图形文件的操作，如图2-28所示。

图2-27 【选择样板】对话框

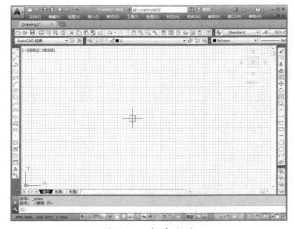

图2-28 新建文件

> **提示**
>
> 新建文件的名称系统默认以Drawing1、Drawing2、Drawing3…来命名。

▌2.2.2 打开文件

打开AutoCAD图形文件后才能对其进行各项操作，例如编辑修改或者打印输出等。

在AutoCAD中执行"打开"命令，可以打开指定的图形文件。但是在尚未启动AutoCAD应用程序的情况下也可以执行打开文件的操作。

1. 执行方式

★ 菜单栏：执行"文件"|"打开"命令。

★ "标准"工具栏：单击工具栏中的"打开"按钮 □。

★ 标题栏：单击标题栏左侧的"打开"按钮  。

★ 组合键：Ctrl+O。

★ 命令行：在命令行中输入OPEN命令并按下Enter键。

2．操作步骤

执行"文件"｜"打开"命令，系统弹出【选择文件】对话框，在其中选择待打开的文件，如图2-29所示。

单击"打开"按钮，可以将选中的文件打开，结果如图2-30所示。

图2-29 【选择文件】对话框

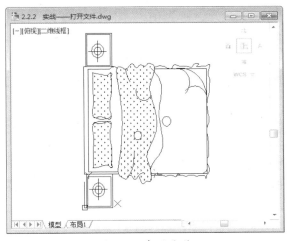

图2-30 打开文件

> **提示**
>
> 在未启动AutoCAD应用程序的情况下，打开保存图形文件的路径文件夹，选中文件并双击，如图2-31所示；或者在文件图标上单击右键，在弹出的快捷菜单中选择"打开"选项，如图2-32所示，都可以打开选中的文件。

图2-31 选中文件并双击

图2-32 选择"打开"选项

2.2.3 保存文件

将图形文件存档（即保存），可以方便随时调用。执行"保存"命令，可以将当前的图形文件存储到路径文件夹中去。

1．执行方式

★ 菜单栏：执行"文件"｜"保存"命令。

★ "标准"工具栏：单击工具栏中的"保存"按钮 。

★ 标题栏：单击标题栏左侧的"保存"按钮 。

★ 组合键：Ctrl+S。

★ 命令行：在命令行中输入SAVE命令并按下Enter键。

2．操作步骤

执行"文件"｜"保存"命令，系统弹出如图2-33所示的【图形另存为】对话框，在其中设置图形文件的保存路径及文件名称，单击"保存"按钮关闭对话框可以完成保存操作。

图2-33　【图形另存为】对话框

2.2.4 清理文件

执行"清理"命令，可以对当前图形执行清理操作。

1. 执行方式

★ 菜单栏：执行"文件"|"图形实用工具"|"清理"命令。

★ 命令行：在命令行中输入PURGE命令并按下Enter键。

2. 【清理】对话框释义

执行"清理"命令后，系统弹出如图2-34所示的【清理】对话框。对话框中各选项含义如下：

图2-34　【清理】对话框

"查看能清理的项目"选项：选择该项，在对话框中显示当前图形中可以清理的

命名对象的情况。

"图形中未使用的项目"列表：列出当前图形中未使用的、可被清理的命名对象。可以通过单击加号或双击对象类型列出任意对象类型的项目。通过选择要清理的项目来执行清理操作。

"确认要清理的每个项目"选项：勾选该项，可以清理选中的所有项目。

"清理嵌套项目"选项：从图形中删除所有未使用的命名对象，即使这些对象包含在其他未使用的命名对象中或被这些对象所参照。

"清理"按钮：在列表中选择待清理的单个项目，该按钮亮显，单击按钮，弹出如图 2-35所示的【确认清理】对话框，可以确认或取消待清理的项目。

图2-35　【确认清理】对话框

"全部清理"按钮：单击按钮，弹出【确认清理】对话框，可以确认或取消待清理的项目。

"查看不能清理的项目"选项：切换树状图以显示当前图形中不能清理的命名对象的情况。

"图形中当前使用的项目"列表：列出不能从图形中删除的命名对象。这些对象的大部分在图形中当前使用，或为不能删除的默认项目。当选择单个命名对象时，树状视图下方将显示不能清理该项目的原因，如图2-36所示。

图2-36　"查看不能清理的项目"选项列表

2.3 置绘图环境

由于AutoCAD具有强大的绘图功能，因此可以用来绘制各种类型的图纸。但是软件的绘图环境是默认的，即各项参数值均为系统自定义。假如在统一的环境中绘制不同类型的图纸，便有可能发生有些图纸不适合实际使用需求的情况。为避免该种情况的发生，有必要在绘制各类图纸之前，对绘图环境的各项参数分别进行设置，以使所绘图纸符合制图要求。

2.3.1 设置图形单位

在绘制建筑总平面图时使用米为单位，但是在绘制建筑平面图、立面图、剖面图等图形时则使用毫米为单位。因此，在绘制不同类型的图纸时，应根据实际情况来设置绘图单位。

1. 执行方式

★ 命令行：在命令行中输入UNITS/UN按下Enter键。

★ 菜单栏：执行"格式"|"单位"命令。

2. 操作步骤

执行"格式"|"单位"命令，系统弹出如图2-37所示的【图形单位】对话框。

以绘制建筑平面图纸为例，将"精度"设置为0，图形单位设置为"毫米"，如图2-38所示，单击"确定"按钮关闭对话框可以完成绘图单位的设置。

图2-37 【图形单位】对话框

图2-38 设置参数

> **提示**
> 在绘制建筑总平面图的时候，应该将"精度"设置为0.00，图形单位设置为"米"。

2.3.2 设置图形界限

在AutoCAD中，绘图区域可以看作一张无限大的纸，在绘图之前设置适当的图形界限，可以避免在绘制较大或较小的图形时，图形在屏幕可视范围内无法显示。

1. 执行方式

★ 命令行：在命令行中输入LIMITS/LIM按下Enter键。

★ 菜单栏：执行"格式"|"图形界限"命令。

2. 操作步骤

执行"格式"|"图形界限"命令，命令行提示如下：

```
命令:LIMITS↙
重新设置模型空间界限:
```

指定左下角点或 [开(ON)/关(OFF)] <0,0>:✓   //按下Enter键默认坐标原点为图形界限的左下角点

指定右上角点 <4328,314>: 420,297✓   //输入图形界限右上角点并按下Enter键，可以完成图形界限的设置

执行"工具"|"绘图设置"命令，调出【草图设置】对话框。在"捕捉和栅格"选项卡中的"栅格行为"选项中取消勾选"显示超出界限的栅格"复选框，则可将超出图形界限的栅格隐藏，如图2-39所示。

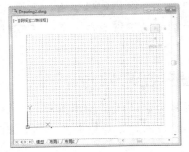

图2-39　显示图形界限内的栅格

2.3.3 设置系统参数

AutoCAD系统的参数可以在【选项】对话框中设置。

调出【选项】对话框的方式如下：

★ 命令行：在命令行中输入OPTIONS/OP并按下Enter键。

★ 菜单栏：执行"工具"|"选项"命令。

★ 对话框：在【草图设置】对话框中单击左下角的"选项"按钮。

★ 菜单浏览器：在菜单浏览器列表中单击下方的"选项"按钮。

1. 设置图形的显示精度

执行上述任意操作，调出【选项】对话框。选择"显示"选项卡，在"显示精度"选项组下显示四个选项，控制了图形在绘图区中的显示精度，如图2-40所示。

例如，在"圆弧和圆的平滑度"选项框中设置不同的参数，可以控制圆弧的显示效果，如图2-41所示。

图2-40　"显示精度"选项组

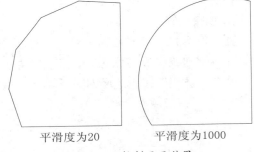

平滑度为20　　　　平滑度为1000

图2-41　控制显示效果

对话框中各选项含义如下：

1）"圆弧和圆的平滑度"选项

该参数选项用于控制圆弧、圆以及椭圆的平滑度。数值越大，生成的对象越平滑。但在缩放、平移以及重生成等操作时，会需要更长的时间进行刷新。该参数值的取值范围为1~20000，因此在绘图时可以保持默认数值为1000或是设置更低以加快刷新频率。

2）每条多段线曲线的线段数

该参数用于控制每条多段线曲线生成的线段数目，同样数值越大，生成的对象越平滑，所需要的刷新时间也越长，通常保持其默认数值为8。

3）渲染对象的平滑度

该参数用于控制曲面实体模型着色以及渲染的平滑度，该参数的设置数值与之前设置的"圆弧和圆的平滑度"的乘积最终决定曲面实体的平滑度，因此数值越大，生成的对象越平滑，但着色与渲染的时间也更长，

通常保持默认的数值0.5即可。

4）每个曲面的轮廓素线

该参数用于控制每个实体模型上每个曲面的轮廓线数量，同样数值越大，生成的对象越平滑，所需要的着色与渲染时间也越长，通常保持其默认数值为4即可。

2. 设置十字光标的大小

十字光标在绘图区中显示为相互交叉的线段组成的十字符号，在绘图区外则显示为鼠标箭头。十字光标在绘图区中用来拾取图形，在绘图区外可在菜单栏、工具栏等位置单击以调用各类命令。

在【选项】对话框中选择"显示"选项卡，在"十字光标大小"选项组下可以调整十字光标的大小。保持十字光标的默认值如图2-42所示，将参数值设置为100，可以使十字光标充满屏幕，如图2-43所示；在绘制大型复杂图纸时通常使十字光标充满屏幕，可以方便对照各个位置的图形。

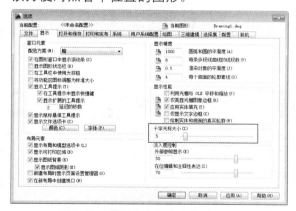

图2-42 "十字光标大小"选项组

图2-43 设置效果

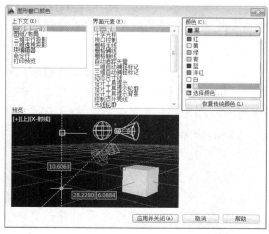

图2-45 颜色列表

3. 设置绘图区的颜色

初次打开AutoCAD应用程序，可以观察到其绘图区的颜色为黑色。使用黑色为背景颜色，可以与各类图形相区别，从而更好地选中图形并对其进行编辑修改，如图2-44所示。

考虑到每个用户不同的使用习惯，所以AutoCAD提供了修改绘图区颜色的方法。在【选项】对话框中的"窗口元素"选项组下单击"颜色"按钮，调出如图2-45所示的【图形窗口颜色】对话框。在右上角单击并调出颜色列表，在其中选择待修改的颜色，可以将该颜色指定为绘图区的颜色。

提 示

在颜色列表中单击"选择颜色"选项，可以调出【选择颜色】对话框，在其中可以自定义颜色参数。单击颜色列表下方的"恢复传统颜色"按钮，可以将绘图区的颜色恢复为初始设置值。

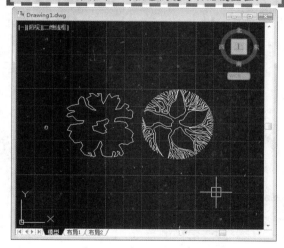

图2-44 绘图区默认颜色

提 示

对于AutoCAD新手来说，十字光标的大小保持默认值就可以了；因为默认大小的十字光标可以方便拾取各类图形，且不易混淆视线。

4. 设置鼠标的右键功能模式

单击鼠标右键,可以调出如图2-46所示的快捷菜单。通过选择菜单上的命令选项,可以快速的调用命令。特别是在绘制或者编辑图形的过程中,通过使用快捷菜单来调用命令,可以提高绘图速度。

图2-46　右键菜单

用户可以自定义快捷菜单的样式。在【选项】对话框中选择"用户系统配置"选项卡,在"Windows标准操作"选项组下单击"自定义右键单击"按钮,可以调出如图2-47所示的【自定义右键单击】对话框,在其中可以设置右键菜单的模式。

图2-47　【自定义右键单击】对话框

> **提示**
>
> 在"Windows标准操作"选项组下取消勾选"绘图区域中使用快捷菜单"复选框,如图2-48所示;可以取消右键菜单在绘图区中的显示,此时在绘图区中单击右键可以重复执行上一个命令。

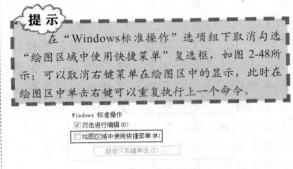

图2-48　取消选择

2.4 AutoCAD命令调用方

在AutoCAD应用程序中主要是通过调用各类命令来完成制图工作的。因此,学习使用AutoCAD来绘制图纸,首先应了解各种调用命令的方式,然后再加强练习,达到融会贯通的程度。

AutoCAD命令的调用方式有:

1. 菜单栏

在"AutoCAD经典"工作空间中,通过单击工作界面上方的菜单栏可以调用命令。例如,使用菜单栏绘制圆弧的方式为:执行"绘图"|"圆弧"|"三点"命令,如图2-49所示,然后根据命令行的提示来绘制圆弧。

2. 工具栏

系统默认显示"绘图"工具栏及"修改"工具栏于绘图界面的左右两侧。单击工具栏上的任意按钮调用命令,根据命令行的提示在绘图区中创建图形,如图2-50所示。

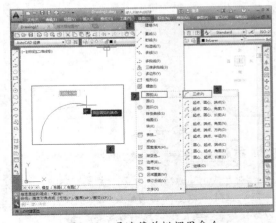

图2-49　通过菜单栏调用命令

图2-50　通过工具栏调用命令

3. 命令行

AutoCAD中大部分命令都有相对应的代码，例如矩形命令相对应的代码为RECTANG。在命令行中可以全部输入代码，也可以输入代码的前几位，如输入REC便可以调用矩形命令。但并不是每个命令的代码都必须输入前三位，有的是两位，如椭圆（ELLIPSE）命令，输入EL可以调用该命令来绘制椭圆，如图2-51所示；有的是一位，如直线（LINE）命令，输入L可以调用该命令。

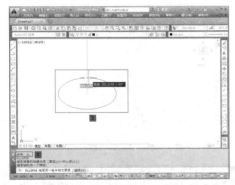

图2-51　通过命令行调用命令

4. 功能区

在"草图与注释"工作空间中，可以通过功能区面板来调用相关的命令。例如，在"绘图"面板上单击"圆"按钮可以调用"圆"命令，单击按钮下的向下实心箭头，在弹出的列表中显示了创建圆的各种方式。单击选择其中的一种，可以根据命令行的提示来创建圆形，如图2-52所示。

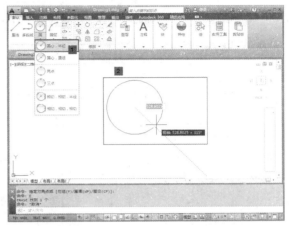

图2-52　通过功能区调用命令

5. 组合键

一些Windows程序通用组合键命令在AutoCAD中也同样适用，按下Ctrl+O组合键可以打开文件，按下Ctrl+C组合键可以复制文件，按下Ctrl+V组合键可以粘贴文件等。

除此之外，键盘上的功能键也对应了AutoCAD中的快捷功能，如按下F8键可以打开或者关闭正交功能。

表2-1中显示了键盘功能键及其作用。

表2-1　键盘功能键及其作用

按键	功能	按键	功能
Esc	取消命令执行	Ctrl+H	Pickstyle（开/关）
F1	帮助	Ctrl+K	超链接
F2	文本窗口打开/关闭切换	Ctrl+L	正交（开/关）
F3	对象捕捉（开/关）	Ctrl+M	Enter
F4	三维对象捕捉开关	Ctrl+N	新建文件
F5	等轴测平面切换（俯/左/右）	Ctrl+O	打开文件
F6	动态UCS开关	Ctrl+P	打印输出
F7	栅格模式（开/关）	Ctrl+Q	退出AutoCAD
F8	正交模式（开/关）	Ctrl+S	保存
F9	捕捉模式（开/关）	Ctrl+T	数字化仪模式（开/关）
F10	极轴追踪（开/关）	Ctrl+U	极轴追踪（开/关）
F11	对象捕捉追踪（开/关）	Ctrl+V	粘贴
F12	动态输入（开/关）	Ctrl+W	选择循环开/关
窗口键+D	Windows桌面显示	Ctrl+X	剪切

按键	功能	按键	功能
窗口键+E	Windows文件管理	Ctrl+Y	取消上一次的Undo操作
窗口键+F	Windows查找功能	Ctrl+Z	取消上一次的命令操作
窗口键+R	Windows运行功能	Ctrl+Shift+C	带基点的复制
Ctrl+0	全屏显示（开/关）	Ctrl+Shift+S	另存为
Ctrl+1	特性Properties（开/关）	Ctrl+Shift+V	粘贴为块
Ctrl+2	AutoCAD设计中心（开/关）	Alt+F8	VBA宏管理器
Ctrl+3	工具选项板窗口（开/关）	Alt+F11	AutoCAD和VBA编辑器画面切换
Ctrl+4	图纸集管理器（开/关）	Alt+F	【文件】下拉菜单
Ctrl+5	信息选项版（开/关）	Alt+E	【编辑】下拉菜单
Ctrl+6	数据库连接（开/关）	Alt+V	【视图】下拉菜单
Ctrl+7	标记集管理器（开/关）	Alt+I	【插入】下拉菜单
Ctrl+8	Quickcalc快速计算器（开/关）	Alt+O	【格式】下拉菜单
Ctrl+9	命令行（开/关）	Alt+T	【工具】下拉菜单
Ctrl+A	选择全部对象（开/关）	Alt+D	【绘图】下拉菜单
Ctrl+B	捕捉模式（开/关）	Alt+N	【标注】下拉菜单
Ctrl+C	复制	Alt+M	【修改】下拉菜单
Ctrl+D	坐标显示（开/关）	Alt+W	【窗口】下拉菜单
Ctrl+E	等轴测平面切换（俯/左/右）	Alt+H	【帮助】下拉菜单
Ctrl+F	对象捕捉（开/关）		
Ctrl+G	栅格模式（开/关）		

6. 鼠标按键

除了上述的几种调用命令的方式之外，通过分别单击鼠标的左键、中键、右键，也可以执行相应的命令，如表2-2所示。

表2-2 鼠标按键功能

鼠标键	操作方法	功能
左键	单击	拾取键
	双击	进入对象特性修改对话框
右键	在绘图区右键单击	快捷菜单或者Enter键功能
	Shift+右键	对象捕捉快捷菜单
	在工具栏中右键单击	快捷菜单
中间滚轮	滚动轮子向前或向后	实时缩放
	按住轮子不放和拖拽	实时平移
	Shift+按住轮子不放和拖拽	垂直或水平的实时平移
	Shift+按住轮子不放和拖拽	随意式实时平移
	双击	缩放成实际范围

2.5 视图的基本操作

图形在绘图区中应该以合适的大小来显示，以保证能清晰地预览图形的各部分。但是由于绘图区的空间有限，而图纸的大小及繁简程度又不尽相同，因此在出现不能正常预览图纸的情况时便需要对视图的显示进行调整。

AutoCAD提供了几种调整视图显示的方式，本节介绍常用的缩放视图、平移视图、重画视图、重生成视图命令的操作方法。

2.5.1 缩放视图

在AutoCAD中，可以通过放大和缩小操作来更改视图的比例，类似于使用相机进行缩放。执行"视图"|"缩放"命令，在弹出的子菜单中显示了缩放视图的各种方式，其中常用的缩放视图方式的操作方法如下：

1．实时

在子菜单中选择"实时"选项，可以通过向上或向下移动定点设备进行动态缩放。单击鼠标右键，可以显示包含其他视图选项的快捷菜单。

2．窗口

通过指定要查看区域的两个对角，可以快速缩放图形中的某个矩形区域。执行"窗口"缩放命令，在图形上指定对角点来确定窗口的范围，便可将窗口内的图形最大化显示，如图2-53所示。

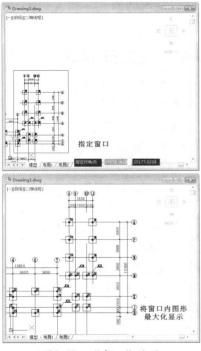

图2-53 "窗口"缩放

3．对象

在子菜单中选择"对象"选项，将以尽可能大的比例显示仅包括选定对象的视图。在绘图区中框选待放大的图形后，选择"对象"缩放命令，可在绘图区中最大化显示选中的对象，如图2-54所示。

4．全部

选择"全部"缩放命令，可以将视图中的所有图形都显示在可视范围内，不考虑图形的显示比例，如图2-55所示。

5．范围

选择"范围"缩放命令，将用尽可能大

的比例来显示视图，以便包含图形中的所有对象，如图2-56所示。

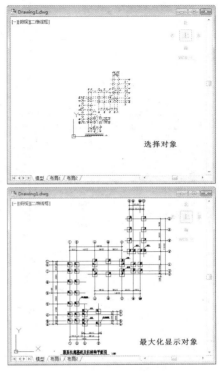

图2-54 "对象"缩放

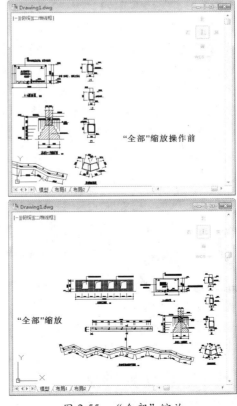

图2-55 "全部"缩放

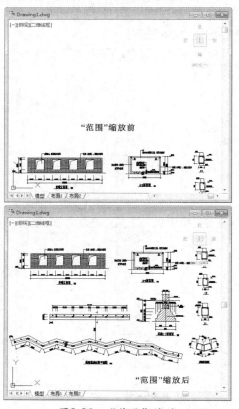

图2-56　"范围"缩放

比例，而只是更改视图。

2.5.3　重画视图

执行"重画"命令，可以删除由VSLIDE和所有视口中的某些操作遗留的临时图形。

执行该命令的方式有：

★ 菜单栏：执行"视图"|"重画"命令；

★ 命令行：在命令行中输入REDRAW/R命令按下Enter键。

"重画"命令可以用来刷新屏幕，且耗时较短。在绘制较为复杂的图纸时，可以每隔一段时间就刷新屏幕，以实时更新图形的显示。

2.5.4　重生成视图

执行"重生成"命令，可以重新生成整个图形并重新计算当前视口中所有对象的位置和可见性。同时还可以重新生成图形数据库的索引，以优化显示和对象选择性能。

执行该命令的方式有：

★ 菜单栏：执行"视图"|"重生成"命令；

★ 命令行：在命令行中输入REGEN/RE命令按下Enter键。

执行"重生成"命令需要耗费的时间较长，图纸愈复杂，时间也越长。因此在绘制较为复杂的图纸时，可以先执行"重画"命令来刷新屏幕，待该命令无效时，再执行"重生成"命令从当前视口重生成整个图形。

2.5.2　平移视图

执行"视图"|"平移"命令，在弹出的子菜单中显示各项平移视图的方式，其中"实时"方式是最常用的。

选择"实时"选项，可以通过移动定点设备进行动态平移。与使用相机平移一样，"实时"平移不会更改图形中的对象位置或

2.6　图层的管理与使用

在AutoCAD中提供了一种非常重要且常用的管理图形的工具，即图层工具。通过使用图层，可以控制图形对象的显示或者打印输出的方式，还可降低图形对象的视觉复杂程度，控制想要显示的属性，以提高系统显示图形的性能。

本节介绍图层的管理与使用方法。

2.6.1　建立新图层

执行"图层特性管理器"命令，可以调出【图层特性管理器】对话框，通过该对话框可执

行新建图层、编辑图层等操作。

执行该命令的方式有：

★ 菜单栏：执行"格式"|"图层"命令；

★ 命令行：在命令行中输入LAYER/LA命令
按下Enter键；

★ "图层"工具栏：单击工具栏上的"图
层特性管理器"按钮；

★ 功能区：在"默认"面板上单击"图层
特性"按钮。

执行上述任意一项操作后，可以调如所
示的【图层特性管理器】对话框。单击对话
框上方的"新建图层"按钮，可以创建一
个新图层。新图层会显示在图层例表中，以
"图层X"来命名，如图 2-57所示。

图2-57　【图层特性管理器】对话框

提 示

在【图层特性管理器】对话框中按下Alt+N组
合键，或者在图层列表中单击右键，在弹出的菜单
中选择"新建图层"选项，也可以创建新图层。

2.6.2　设置图层颜色

系统默认新建图层颜色为白色，用户可
根据使用习惯来更改图层的颜色。调出【图
层特性管理器】对话框，在"颜色"栏下单
击色块，可以调出【选择颜色】对话框。在
对话框中提供了各类颜色供用户选择，单击
其中的某个色块可以选中该颜色，如图 2-58
所示；也可在对话框下方的"颜色"选项框
中输入颜色代号来选择相对应的颜色。

此外，单击"真彩色"选项卡、"配色
系统"选项卡，在所转换的对话框界面中提
供了更多类型的颜色供选择。但是通常情况
下很少用，在"索引颜色"选项卡中所提供
的颜色大多能满足一般的制图需要。

在【选择颜色】对话框中选定颜色后，

单击"确定"按钮关闭对话框，完成设置图
层颜色的操作，如图 2-59所示。

图2-58　选择颜色

图2-59　设置图层颜色

2.6.3　设置图层线型和线宽

在【图层特性管理器】对话框中选中某
个图层，单击"线型"栏下的按钮，在调出的
【选择线型】对话框中显示了当前可以加载的
所有线型，如图 2-60所示。假如对话框中没有
合适的线型，可以单击下方的"加载"按钮，
调出【加载或重载线型】对话框。

图2-60　选择线型

在对话框中选择线型，如图2-61所示；
单击"确定"按钮，返回【选择线型】对话
框，单击"确定"按钮，可将加载的线型指
定给选中的图层。

选中图层，单击"线宽"栏下的按钮，
在弹出的【线宽】对话框中选择新的线宽，
如图2-62所示。

单击"确定"按钮返回【图层特性管理
器】对话框中，查看设置线宽的效果，如图2-63
所示。

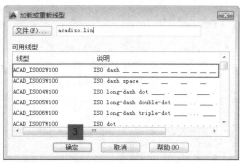

图2-61　设置线型

图2-62　选择线宽

图2-63　设置线宽

2.6.4　转换图层

系统默认创建0图层，并将其设置为当前
正在使用的图层。但是在绘制或者编辑图形
时，应将相应的图层置为当前图层，以保证
相应的操作被存储在指定的图层上。

在【图层特性管理器】对话框中选择图
层，单击对话框上方的"置为当前"按钮✔，
可将该图层置为当前正在使用的图层，如图2-64
所示。

图2-64　转换图层

提示

在【图层特性管理器】对话框中选中某个图
层，按下Alt+C组合键，或者在所选中的图层上单
击右键，在弹出的快捷菜单中选择"置为当前"
选项，均可将该图层置为当前图层。

2.6.5 控制图层状态

在【图层特性管理器】对话框中可以控制图层的状态，分别是开/关图层、冻结/解冻图层、锁定/解锁图层。

选择图层，单击"开"选项栏下的灯泡按钮，待灯泡转换成暗显状态时，则该图层被关闭，如图2-65所示。需要注意，当前图层不能被关闭，或者有命令正在执行时也不能执行关闭图层的操作。

图2-65 关闭图层

冻结图层、锁定图层的操作与关闭图层相类似，都是选定图层后，单击冻结按钮或者锁定按钮，便可对图层的状态进行控制。

2.6.6 实战——创建园林制图图层

绘制园林施工图纸，需要创建各类图形相对应的图层，例如为植物图形创建一个图层，可将其命名为"植物"，通过设置图层的属性，来控制植物图形的显示效果。

01 创建图层。调用LA（图层特性管理器）命令，在弹出的【图层特性管理器】对话框中新建八个图层，如图2-66所示。

02 在对话框中选中图层，按下F2键激活名称选项栏，修改图层名称如图2-67所示。

图2-66 创建图层

图2-67 更改图层名称

03 接着，通过调出【选择颜色】对话框，来更改各图层的颜色，如图2-68所示。

04 将"辅助线"图层的线型更改为CENTER2，并将其置为当前图层，如图2-69所示，便可开始园林施工图的绘制。

图2-68 设置图层颜色

图2-69 更改线型

2.7 常用制图辅助工具

AutoCAD中常见的制图辅助工具有捕捉和栅格、正交、对象捕捉等，可提供定位、捕捉特征点等作用。用户应对制图辅助工具有一定的了解并掌握其使用技巧，以便应用到制图工作中。

本节介绍各种常用制图辅助工具的使用。

2.7.1 捕捉和栅格

捕捉和栅格常常配合起来使用，通过开启栅格及同时启用捕捉，可为制图提供精确的定位。

启用捕捉的方式有：

★ 状态栏：单击状态栏上的"捕捉"按钮 ；

★ 快捷键：F9键；

★ 对话框：在【草图设置】对话框中的"启用捕捉"选项卡中勾选"启用捕捉"选项。

执行上述任意操作，均可启用"捕捉"功能。

启用栅格的方式有：

★ 状态栏：单击状态栏上的"栅格"按钮 ；

★ 快捷键：F7键；

★ 对话框：在【草图设置】对话框中的"启用捕捉"选项卡中勾选"启用栅格"选项。

执行上述任意一项操作，均可启用"栅格"功能。

执行"工具"|"绘图设置"命令，调出如图2-70所示的【草图设置】对话框。在其中的"捕捉和栅格"选项卡中可对"捕捉"及"栅格"的参数进行设置。

启用栅格后，在绘图区会显示纵横交错的栅格；而栅格的间距便是在"栅格间距"选项组下所定义的间距大小。同时启用捕捉后，在绘图工作中，光标会按照指定的距离来捕捉栅格点；捕捉间的距离在"捕捉间距"选项组中设置。

在捕捉及栅格的辅助下绘制图形如图2-71所示，通过指定各点可最终确定图形的边界。

图2-70 【草图设置】对话框

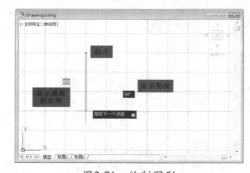

图2-71 绘制图形

2.7.2 实战——绘制树池立面图

树池在景观设计工程中经常见到，其形状不一，有矩形、圆形、多边形等，如图2-72所示。本节介绍矩形树池的绘制方法。

图2-72 树池

01 执行"工具"|"绘图设置"命令，调出【草图设置】对话框，在"捕捉和栅格"选项卡中设置参数如图2-73所示。

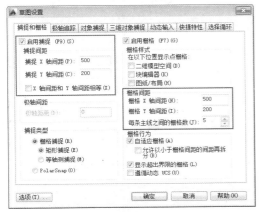

图2-73 【草图设置】对话框

02 调用PL（多段线）命令，移动光标捕捉栅格点，绘制树池的底座（下面的矩形）及坐凳（上面的矩形）的轮廓线如图2-74所示。

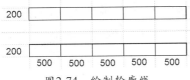

图2-74 绘制轮廓线

03 重新调出【捕捉和栅格】对话框，修改捕捉及栅格的间距参数如图2-75所示。

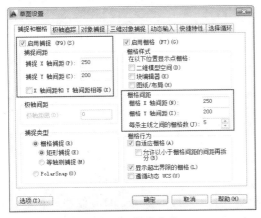

图2-75 修改参数

04 再次调用PL（多段线）命令，通过捕捉栅格点来确定树池主体轮廓线，如图2-76所示。

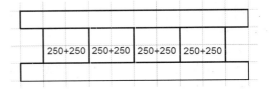

图2-76 绘制树池主体轮廓线

05 分别按下F9键及F7键，关闭栅格及捕捉功能；调用L（直线）命令、O（偏移）命令，绘制并偏移对角线；调用TR（修剪）命令，修剪线段以完成树池立面图的绘制如图2-77所示。

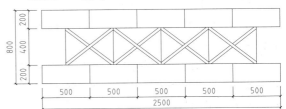

图2-77 树池立面图

2.7.3 正交工具

开启正交功能，可以在创建或者移动对象时，将光标限制在相对于用户坐标系（UCS）的水平或者垂直方向上，如图2-78所示。

开启正交功能的方式有：

★ 状态栏：单击状态栏上的"正交"按钮 ；

★ 快捷键：F8键；

执行上述任意一项操作，可开启正交功能。

图2-78 正交模式

2.7.4 对象捕捉

启用对象捕捉功能，在执行命令时可捕捉到图形上的各种特征点，例如中点、端点、圆心等。在捕捉到各种特征点后，方能对图形执行各项操作，例如移动、旋转等。

启用对象捕捉功能的方式有：

★ 状态栏：单击状态栏上的"对象捕捉"按钮📷；

★ 快捷键：F3键；

★ 对话框：在【草图设置】对话框中的"对象捕捉"选项卡中勾选"启用对象捕捉"选项。

执行上述任意一项操作，均可启用"对象捕捉"功能。

在【草图设置】对话框中的"对象捕捉"选项卡中显示了各类对象捕捉模式，如图 2-79所示，有端点、中点、圆心、节点等；被勾选的对象捕捉模式，在执行命令时可在图形上捕捉到；未勾选的捕捉模式则不能使用。

单击右侧的"全部选择"按钮或者"全部清除"按钮，可以一次性地全选或者清除对捕捉模式的选择。

以圆为例，在对它进行编辑操作的过程中，可供捕捉的特征点有圆心、象限点、切点，如图 2-80所示。

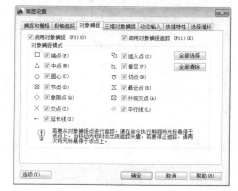

图2-79 "对象捕捉"选项卡

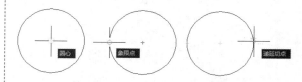

图2-80 圆的特征点

2.7.5 实战——绘制园椅平面图

在公园、广场等场所中通常会设置多种类型的园椅以供游人休憩，有的园椅安置在走道的两旁，有的安装在树下、花坛旁以及其他较为宽敞的地方。园椅的样式多样，有木制的、石砌的，如图 2-81所示为常见的园椅安装效果。本节介绍园椅平面图的绘制。

图2-81 园椅

01 绘制半径为50的钢管。调用C（圆）命令，绘制半径为50的圆形。

02 绘制半径为114的钢柱。按下Enter键重复调用C（圆）命令，拾取半径为50的圆形的圆心，绘制半径为114的圆形，如图2-82所示。

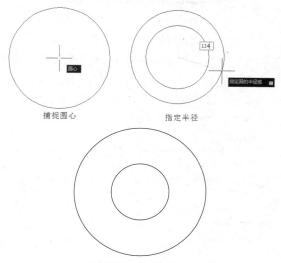

捕捉圆心　　　　　　　指定半径

图2-82 绘制圆形

03 调用L（直线）命令、O（偏移）命令，绘制并偏移直线，如图2-83所示。

图2-91所示。

图2-83　绘制并偏移直线园椅

04 调用CO（复制）命令，选择钢管、钢柱图形，拾取辅助线的中点为移动复制的基点，如图 2-84所示。

05 向右移动鼠标，拾取另一辅助线的中点为移动复制的第二点，如图 2-85所示。

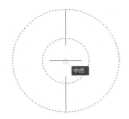

图2-84　拾取中点

图2-85　指定第二点

06 向右移动复制钢管、钢柱图形的结果如图 2-86所示。

图2-86　复制图形

07 沿用上述方法，继续向右移动复制钢管、钢柱图形的操作结果如图 2-87所示。

图2-87　操作结果

08 调用L（直线）命令，在钢管之间绘制水平辅助线；调用E（删除）命令，删除垂直辅助线，如图 2-88所示。

图2-88　绘制水平辅助线

09 调用A（圆弧）命令，拾取圆形的象限点，如图2-89所示。

10 向上移动鼠标，拾取辅助线的中点，如图 2-90所示。

11 向下移动鼠标，拾取右侧圆形的象限点，如

图2-89　拾取圆形的象限点

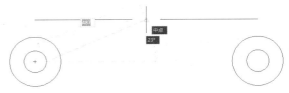

图2-90　拾取辅助线的中点

图2-91　拾取右侧圆形的象限点

12 完成圆弧的绘制后，调用O（复制）命令，向下偏移圆弧，如图2-92所示。

13 调用TR（修剪）命令，修剪线段如图 2-93所示。

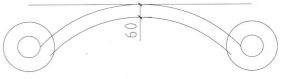

图2-92　向下偏移圆弧

图2-93　修剪线段

14 重复执行上述操作，完成园椅的绘制结果如图 2-94所示。

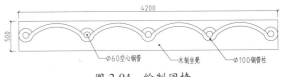

图 2-94　绘制园椅

2.7.6　极轴追踪

启用极轴追踪功能后，光标将按照所指

定的角度进行移动。在移动光标时，假如接近指定的极轴角度，将会在绘图区中显示对齐路径及工具提示，如图2-95所示。

图2-95 极轴追踪

启用极轴追踪功能的方式有：

★ 状态栏：单击状态栏上的"极轴追踪"按钮 ；
★ 快捷键：F10键；
★ 对话框：在【草图设置】对话框中的"极轴追踪"选项卡中勾选"启用极轴追踪"选项。

执行上述任意选项，均可启用"极轴追踪"功能。

2.7.7 实战——绘制标高符号

绘制各种类型的图纸都应标注标高，以表示指定位置相对于地平面的高度。标高标注由标高符号、标注文字组成，有时候需要绘制标高基准线。本节介绍标高符号的绘制。

01 执行"工具"|"绘图设置"命令，调出【草图设置】对话框，在"极轴追踪"选项卡中勾选"启用极轴追踪"选项，设置增量角为45°，如图2-96所示。

图2-96 【草图设置】对话框

02 或者在状态栏上的"极轴追踪"按钮 上单击右键，在弹出的快捷菜单中选择"45"，

如图2-97所示，也可设置增量角。

图2-97 右键菜单

03 调用PL（多段线）命令，单击指定起点后向左移动光标，指定距离为400，如图2-98所示。

04 接着向右下角移动光标，指定距离为100，如图2-99所示。

图2-98 向左移动光标

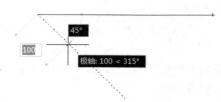

图2-99 向右下角移动光标

05 向右上角移动鼠标，输入距离为100，如图2-100所示。

06 按下Enter键可完成标高符号的绘制，如图2-101所示。

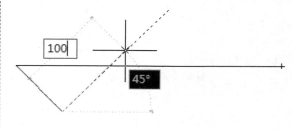

图2-100 向右上角移动鼠标

图2-101 绘制标高符号

2.7.8　动态输入

开启动态输入，可以在屏幕上显示关于所执行命令的相关信息，例如提示指定起点、输入距离参数等。假如没有开启动态输入，则关于命令的信息显示在命令行中。

动态输入有助于了解命令的执行情况，及时修正错误，如图 2-102所示为开启/未开启动态输入的对比。

启用动态输入功能的方式有：

★　状态栏：单击状态栏上的"动态输入"按钮 ；

★　快捷键：F12键；

★　对话框：在【草图设置】对话框中的"动态输入"选项卡中勾选"启用指针输入"、"可能时启用标注输入"选项。

执行上述任意一项操作，均可启用动态输入功能。

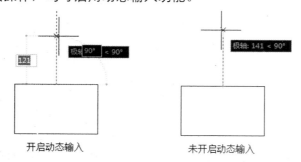

图 2-102　对比示意图

第3章
绘制基本二维图形

绘图是AutoCAD的主要功能，也是最基本的功能，而二维平面图形的形状都很简单，如直线、矩形等，创建起来也很容易，是整个AutoCAD的绘图基础。本章将详细介绍这些图形的绘制方法，只有掌握这些绘图命令，才能更好地绘制园林设计中更加复杂的图形。

3.1 绘制点

"点"有两种，即单点和多点。同时又可以分别调用"定数等分"命令、"定距等分"命令来创建点，这里主要是指创建多点。点的大小、样式可以自定义，在制图过程中，点经常被作为辅助图形，在编辑或者绘制图形时起到很大的作用。

3.1.1 点样式

AutoCAD默认点样式为圆点，大小为5。在未更改其样式及大小的情况下，所创建的点不易被识别。为了方便识别点，并使它起到辅助绘图的作用，所以有必要对点的样式及大小进行设置。

设置点样式的操作方法：

★ 菜单栏：选择"格式"|"点样式"选项。

★ 命令行：在命令行中输入DDPTYPE/DDPT命令并按下"Enter"键。

执行上述操作，可以调出如图3-1所示的【点样式】对话框。对话框的上方显示了各类点样式，一共有20种。用户可以自定义点样式的类型以及点的大小，单击"确定"按钮关闭对话框，可将参数保存。

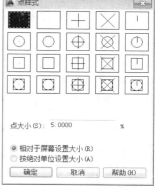

图3-1 【点样式】对话框

3.1.2 绘制单点

执行"绘制单点"命令，单击鼠标左键可以在绘图区中创建一个单点。

1．执行方式

★ 菜单栏：选择"绘图"|"点"|"单点"选项。

★ 命令行：在命令行中输入POINT/PO命令并按下"Enter"键。

2．操作步骤

调用"单点"命令，命令行提示如下：

```
命令：POINT↙
当前点模式：PDMODE=0  PDSIZE=0.0000
指定点：      //在圆心位置单击鼠标左键，创建单点的结果如图3-2所示。
```

图3-2 绘制单点

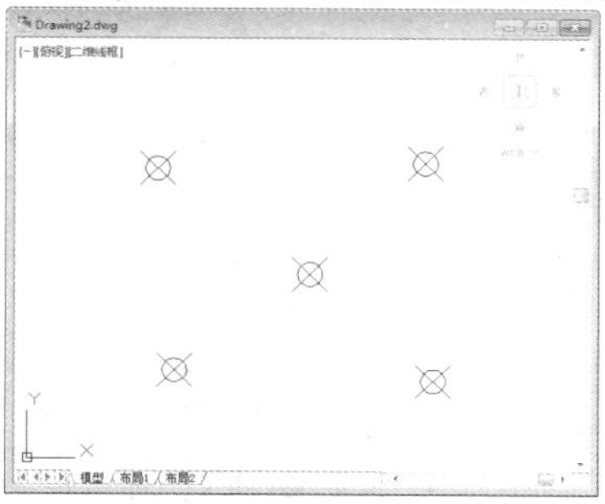

图3-3 绘制多点

3.1.3 绘制多点

执行"绘制多点"命令，连续在绘图区中单击鼠标左键可以创建多点。

1. 执行方式

★ 菜单栏：选择"绘图"|"点"|"多点"选项。

★ 工具栏：单击"绘图"工具栏上的"多点"按钮。

★ 功能区：单击"绘图"面板上的"多点"按钮。

2. 操作步骤

调用"多点"命令，命令行提示如下：

```
命令：_point
当前点模式：PDMODE=35 PDSIZE=-10
指定点：          //单击左键可以创建第一个点，移动鼠标再次单击左键可以创建第二个点，待创建完毕，按下
Enter退出命令可完成多点的创建，如图3-3所示。
```

提 示

按下Esc键也可退出绘制多点的操作。

3.1.4 定数等分

执行"定数等分"命令，系统提示设置等分线段的数目，指定参数值后（假如为3），便可得到几段（3段）相同长度的线段。

1. 执行方式

★ 菜单栏：选择"绘图"|"点"|"定数等分"选项。

★ 命令行：在命令行中输入DIVIDE /DIV命令并按下"Enter"键。

★ 功能区：单击"绘图"面板上的"定数等分"按钮。

2. 操作步骤

调用"定数等分"命令，命令行提示如下：

```
命令：DIVIDE↙
选择要定数等分的对象：          //选择待等分的对象：
输入线段数目或 [块(B)]：9       //设置参数值，按下Enter键可完成等分操作，如图3-4所示。
```

以等分点作为直线的起点来分别绘制水平直线和垂直直线，可以完成网格的绘制，如图3-5所示。而网格在绘制园林设计图纸的时候，常常被用作模板来绘制详图或者立面图。

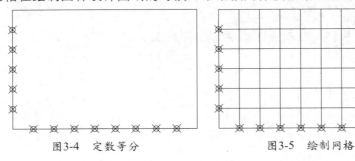

图3-4 定数等分　　　　　　　　　图3-5 绘制网格

3.1.5 实战——绘制休闲椅平面图

休闲椅就是人们平常享受闲暇时光用的椅子，分为室内休闲椅与室外休闲椅。本节介绍室外休闲椅的绘制方法。

从材料上来说，户外休闲椅因其所处环境为户外，所以材料可选性较窄。多以麻石、大理石、木质、不锈钢、钢管等材料为主。多放置在公园、小区、路边等公共场所，因其高暴露性

和高损坏性（太阳紫外线、风雨腐蚀、人为破坏等），所以必须要求经常维护和整修。

如图3-6所示为在公共场所常见的休闲椅。

图3-6 户外休闲椅

01 绘制休闲椅外轮廓线。调用REC【矩形】命令，绘制尺寸为2500×10000的矩形，结果如图 3-7所示。

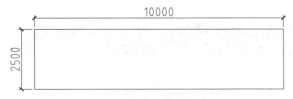

图3-7 绘制休闲椅外轮廓线

02 调用X【分解】命令，将矩形分解。

03 调用DIV【定数等分】命令，在命令行提示

"选择要定数等分的对象："时，选择矩形右侧边；在命令行提示"输入线段数目或 [块(B)]："时，输入5，等分结果如图 3-8所示。

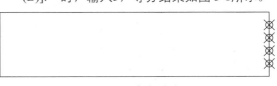

图3-8 定数等分

04 调用L【直线】命令，以等分点为直线的起点，向左移动鼠标，在左侧边上单击左键即可完成直线的绘制。

05 户外休闲椅平面图的绘制结果如图 3-9所示。

图3-9 休闲椅平面图

3.1.6 定距等分

执行"定距等分"命令，系统提示设定线段的长度，设定参数后（如1000），可得到多段（数目因源对象的不同而各异）长度为1000的线段。

1. 执行方式

★ 菜单栏：选择"绘图"|"点"|"定距等分"选项。

★ 命令行：在命令行中输入MEASURE/ME命令并按下"Enter"键。

★ 功能区：单击"绘图"面板上的"定距等分"按钮。

2. 操作步骤

调用"定距等分"命令，命令行提示如下：

```
命令：MEASURE✓
选择要定距等分的对象：                            //选择三角形的左侧边；
指定线段长度或 [块(B)]：1000  //设置参数，按下Enter键退出命令，绘制定距等分点的结果如图3-10所示。
```

以等分点为起点来绘制直线，完成地面铺装图案的绘制结果如图 3-11所示。

图3-10 定距等分

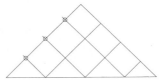

图3-11 绘制地面铺装图案

3.1.7 实战——绘制汀步

汀步是设置在水上的道路，可以按照等间距来布置块石，也可灵活变化块石的位置。本节介绍使用等间距布置块石的汀步的绘制。

01 调用REC（矩形）命令、X（分解）命令，绘制并分解矩形。

02 调用ME（定距等分）命令，选择矩形的上边，设置等分距离为500，对线段执行等分操作的结果如图3-12所示。

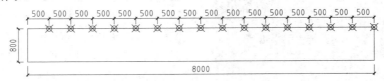

图3-12 定距等分

03 调用L（直线）命令，绘制如图3-13所示的直线。

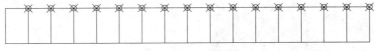

图3-13 绘制直线

04 调用O（偏移）命令，偏移线段如图3-14所示。

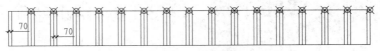

图3-14 偏移线段

05 调用E（删除）命令来删除多余的线段，调用TR（修剪）命令，修剪线段如图3-15所示。

图3-15 修剪线段

3.2 绘制线

绘制图形的过程中，常用到的线的类型有直线、射线以及构造线。其中，直线多用来表示各类图形的外轮廓线，而射线及构造线一般作为辅助线。射线与构造线的区别，请阅读以下具体内容。

3.2.1 直线

执行"直线"命令，可以创建水平直线、垂直直线；此外，在"极轴追踪"功能启用的状态下，通过设定增量角参数值（例如45°、135°等），可以绘制各种角度的直线。

1. 执行方式

★ 菜单栏：执行"绘图" | "直线"命令。

★ 工具栏：单击"绘图"工具栏上的"直线"按钮 ⁄ 。

★ 命令行：在命令行中输入LINE/L命令并按下"Enter"键。

★ 功能区：单击"绘图"面板上的"直线"按钮 ⁄ 。

2. 操作步骤

调用"直线"命令，命令行提示如下：

```
命令：LINE↙
指定第一个点：                        //指定A点；
指定下一点或 [放弃(U)]：               //指定B点；
指定下一点或 [放弃(U)]：               //指定C点；
指定下一点或 [闭合(C)/放弃(U)]：        //指定D点，可完成柱子底座轮廓线的绘制，如图3-16所示。
```

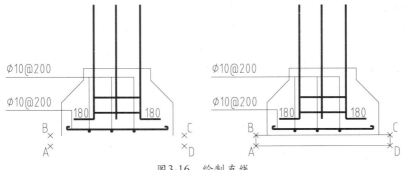

图3-16 绘制直线

> **提示**
>
> 在开启"正交"功能的状态下，可以绘制水平及垂直线段。假如按下F10键，可打开"极轴追踪"功能能，此时可绘制与增量角角度一致的直线。

3.2.2 射线

执行"射线"命令，可以绘制一端无限延长的直线。

1. 执行方式

★ 菜单栏：执行"绘图"|"射线"命令。

★ 工具栏：单击"绘图"工具栏上的"射线"按钮✐。

★ 命令行：在命令行中输入RAY命令并按下"Enter"键。

★ 功能区：单击"绘图"面板上的"射线"按钮✐。

2. 操作步骤

调用"射线"命令，命令行提示如下：

```
命令：RAY↙
指定起点：                        //单击鼠标以指定起点；
指定通过点：                      //移动鼠标以指定通过点，如图3-17所示。
```

按下Enter键可完成射线的创建，如图 3-18所示，从中可以观察并了解到，射线的一端是无限延伸的，即只有起点没有终点。

图 3-17 指定起点及通过点

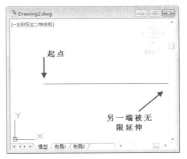

图 3-18 绘制射线

3.2.3 构造线

执行"构造线"命令，可以创建两端无限延伸的直线。构造线与射线的区别是，射线为一端无限延伸，构造线为两端无限延伸。

1. 执行方式

★ 菜单栏：执行"绘图"|"构造线"命令。

★ 工具栏：单击"绘图"工具栏上的"构造线"按钮✍。

★ 命令行：在命令行中输入XLINE/XL命令并按下"Enter"键。

★ 功能区：单击"绘图"面板上的"构造线"按钮✍。

2. 操作步骤

调用"构造线"命令后，命令行提示如下：

```
命令：XLINE✓
指定点或 [水平(H)/垂直(V)/角度(A)/二等分(B)/偏移(O)]：
指定通过点：           //指定起点后，移动鼠标并单击以指定通过点，如图3-19所示。
```

按下Enter键退出命令操作，绘制构造线的结果如图 3-20所示。

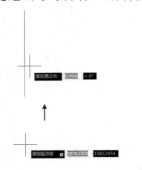
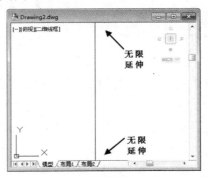

图3-19 指定起点及通过点　　　　图3-20 绘制构造线

3.3 多段线

在绘制园林施工图纸时，"多段线"命令被频繁地使用。主要用来绘制诸如廊架轮廓线、平台轮廓线等图形。多段线的属性可以在绘制的过程中设置，也可以在绘制完成后对其进行编辑修改。

本节介绍绘制、编辑多段线的知识。

3.3.1 绘制多段线

调用"多段线"命令，可以绘制相互连接的线段序列，类型有直线段、圆弧段或者两者的组合线段。

1. 执行方式

★ 菜单栏：执行"绘图"|"多段线"命令。

★ 工具栏：单击"绘图"工具栏上的"多段线"按钮⤵。

★ 命令行：在命令行中输入PLINE/PL命令并按下"Enter"键。

★ 功能区：单击"绘图"面板上的"多段线"按钮⤵。

2. 操作步骤

调用"多段线"命令，命令行提示如下：

```
命令：PLINE↙
指定起点：
当前线宽为0
指定下一个点或 [圆弧(A)/半宽(H)/长度(L)/放弃(U)/宽度(W)]：
指定下一点或 [圆弧(A)/闭合(C)/半宽(H)/长度(L)/放弃(U)/宽度(W)]：
指定下一点或 [圆弧(A)/闭合(C)/半宽(H)/长度(L)/放弃(U)/宽度(W)]：
            //分别指定多段线的各点，可以完成廊架轮廓线的绘制，如图3-21所示。
```

再执行"偏移"命令、"直线"命令可以完成廊架平面图形的绘制，如图 3-22所示。

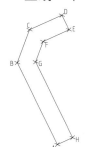

图3-21　绘制廊架轮廓线　　　　图3-22　绘制廊架平面图形

执行"多段线"命令后，命令行提示"指定下一个点或 [圆弧(A)/半宽(H)/长度(L)/宽度(W)]："，输入各选项后的字母，可以进入该选项并对其参数进行设置。

例如，输入A可以选择"圆弧"选项，此时命令行提示如下：

```
指定下一个点或 [圆弧(A)/半宽(H)/长度(L)/放弃(U)/宽度(W)]：A
指定圆弧的端点或[角度(A)/圆心(CE)/方向(D)/半宽(H)/直线(L)/半径(R)/第二个点(S)/放弃(U)/宽度(W)]：R
指定圆弧的半径：180
指定圆弧的端点或 [角度(A)]：A
指定包含角：180
指定圆弧的弦方向 <274>：
指定圆弧的端点或
[角度(A)/圆心(CE)/闭合(CL)/方向(D)/半宽(H)/直线(L)/半径(R)/第二个点(S)/放弃(U)/宽度(W)]：
            //在命令行中设置各项参数后，可以完成圆弧的绘制。
```

其他的各选项，如"半宽(H)"、"长度(L)"等，与上面介绍的相同，输入字母后可进入设置选项；根据命令行的提示来设置各项参数，可以绘制符合参数设置的图形。

3.3.2　编辑多段线

以上一小节所绘制的廊架图形为例，介绍编辑多段线的操作方式。

1. 执行方式
★　菜单栏：执行"修改"|"对象"|"多段线"命令。
★　双击绘制完成的多段线图形。

2. 操作步骤
执行"修改"|"对象"|"多段线"命令，命令行提示如下：

```
命令：_pedit↙
输入选项 [闭合(C)/合并(J)/宽度(W)/编辑顶点(E)/拟合(F)/样条曲线(S)/非曲线化(D)/线型生成(L)/反转(R)/
放弃(U)]：W                   //选择"宽度(W)"选项；
指定所有线段的新宽度：100     //指定参数值，按下Enter键可更改多段线的线宽，如图3-23所示。
```

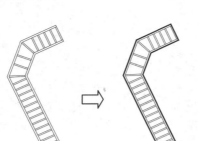

图3-23　编辑线宽

输入命令行中各选项后的代码，可以对该选项参数进行设置。例如，输入C，选择"闭合(C)"选项，可以将开放的多段线闭合；输入J，选择"合并（J）"选项，可将选中的所有多段线合并为一根多段线；输入E，选择"编辑顶点(E)"选项，可以根据系统所提供的方式对多段线的顶点进行编辑操作，等等。

3.3.3　实战——绘制游泳池

本节介绍通过调用多段线命令、偏移、分解等命令来绘制游泳池的方法。

01 调用PL（多段线）命令，命令行提示如下：

```
命令：PLINE✓
指定起点：
当前线宽为 20
指定下一个点或 [圆弧(A)/半宽(H)/长度(L)/放弃(U)/宽度(W)]：W
指定起点宽度 <20>：50
指定端点宽度 <50>：50
指定下一个点或 [圆弧(A)/半宽(H)/长度(L)/放弃(U)/宽度(W)]：24100          //向下移动鼠标；
指定下一点或 [圆弧(A)/闭合(C)/半宽(H)/长度(L)/放弃(U)/宽度(W)]：14800          //向右移动鼠标；
指定下一点或 [圆弧(A)/闭合(C)/半宽(H)/长度(L)/放弃(U)/宽度(W)]：24100          //向上移动鼠标；
指定下一点或 [圆弧(A)/闭合(C)/半宽(H)/长度(L)/放弃(U)/宽度(W)]：C          //闭合线段如图3-24所示。
```

02 按下Enter键重新调用PL（多段线）命令，更改其线宽为0，绘制泳池轮廓线如图 3-25所示。

03 调用X（分解）命令，分解多段线；调用O（偏移）命令，偏移线段如图 3-26所示。

04 调用PL（多段线）命令，设置线宽为30，绘制泳道示意线的结果如图 3-27所示。

图3-24　绘制外轮廓线

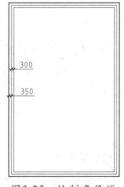

图3-25　绘制多段线

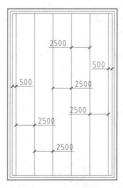

图3-26　偏移线段

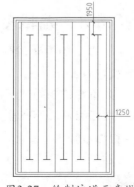

图3-27　绘制泳道示意线

05 绘制阶梯。调用PL（多段线）命令，设置线宽为60，绘制阶梯如图 3-28所示。

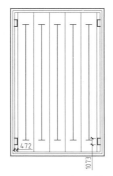

图3-28　绘制阶梯

3.4 多线

与"多段线"命令相同，"多线"命令在绘图工作中也被经常使用。执行"多线"命令可创建相互平行的线段，一般为两根、四根，也可绘制多根。

创建多线样式，即提前设置了多线的参数，可以节约绘制时间。此外，系统提供了一系列的多线编辑工具，用户可以根据实际情况来使用。

本节介绍有关"多线"的知识。

3.4.1 设置多线样式

执行"多线样式"命令，可以定义有关多线的各项参数，包括偏移距离、颜色、线型等。

1. 执行方式

★ 菜单栏：执行"格式"|"多线样式"命令。

★ 命令行：在命令行中输入MLSTYLE命令并按下"Enter"键。

2. 操作步骤

执行"多线样式"命令，系统弹出如图3-29所示的【多线样式】对话框，在其中单击"新建"按钮；在调出的【创建新的多线样式】对话框中输入样式名称，例如"新样式"。

图3-29　【多线样式】对话框

在对话框中单击"继续"按钮，调出【新建多线样式：新样式】对话框。在其中

可以对多线样式的各项参数进行设置，包括"封口"选项组、"填充"选项组、"图元"选项组。

在"封口"选项组下勾选"起点"、"端点"选项，在"图元"选项组下的列表框中设置"偏移"参数、"颜色"参数及"线型"参数，结果如图3-30所示。

单击"确定"按钮返回【多线样式】对话框，单击右上角的"置为当前"按钮，可将新建的多线样式置为当前正在使用的样式。

单击"确定"按钮关闭【多线样式】对话框，可完成创建多线样式的操作。

图3-30　设置样式参数

提示

在【多线样式】对话框中选中其中的一种多线样式后,可激活右侧的按钮,包括"新建"、"修改"、"重命名"等;其中,单击"修改"按钮可进入【修改多线样式】对话框,对该样式的参数进行设置。

3.4.2 绘制多线

执行"多线"命令,可以绘制多条平行线,这些平行线的方向可以是水平的、垂直的,也可以是任意角度的。

1. 执行方式

★ 菜单栏:执行"绘图"|"多线"命令。

★ 工具栏:单击"绘图"工具栏上的"多线"按钮\\。

★ 命令行:在命令行中输入MLINE/ML命令并按下"Enter"键。

★ 功能区:单击"绘图"面板上的"多线"按钮\\。

2. 操作步骤

调用"多线"命令,命令行提示如下:

```
命令: MLINE↙
当前设置: 对正 = 上, 比例 = 20.00, 样式 = 新样式
指定起点或 [对正(J)/比例(S)/样式(ST)]: S↙          //选项"比例(S)"选项;
输入多线比例 <20.00>: 1
当前设置: 对正 = 上, 比例 = 1.00, 样式 = 新样式
指定起点或 [对正(J)/比例(S)/样式(ST)]: J↙          //选择"对正(J)"选项;
输入对正类型 [上(T)/无(Z)/下(B)] <上>: Z↙          //选择"无(Z)"选项;
当前设置: 对正 = 无, 比例 = 1.00, 样式 = 新样式
指定起点或 [对正(J)/比例(S)/样式(ST)]:
指定下一点:          //分别指定多线的起点及端点,完成廊架钢筋混凝土梁的绘制结果如图3-31所示。
```

按下Enter键,重新调用"多线"命令,命令行提示如下:

```
命令: MLINE↙
当前设置: 对正 = 无, 比例 = 1, 样式 = 新样式
指定起点或 [对正(J)/比例(S)/样式(ST)]: S↙          //选择"比例(S)"选项;
输入多线比例 <1>: 0.75↙
当前设置: 对正 = 无, 比例 = 0.75, 样式 = 新样式
指定起点或 [对正(J)/比例(S)/样式(ST)]:
指定下一点:          //指定多线起点,移动鼠标指定端点,绘制结果如图3-32所示。
```

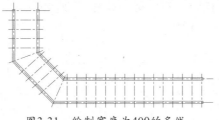

图3-31　绘制宽度为400的多线

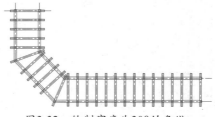

图3-32　绘制宽度为300的多线

3.4.3 编辑多线

多线的各类编辑工具都集中在【多线编辑工具】对话框中,调出该对话框的方式有:

★ 菜单栏：执行"修改"|"对象"|"多
线"命令。

★ 双击多线图形。

执行上述操作调出如图 3-33所示的【多
线编辑工具】对话框，然后可以使用其中的
工具对廊架图形进行编辑操作。单击选择其
中的"十字闭合"工具按钮，然后依次单击
水平多线、垂直多线，编辑修改多线的结果
如图 3-34所示。

图3-33 【多线编辑工具】对话框

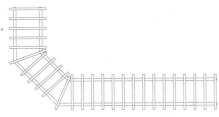

图3-34 "十字闭合"操作结果

选择"十字打开"工具，命令行会提
示"选择第一条多线"、"选择第二条多
线"；单击相交的多线，对其执行打开操作
的结果如图 3-35所示。

使用不同的编辑工具可以得到不同的效
果，用户在选用时应考虑图形表现的具体要求。

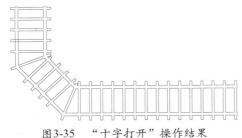

图3-35 "十字打开"操作结果

3.4.4 实战——绘制墙体

本节介绍调用多线命令绘制墙线，使用
多线编辑工具修剪多线的操作方法。

01 调用素材文件。按下Ctrl+O组合键，打开配
套光盘提供的"第3章/3.4.4 实战——绘制
墙体.dwg"文件，如图 3-36所示。

02 调用ML（多线）命令，设置比例为240，对
正方式为"无"，在轴线的基础上绘制多
线的结果如图 3-37所示。

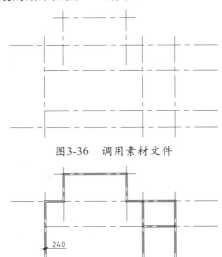

图3-36 调用素材文件

240

图3-37 绘制多线

03 双击多线以调出【多线编辑工具】对话框，
选择"T形打开"工具按钮，对多线执行编
辑操作的结果如图 3-38所示。

04 按下Enter键重新调出【多线编辑工具】对
话框，单击"角点结合"按钮，编辑多线
的结果如图 3-39所示。

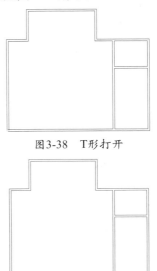

图3-38 T形打开

图3-39 角点结合

3.5 绘制曲线

曲线在表示图形时拥有比直线更大的灵活性，通过设置曲线的显示样式，可以用其来表示各类图形。曲线的类型有圆、圆弧、圆环、椭圆、修订云线、样条曲线，本节将介绍这些图形的绘制方法。

3.5.1 圆

执行"圆"命令，可以通过指定圆的半径或直径来绘制圆形。

1. 执行方式

★ 菜单栏：选择"绘图"|"圆"选项，在弹出的子菜单中显示了创建圆的各种方式。

★ 工具栏：单击"绘图"工具栏上的"圆"按钮⊙。

★ 命令行：在命令行中输入CIRCLE/C命令并按下"Enter"键。

★ 功能区：单击"绘图"面板上的"圆"按钮⊙。

2. 操作步骤

调用"圆"命令，命令行提示如下：

```
命令：CIRCLE↙
指定圆的圆心或 [三点(3P)/两点(2P)/切点、切点、半径(T)]：          //单击指定圆心的位置；
指定圆的半径或 [直径(D)]：500↙        //指定参数值，按下Enter键可完成圆形的绘制，如图3-40所示。
```

单击右键，在弹出的快捷菜单中选择"重复CIRCLE（R）"选项，命令行提示如下：

```
命令：CIRCLE↙
指定圆的圆心或 [三点(3P)/两点(2P)/切点、切点、半径(T)]：
指定圆的半径或 [直径(D)] <500>：D↙                    //选择"直径(D)"选项；
指定圆的直径 <1000>：500↙       //指定参数值，按下Enter键可完成圆形的绘制，如图3-41所示。
```

以上是最常用的创建圆形的方法，通过指定半径值、直径值来得到相应大小的圆形。只是在设置半径参数及直径参数时，要了解所设定参数的意义。

例如，半径为500的圆形，其直径为1000；直径为500的圆形，其半径为250。在设置参数前先计算所绘圆形的大小，再来设定半径/直径参数，以免出现错误。

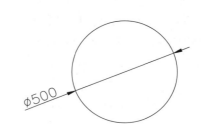

图3-40　半径为500的圆形　　　　　　　图3-41　直径为500的圆形

> **提示**
>
> 程序还提供了其他绘制圆形的方式。例如，选择"三点(3P)"选项，可以通过指定圆上的三点来创建圆形；选择"两点(2P)"选项，通过指定直径的两个端点来创建圆形；选择"切点、切点、半径(T)"选项，通过分别指定切点的位置及半径值来创建圆形。更多的绘制圆的方法请参考"绘图"|"圆"命令中的子菜单。

3.5.2 圆弧

调用"圆弧"命令，可以创建指定方向及指定半径的圆弧。

1. 执行方式

★ 菜单栏：选择"绘图"|"圆弧"选项，在弹出的子菜单中显示绘制圆弧的各种方式。

★ 工具栏：单击"绘图"工具栏上的"圆弧"按钮 。

★ 命令行：在命令行中输入ARC/A命令并按下"Enter"键。

★ 功能区：单击"绘图"面板上的"圆弧"按钮 。

2. 操作步骤

调用"圆弧"命令，命令行提示如下：

```
命令：ARC↙
圆弧创建方向：逆时针(按住 Ctrl 键可切换方向)。
指定圆弧的起点或 [圆心(C)]：
指定圆弧的第二个点或 [圆心(C)/端点(E)]：
指定圆弧的端点：          //分别指定起点、第二个点以及端点，可创建圆弧，结果如图3-42所示。
```

在指定圆弧的起点之前，按下Ctrl键可以切换圆弧的方向；然后依次指定圆弧的各点，绘制相反方向的圆弧如图3-43所示。

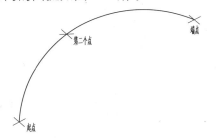
图3-42　绘制圆弧

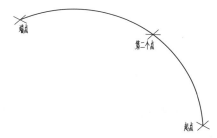
图3-43　绘制相反方向的圆弧

> **提示**
>
> 在命令行中选择"圆心(C)"选项，通过分别指定圆弧的圆心、起点及端点来创建圆弧。此外，更多的创建圆弧的方式请参考"绘图"|"圆弧"命令中的子菜单。

3.5.3 实战——绘制拼花图案

本节介绍使用圆弧命令、图案填充命令来绘制地面拼花图案的操作方法。

01 调用C（圆）命令、O（偏移）命令，绘制并偏移圆形；调用PL（多段线）命令，绘制如图 3-44所示的折断线。

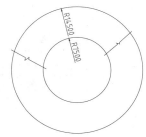
图3-44　绘制结果

02 调用TR（修剪）命令，修剪圆形如图3-45所示。

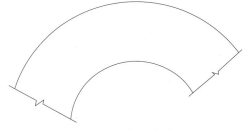
图3-45　修剪圆形

03 调用O（偏移）命令，选择圆弧向内偏移，如图 3-46所示。

04 调用TR（修剪）命令，修剪图形如图3-47所示。

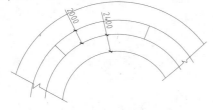

图3-46 偏移圆弧

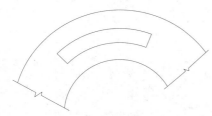

图3-47 修剪图形

05 调用A（圆弧）命令，绘制圆弧表示装饰轮廓线，如图3-48所示。

06 调用O（偏移）命令、TR（修剪）命令，偏

移并修剪圆弧，如图3-49所示。

图3-48 绘制装饰轮廓线

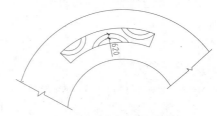

图3-49 偏移并修剪圆弧

07 填充铺装图案。调用H（图案填充）命令，在【图案填充和渐变色】对话框中设置参数如表3-1所示。

表 3-1 参数列表

编号	1	2	3	4
参数设置	类型和图案 类型(Y)：用户定义 图案(P)：SOLID 颜色(C)：ByLayer 样例： 自定义图案(M)： 角度和比例 角度(G)：45 比例(C)：20 ☑双向(U) □相对图纸空间(E) 间距(C)：800	类型和图案 类型(Y)：预定义 图案(P)：HOUND 颜色(C)：ByLayer 样例： 自定义图案(M)： 角度和比例 角度(G)：0 比例(S)：50	类型和图案 类型(Y)：预定义 图案(P)：GRASS 颜色(C)：绿 样例： 自定义图案(M)： 角度和比例 角度(G)：0 比例(S)：15	类型和图案 类型(Y)：预定义 图案(P)：ANSI31 颜色(C)：ByLayer 样例： 自定义图案(M)： 角度和比例 角度(G)：0 比例(S)：50

08 对平面图执行填充操作的结果如图 3-50 所示。

09 调用X（分解）命令，将1号图案分解。

10 调用H（图案填充）命令，在【图案填充和渐变色】对话框中选择SOLID图案，对平面图填充图案的结果如图3-51所示。

图3-51 填充图案

11 调用MLD（多重引线）命令，为地面拼花绘制引线标注，结果如图3-52所示。

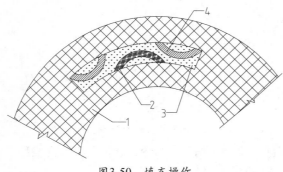

图3-50 填充操作

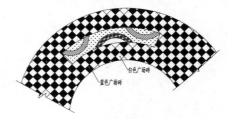

图 3-52 绘制引线标注

3.5.4 圆环

执行"圆环"命令,可以分别设定内径与外径来创建同心圆。

1. 执行方式

★ 菜单栏:选择"绘图"|"圆环"选项。

★ 命令行:在命令行中输入DONUT/DO命令并按下"Enter"键。

2. 操作步骤

调用"圆环"命令,命令行提示如下:

```
命令:_donut↙
指定圆环的内径 <1>: 501
指定圆环的外径 <1>: 1001                  //分别设定内径、外径参数;
指定圆环的中心点或 <退出>                  //单击左键可完成圆环的绘制,如图3-53所示。
```

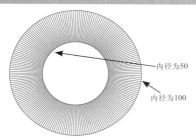

内径为50
内径为100

图3-53 绘制圆环

被填充区域

图3-54 填充圆环

提示

调用FILL命令,在命令行提示"输入模式 [开(ON)/关(OFF)] <开>:"时,选择"关(OFF)"选项,可以得到一个被填充的圆环,如图 3-54所示。

3.5.5 椭圆

执行"椭圆"命令,可以根据命令行的提示来创建椭圆或者椭圆弧。

1. 执行方式

★ 菜单栏:选择"绘图"|"椭圆"选项,弹出的子菜单显示了绘制椭圆的方式。

★ 工具栏:单击"绘图"工具栏上的"椭圆"按钮◐。

★ 命令行:在命令行中输入ELLIPSE/EL命令并按下"Enter"键。

★ 功能区:单击"绘图"面板上的"椭圆"按钮◐。

2. 操作步骤

调用"椭圆"命令,命令行提示如下:

```
命令:ELLIPSE↙
指定椭圆的轴端点或 [圆弧(A)/中心点(C)]:
指定轴的另一个端点:
指定另一条半轴长度或 [旋转(R)]:          //单击指定各点,创建椭圆的结果如图3-55所示。
```

按下Enter键重新调用"椭圆"命令,命令行提示如下:

```
命令:ELLIPSE↙
指定椭圆的轴端点或 [圆弧(A)/中心点(C)]: A          //选择"圆弧(A)"选项;
指定椭圆弧的轴端点或 [中心点(C)]:
指定轴的另一个端点:                                //分别指定两个端点;
```

指定另一条半轴长度或 [旋转(R)]:   //单击左键指定半轴长度:
指定起点角度或 [参数(P)]: 45↙
指定端点角度或 [参数(P)/包含角度(I)]: 1801   //分别设定起点、端点间的角度,绘制椭圆弧如图
3-56所示。

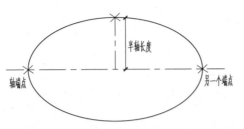

图3-55 绘制椭圆

图3-56 绘制椭圆弧

选择"中心点(C)"选项,命令行依次提示选择中心点、端点以及半轴长度来创建椭圆。

选择"旋转(R)"选项,命令行提示"指定绕长轴旋转的角度:",如图 3-57所示为将旋转角度分别设置为45°和35°的结果。

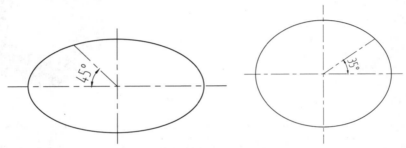

图3-57 指定绕长轴旋转的角度

3.5.6 实战——绘制梅花平面图

本节介绍调用多段线命令、椭圆命令、填充等命令来绘制梅花平面图的操作方法。

01 绘制树枝。调用PL(多段线)命令,绘制树枝轮廓线,如图 3-58所示。

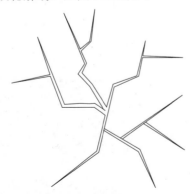

图3-58 绘制树枝轮廓线

02 调用H(图案填充)命令,在【图案填充和渐变色】对话框中选择SOLID图案,对树枝

轮廓线执行填充操作的结果如图 3-59所示。

图3-59 图案填充

03 绘制梅花瓣。调用EL(椭圆)命令、RO(旋转)命令,绘制并旋转椭圆,如图3-60所示。

04 调用CO(复制)命令,移动复制椭圆,同时调用RO(旋转)命令来调整椭圆的角度,如图 3-61所示。

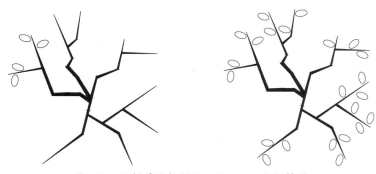

图3-60　绘制并旋转椭圆　图3-61　绘制梅花

3.5.7　修订云线

执行"修订云线"命令，通过移动鼠标可以创建修订云线。

1．执行方式

★　菜单栏：选择"绘图"|"修订云线"命令。

★　工具栏：单击"绘图"工具栏上的"修订云线"按钮🔲。

★　命令行：在命令行中输入REVCLOUD命令并按下"Enter"键。

★　功能区：单击"绘图"面板上的"修订云线"按钮🔲。

2．操作步骤

调用"修订云线"命令，命令行提示如下：

```
命令：_revcloud↙
最小弧长：100　最大弧长：150　样式：普通
指定起点或 [弧长(A)/对象(O)/样式(S)] <对象>：A          //选择"弧长(A)"选项；
指定最小弧长 <100>：500↙
指定最大弧长 <500>：900↙                    //分别指定弧长参数值；
指定起点或 [弧长(A)/对象(O)/样式(S)] <对象>：
沿云线路径引导十字光标...          //移动鼠标以绘制修订云线的绘制，如图3-62所示。
修订云线完成。
```

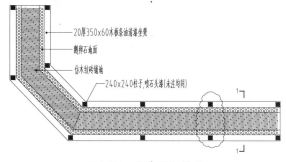

图3-62　"普通"样式

> **提示**
>
> 选择"对象(O)"选项，命令行提示"选择对象："，选中闭合多段线（如矩形、圆形等）可将其转换为修订云线。

选择"样式(S)"选项，命令行提示"选择圆弧样式 [普通(N)/手绘(C)] <普通>："；系统默认为"普通"样式，选择"手绘"样式，修订云线的创建结果如图 3-63所示。

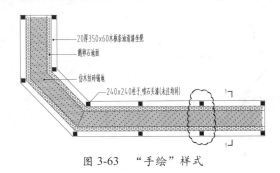

图 3-63 "手绘"样式

▌3.5.8 样条曲线

执行"样条曲线"命令，通过在绘图区中指定各个点可创建圆滑的曲线。

1. 执行方式

★ 菜单栏：选择"绘图"|"样条曲线"选项。

★ 工具栏：单击"绘图"工具栏上的"样条曲线"按钮～。

★ 命令行：在命令行中输入SPLINE/SPL命令并按下"Enter"键。

★ 功能区：单击"绘图"面板上的"样条曲线拟合"按钮～。

2. 操作步骤

调用"样条曲线"命令，命令行提示如下：

```
命令：SPLINE↙
当前设置：方式=拟合  节点=弦
指定第一个点或 ［方式(M)/节点(K)/对象(O)］：
输入下一个点或 ［起点切向(T)/公差(L)］：
输入下一个点或 ［端点相切(T)/公差(L)/放弃(U)］：        //移动鼠标指定各点，绘制广场种植区轮廓线的结果如图
3-64所示。
```

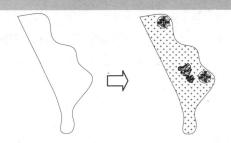

图3-64 绘制广场种植区轮廓线

▌3.5.9 实战——绘制园路

本节介绍调用样条曲线命令、偏移命令及修剪命令来绘制园路的操作方法。

01 调用素材文件。按下Ctrl+O组合键，打开配套光盘提供的"第3章/3.5.9 实战——绘制园路.dwg"文件，如图 3-65所示。

02 调用SPL（样条曲线）命令，绘制园路轮廓线，如图 3-66所示。

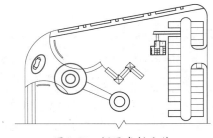

图3-65 调用素材文件

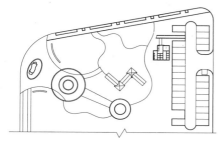

图3-66　绘制园路轮廓线

03 调用O（偏移）命令，设置偏移距离为2000，偏移园路轮廓线如图 3-67所示。

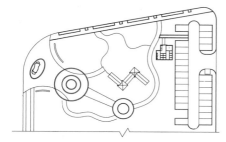

图3-67　偏移园路轮廓线

04 选择偏移得到的园路轮廓线，激活其夹点，

移动曲线端点的夹点至圆形轮廓线上，使之与圆形轮廓线相接，如图 3-68所示。

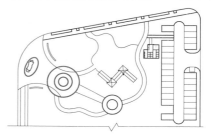

图3-68　移动曲线端点

05 重复调用SPL（样条曲线）命令、O（偏移）命令来绘制园路，结果如图 3-69所示。

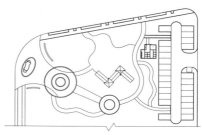

图 3-69　绘制园路

3.6 绘制闭合图形

　　　矩形由四条边组成，在创建矩形的过程中可以对其属性进行设置，例如长宽尺寸、矩形边的宽度等。多边形可由多条边组成，在绘制的过程中可以指定其样式（分为内切于圆、外切于圆）、圆心位置、半径大小以及边数。

　　本节来介绍这两类图形的创建方式。

3.6.1　矩形

　　执行"矩形"命令，可以通过设定一系列参数（如面积、尺寸等）来创建矩形。

1. 执行方式

★　菜单栏：选择"绘图" | "矩形"选项。

★　工具栏：单击"绘图"工具栏上的"矩形"按钮□。

★　命令行：在命令行中输入RECTANG/REC命令并按下"Enter"键。

★　功能区：单击"绘图"面板上的"矩形"按钮□。

2. 操作步骤

　　调用"矩形"命令，命令行提示如下：

```
命令：RECTANG↙
指定第一个角点或 [倒角(C)/标高(E)/圆角(F)/厚度(T)/宽度(W)]：                    //单击左键；
```

```
指定另一个角点或 [面积(A)/尺寸(D)/旋转(R)]: D↙            //选项"尺寸(D)"选项;
指定矩形的长度 <10>: 42870↙
指定矩形的宽度 <10>: 20976↙                              //设定长宽参数;
指定另一个角点或 [面积(A)/尺寸(D)/旋转(R)]:               //单击左键以完成矩形的绘制,如图3-70
所示。
```

图3-70　绘制矩形

执行"直线"命令,在矩形内绘制分隔线;然后调入植物图例、绘制文字标注,可完成图例表的绘制,如图 3-71 所示。

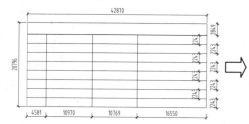

图 3-71　绘制图例表

3.6.2　绘制多边形

执行"多边形"命令,通过设定边数、圆形、半径等来创建多边形。

1. 执行方式

★　菜单栏:选择"绘图"|"多边形"选项。

★　工具栏:单击"绘图"工具栏上的"多边形"按钮⬡。

★　命令行:在命令行中输入POLYGON/POL命令并按下"Enter"键。

★　功能区:单击"绘图"面板上的"多边形"按钮⬡。

2. 操作步骤

调用"多边形"命令,命令行提示如下:

```
命令: _polygon↙
输入侧面数 <4>: 6
指定正多边形的中心点或 [边(E)]:                          //指定圆心;
输入选项 [内接于圆(I)/外切于圆(C)] <I>: I↙              //选择"内接于圆(I)"选项;
指定圆的半径: 80↙                                       //设定半径值,按下Enter键可完成螺栓外轮廓线的绘制。
```

执行"圆形"命令、"直线"命令,在多边形内分别绘制圆形及直线,完成螺栓图形的绘制结果如图 3-72所示。

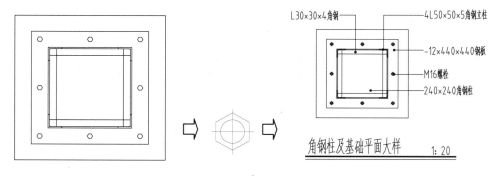

图3-72 绘制螺栓

3.6.3 实战——绘制栏杆

本节介绍调用矩形命令、修剪命令、镜像等命令来绘制栏杆图形的操作方法。

01 调用素材文件。按下Ctrl+O组合键，打开配套光盘提供的"第3章/3.6.3 实战——绘制栏杆.dwg"文件，如图 3-73所示。

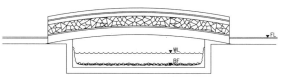

图3-73 调用素材文件

02 绘制栏杆。调用REC（矩形）命令、O（偏移）命令，绘制并偏移矩形，如图3-74所示。

03 调用TR（修剪）命令，修剪图形；调用F（圆角）命令，设置圆角半径为10，对线段执行圆角操作，如图 3-75所示。

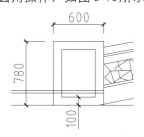

图3-74 绘制并偏移矩形

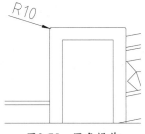

图3-75 圆角操作

04 继续调用REC（矩形）命令，绘制如图 3-76

所示的矩形。

05 调用F（圆角）命令，对图形执行圆角操作（R=10）；调用L（直线）命令、TR（修剪）命令，绘制直线并修剪矩形，如图3-77所示。

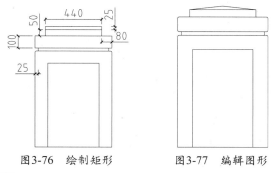

图3-76 绘制矩形　　图3-77 编辑图形

06 沿用上述的绘图方法，继续绘制如图 3-78所示的栏杆图形。

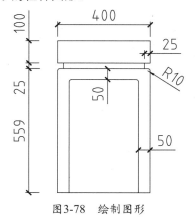

图3-78 绘制图形

07 调用M（移动）命令，将栏杆图形移动至桥上；调用TR（修剪）命令，修剪图形如图3-79所示。

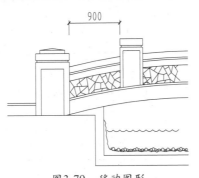

图3-79 移动图形

08 调用L（直线）命令，绘制中心线如图 3-80 所示。

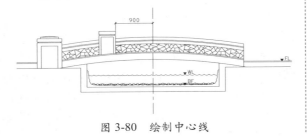

图 3-80 绘制中心线

09 调用MI（镜像）命令，向右镜像复制栏杆图形，如图 3-81所示。

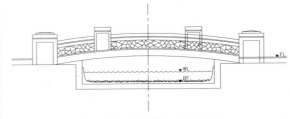

图 3-81 镜像复制栏杆图形

10 调用TR（修剪）命令，修剪线段如图 3-82 所示。

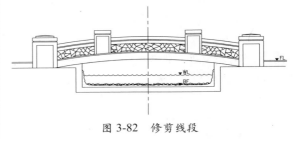

图 3-82 修剪线段

3.7 图案填充

无论绘制何种类型的图纸，"图案填充"命令都被频繁的使用。本书主要使用"图案填充"命令来绘制地面铺装图案、植被图案、水体图案等。因此了解并熟练运用"图案填充"命令很有必要，可以提高制图质量及速度。

本节介绍"图案填充"命令的基本知识及其运用方法。

▌3.7.1 基本概述

调用"图案填充"命令，通过设置图案的样式、角度、比例等参数来创建各类填充图案。

1. 执行方式

★ 菜单栏：选择"绘图"|"图案填充"选项。

★ 工具栏：单击"绘图"工具栏上的"图案填充"按钮▨。

★ 命令行：在命令行中输入HATCH/H命令并按下"Enter"键。

★ 功能区：单击"绘图"面板上的"图案填充"按钮▨。

执行"图案填充"命令，调出如图 3-83

所示的【图案填充和渐变色】对话框，系统默认选择"图案填充"选项卡。该选项卡由"类型和图案"选项组、"角度和比例"选项组、"图案填充原点"选项组、"边界"选项组、"选项"选项组、"绘图次序"选项组组成。

① "类型和图案"选项组：

"类型"选项：在类型列表中显示了"预定义"、"用户定义"、"自定义"三种类型。其中，"预定义"类型图案为系统自带的图案，"用户定义"类型的图案由用户自行设置，"自定义"类型图案用的较少，这里便不对其进行介绍。

"图案"选项：在选项列表中显示了各类图案的名称，选择名称便可选择该类图案。单击后面的矩形按钮，调出【填充图案选项板】对话框，如图3-84所示，在其中可以选择图案的种类。

"颜色"选项：在选项列表中显示了各类可用的颜色，选择列表的最后一项"选择颜色"，可以调出【选择颜色】对话框，在其中可自定义填充颜色。

"样例"选项：单击图案预览框，调出【填充图案选项板】对话框，其中包括了"ANSI"、"ISO"、"其他预定义"、"自定义"类型的图案。

② "角度和比例"选项组：

"角度"、"比例"选项：在其中分别对填充图案的填充角度及填充比例进行设置或者修改。

选择"用户定义"类型图案时，以下选项可选：

"双向"选项：选该项，可以在正反两个方向绘制填充图案。

"间距"选项：其中的参数用来控制填充图案的显示效果。

③ "图案填充原点"选项组：

"使用当前原点"选项：系统默认选择该项，选择填充区域后，系统自定义原点来执行填充操作。

"指定当前原点"选项：选择该项，下方的"单击以设置新原点"按钮亮显；单击按钮，在填充区域中可以自定义填充原点。

④ "边界"选项组：

"添加：拾取点"按钮：单击按钮，在填充区域中单击左键，待边框虚显，即表示已完成拾取填充区域的操作；在【图案填充和渐变色】对话框中单击"确定"按钮可完成填充操作。

"添加：选择对象"按钮：单击按钮，拾取封闭的填充边界线，待边界线虚

显，便可对其执行填充操作。

图3-83 "图案填充"选项卡

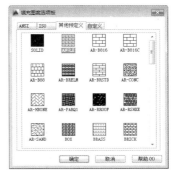

图3-84 【填充图案选项板】对话框

选择"渐变色"选项卡，其参数面板如图 3-85所示。分别由"颜色"选项组、"方向"选项组、"边界"选项组、"选项"选项组组成。

① "颜色"选项组：

"单色"选项：选择该项，则绘制的填充图案只有一种颜色。单击后面的矩形按钮，调出如图 3-86所示的【选择颜色】对话框，在其中可定义颜色的种类。

"双色"选项：选择该项，所绘制的填充图案带有两种颜色。通过单击后面的矩形按钮，同样可以更改填充颜色。

"填充样式预览"表：分别设置"单色"参数或"双色"参数后，在列表中可显示所设置参数的填充效果。

② "方向"选项组：

"居中"选项：选择该项，居中显示所填充的图案；取消勾选，则填充图案向一侧倾斜。

"角度"选项：在列表中可以选择各种角度参数以控制填充效果。

图3-85　"渐变色"选项卡

图3-86　【选择颜色】对话框

3.7.2　填充图案

本小节介绍长廊剖面图填充图案的绘制。

在【图案填充和渐变色】对话框中设置填充图案的样式及比例，然后单击右上角的"添加：拾取点"按钮 ；在剖面图中拾取填充区域，按下Enter键返回对话框，单击"确定"按钮可完成对该区域的填充操作，如图 3-87所示。

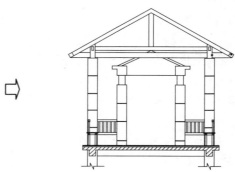

图 3-87　填充图案

在【图案填充和渐变色】对话框中更改填充图案的参数以完成对剖面图的填充操作，结果如图 3-88所示。

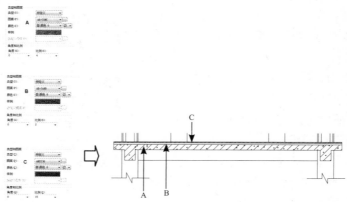

图3-88　操作结果

> **提示**
>
> 在拾取填充区域时，假如发生不能正确拾取区域的情况，应首先检查该区域的边界是否完全闭合，要是未闭合则对其执行修改操作以使其为封闭状态。

3.7.3 编辑填充图案

绘制完成的图纸假如需要变更，便有可能会出现需要更换图纸中填充图案的情况。这时可以通过对填充图案的类型、角度、比例等参数进行更改，来符合图纸变更的要求。

选中图案，按下Ctrl+1组合键，调出【特性】面板，在"图案"选项组下将填充比例由0更改为30，按下Enter键可查看修改结果，如图 3-89所示。

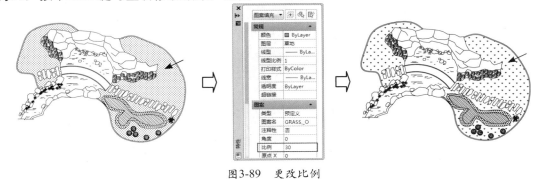

图3-89　更改比例

在"图案"选项组下将"角度"由45°更改为0°，更改结果如图 3-90所示。

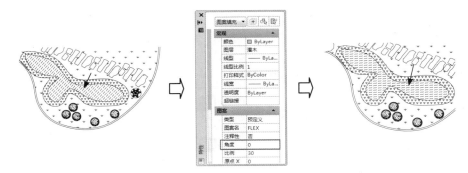

图3-90　更改角度

在"图案"选项组下选择"图案名"选项，并单击后面的矩形按钮；在【填充图案选项板】对话框中选择填充图案，关闭对话框及【特性】选项板，修改结果如图3-91所示。

图3-91　更改图案类型

3.7.4 实战——绘制地面铺装

本节介绍通过调用图案填充命令、偏移命令、修剪等命令来绘制地面铺装图案的操作方法。

01 调用素材。按下Ctrl+O组合键，打开配套光盘提供的"第3章/3.7.4 实战——绘制地面铺装.dwg"文件，如图3-92所示。

02 调用H（图案填充）命令，在调出的【图案填充和渐变色】对话框中设置填充参数如图3-93所示。

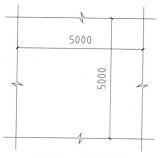

图3-92 调用素材

图3-93 【图案填充和渐变色】对话框

03 拾取填充区域，绘制填充图案的结果如图3-94所示。

04 调用X（分解）命令来分解填充图案，调用O（偏移）命令，选择斜线分别向两边偏移，如图3-95所示。

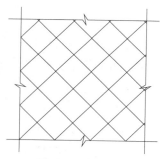

图3-94 填充图案

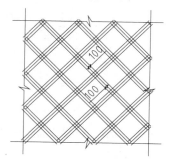

图3-95 偏移斜线

05 删除中间的斜线，调用EX（延伸）命令、

TR（修剪）命令，延伸并修剪线段，如图3-96所示。

06 调用H（图案填充）命令，在【图案填充和渐变色】对话框中设置地面铺装图案的参数如图3-97所示。

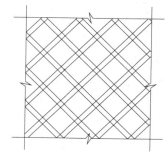

图3-96 编辑图形

图3-97 设置参数

07 在绘图区中拾取填充区域，绘制填充图案的结果如图3-98所示。

08 调用MLD（多重引线）命令，绘制材料标注如图3-99所示。

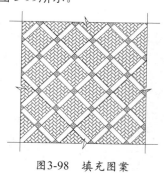

图3-98 填充图案

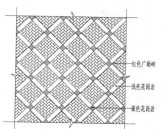

图3-99 绘制材料标注

第4章
编辑二维图形

使用AutoCAD绘图是一个由简到繁、由粗到精的过程。AutoCAD 2014提供了丰富的图形编辑命令，如复制、移动、旋转、镜像、偏移、阵列、拉伸、修剪等。使用这些命令，能够方便地改变图形的大小、位置、方向、数量及形状，从而绘制出更为复杂的图形。

4.1 选择和删除

"选择"命令是最基本的编辑命令之一，因为要编辑图形，首先确定该图形为选中状态。选择图形的方式有多种，使用不同的方式得到的选择结果是不一样的。例如，使用"点选"的方式来选择图形，鼠标单击的图形才能被选中，未单击的图形不能被选中。

"删除"图形也是一种最常见的编辑图形的方式，操作失误而产生的图形、不符合图纸要求的图形等都应该被删除，此时"删除"命令便可派上用场。

本节介绍"选择"命令、"删除"命令的操作方式。

4.1.1 选择对象

选择对象的方式有"点选"、"窗口选取"、"窗交选取"等，具体的使用方法及使用效果请阅读本节内容。

1."点选"方式

将鼠标置于图形之上，单击左键可将图形选中，如图 4-1所示，这就是运用"点选"方式选择图形的结果。

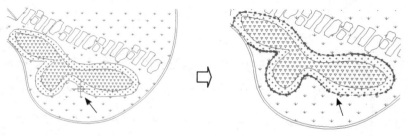

图4-1 "点选"图形

> **提示**
>
> 使用"点选"方式来选择图块、闭合多段线等图形，可以快速的选中图形。假如需要选择多个独立的图形，例如直线段、圆弧等，则选用其他的选择方式较快捷。

2."窗口"选取方式

在图形的左上角单击鼠标左键，向右下角移动鼠标以拉出蓝色选框，选框的边界线为实线；此时全部位于选框内的图形会被选中，如图 4-2所示。

从图中可以观察到，全部位于选框内的图形仅为汀步的右侧部分，因此被全部选中；而灌木、草地仅部分位于选框内，所以没有被选中。

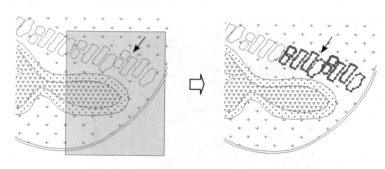

图4-2 "窗口"选择图形

> **提示**
>
> 因为草地及灌木图案为一个整体,因此位于蓝色选框内仅为部分图案,所以不能被选中。

3."窗交"选取方式

在图形的右下角单击鼠标左键,向左上角移动鼠标以拉出绿色选框,选框的边界线为虚线;此时全部(或者部分)位于选框内,或者与选框边界线相交的图形会被选中,如图 4-3所示。

从图中可以观察到,与选框边界相交的图形有汀步、草地轮廓线及其填充图案、灌木轮廓线及其填充图案,因此这些图形被全部选中。

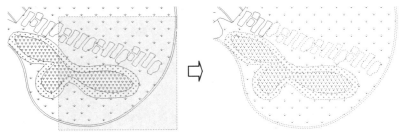

图4-3 "窗交"选择图形

> **提示**
>
> 因为草地及灌木图案为一个整体,图中绿色选框与部分填充图案相交,所以被选中。

4.1.2 删除对象

选中图形对象后,便可对其执行各项编辑操作,"删除"就是其中的一种。

执行"删除"命令,可以删除选中的图形。

1.执行方式

★ 菜单栏:执行"修改"|"删除"命令。

★ 工具栏:单击"修改"工具栏上的"删除"按钮 ✎。

★ 命令行:在命令行中输入ERASE/E命令并按下"Enter"键。

★ 功能区:单击"修改"面板上的"删除"按钮 ✎。

2.操作步骤

调用"删除"命令,命令行提示如下:

```
命令:ERASE✓
选择对象:找到 11 个                                      //选中剖面图中的文字标注以及尺寸标注图
```

形,按下Enter键可将图形删除,结果如图4-4所示。

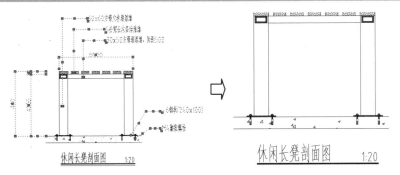

图4-4 删除图形

4.2 复制对象

使用复制命令对图形执行编辑操作，可以得到与原图形相同的对象副本。其中，通过执行"复制"命令、"偏移"命令，可以连续得到多个对象副本。而执行"阵列"命令的话，可以一次性得到多个对象副本，且对象副本与原图形被组合成一个整体。

"阵列"命令又分为"矩形阵列"命令、"路径阵列"命令、"环形阵列"命令，不同的阵列命令得到的效果有相同之处也有不同之处。相同之处是都得到了对象的副本，不同之处是对象副本的排列因所使用的"阵列"方式的不同而不同。

具体的使用方法及使用效果请阅读本节内容。

4.2.1 复制对象

执行"复制"命令，可以在选定的源对象的基础上，移动鼠标来复制多个对象副本。

1. 执行方式

★ 菜单栏：执行"修改"|"复制"命令。

★ 工具栏：单击"修改"工具栏上的"复制"按钮 ⁘。

★ 命令行：在命令行中输入COPY/CO命令并按下"Enter"键。

★ 功能区：单击"修改"面板上的"复制"按钮 ⁘。

2. 操作步骤

执行"复制"命令，命令行提示如下：

```
命令：COPY↙
选择对象：找到 1 个                                          //选择螺栓；
当前设置：  复制模式 = 多个
指定基点或 [位移(D)/模式(O)] <位移>：                        //在A点单击鼠标；
指定第二个点或 [阵列(A)] <使用第一个点作为位移>：             //移动鼠标，在B点单击，按下Enter键退出
命令，可完成复制螺栓的操作，如图4-5所示。
```

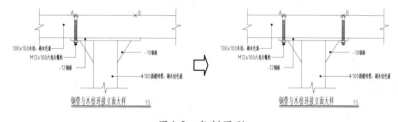

图4-5 复制图形

4.2.2 实战——完善桥平面图

本节介绍调用复制命令来完善桥平面图的操作方法。

01 调用素材文件。按下Ctrl+O组合键，打开配套光盘提供的"第4章/4.2.2 实战——完善桥平面图.dwg"文件，如图4-6所示。

02 调用CO（复制）命令，选择柱子图形，以A点为基点，向右移动鼠标，输入距离参数为5000，向右移动复制柱子图形的结果如

图 4-7所示。

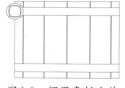

图4-6 调用素材文件

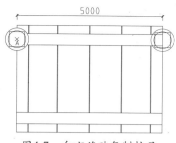

图4-7 向右移动复制柱子

03 选择左右两侧的柱子，调用CO（复制）命令，以A点为基点，向下移动鼠标，指定距离参数为2800，向下移动复制柱子图形的结果如图 4-8所示。

04 调用TR（修剪）命令，修剪图形如图 4-9所示。

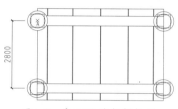

图4-8 向下移动复制柱子

图4-9 修剪图形

05 绘制栏杆。调用REC（矩形）命令，绘制尺寸为200×300的矩形，如图 4-10所示。

图4-10 绘制矩形

06 调用CO（复制）命令，选择矩形，以矩形的左上角点为基点，向右移动复制矩形如图 4-11所示。

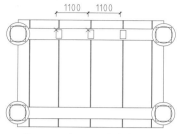

图4-11 向右移动复制矩形

07 选择矩形，调用CO（复制）命令，指定矩形的左上角点为基点，指定距离参数为2800，向下移动复制矩形如图 4-12所示。

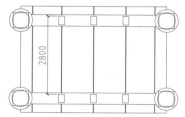

图4-12 向下移动复制矩形

4.2.3 偏移对象

执行"偏移"命令，可以通过指定的距离复制源对象的副本。

1. 执行方式

★ 菜单栏：执行"修改"|"偏移"命令。

★ 工具栏：单击"修改"工具栏上的"偏移"按钮。

★ 命令行：在命令行中输入OFFSET /O命令并按下"Enter"键。

★ 功能区：单击"修改"面板上的"偏移"按钮。

2. 操作步骤

执行"偏移"命令，命令行提示如下：

```
命令：OFFSET1↙
当前设置：删除源=否 图层=源 OFFSETGAPTYPE=0
指定偏移距离或 [通过(T)/删除(E)/图层(L)] <10>:500          //设定偏移距离参数值；
选择要偏移的对象，或 [退出(E)/放弃(U)] <退出>:              //选择箭头指向的矩形；
指定要偏移的那一侧上的点，或 [退出(E)/多个(M)/放弃(U)] <退出>:  //向下移动鼠标，单击左键可完成偏移
操作。
```

此时命令还未退出，选择偏移得到的矩形，向下移动鼠标单击左键以完成偏移复制矩形的

操作。完善角钢柱及基础平面大样图的绘制结果如图4-13所示。

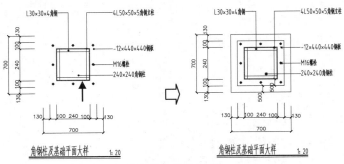

图4-13　偏移图形

■ 4.2.4　实战——完善坐凳平面图

本节介绍调用偏移命令、修剪等命令来完善坐凳平面图的操作方法。

01 调用素材文件。按下Ctrl+O组合键，打开配套光盘提供的"第4章/4.2.4 实战——完善坐凳平面图.dwg"文件，如图4-14所示。

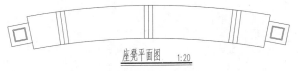

图4-14　调用素材文件

02 调用O（偏移）命令，设置偏移距离为60，选择坐凳上下轮廓线向内偏移，如图4-15所示。

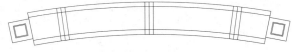

图4-15　偏移轮廓线

03 按下Enter键重新调用O（偏移）命令，设置偏移距离为10，选择通过上一步骤所得到的轮廓线向内偏移，如图4-16所示。

图4-16　偏移轮廓线

04 重复调用O（偏移）命令来偏移轮廓线，调用TR（修剪）命令，修剪图形如图4-17所示。

图4-17　修剪图形

05 调用MLD（多重引线）命令，绘制材料标注如图4-18所示。

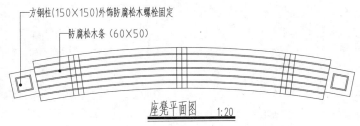

图4-18　绘制材料标注

4.2.5 镜像对象

执行"镜像"命令，可以创建源对象的镜像副本。

1. 执行方式

★ 菜单栏：执行"修改"|"镜像"命令。

★ 工具栏：单击"修改"工具栏上的"镜像"按钮 ◢▧。

★ 命令行：在命令行中输入MIRROR/MI命令并按下"Enter"键。

★ 功能区：单击"修改"面板上的"镜像"按钮 ◢▧。

2. 操作步骤

执行"镜像"命令，命令行提示如下：

```
命令：MIRROR↙
选择对象：指定对角点：找到 18 个（9 个重复），总计 50 个              //选择左侧的栏杆图形（图 4-19中框
选部分）；
选择对象：  指定镜像线的第一点：                                    //单击A点；
指定镜像线的第二点：                                               //向下移动鼠标，单击B点；
要删除源对象吗？[是(Y)/否(N)] <N>：N                               //选择"否(N)"选项，按下Enter键退出
命令，操作结果如图4-20所示。
```

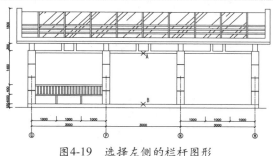

图4-19　选择左侧的栏杆图形

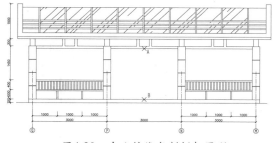

图4-20　向右镜像复制栏杆图形

4.2.6 实战——绘制雅亭剖面图

雅亭剖面图表现了在指定剖切面上雅亭的构造，由于其为对称结构，因此可以仅绘制一侧的剖面图形，然后调用镜像复制命令来得到另一侧的图形。本节介绍通过调用镜像复制命令来完善雅亭剖面图的操作方法。

01 调用素材文件。按下Ctrl+O组合键，打开配套光盘提供的"第4章/4.2.6 实战——绘制雅亭剖面图.dwg"文件，如图 4-21所示。

图4-21　打开素材

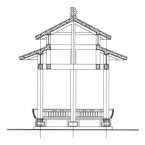

图4-22　镜像复制图形

02 调用MI（镜像）命令，点取A点为镜像线的第一点，点取B点为镜像线的第二点，向右镜像复制剖面图形的结果如图 4-22所示。

03 调用TR（修剪）命令，修剪多余的现代可完成雅亭剖面图的绘制。

4.2.7 矩形阵列

执行"矩形"阵列命令，通过设定行数、行间距、列数、列间距来阵列复制源对象，复制得到的对象副本与源对象被组合成一个整体。

1. 执行方式

★ 菜单栏：执行"修改"|"阵列"|"矩形阵列"命令。
★ 工具栏：单击"修改"工具栏上的"矩形阵列"按钮品。
★ 命令行：在命令行中输入ARRAYRECT命令并按下"Enter"键。
★ 功能区：单击"修改"面板上的"矩形阵列"按钮品。

2. 操作步骤

执行"矩形阵列"命令，命令行提示如下：

```
命令：_arrayrect↙
选择对象：找到 1 个                    //选择箭头所指向的三角形；
类型 = 矩形 关联 = 是
选择夹点以编辑阵列或 [关联(AS)/基点(B)/计数(COU)/间距(S)/列数(COL)/行数(R)/层数(L)/退出(X)]  <退出>：COU
输入列数数或 [表达式(E)] <3>:4
输入行数数或 [表达式(E)] <3>: 4
选择夹点以编辑阵列或 [关联(AS)/基点(B)/计数(COU)/间距(S)/列数(COL)/行数(R)/层数(L)/退出(X)]<退出>：S
指定列之间的距离或 [单位单元(U)] <1135>: 1000
指定行之间的距离 <567>: 600
选择夹点以编辑阵列或 [关联(AS)/基点(B)/计数(COU)/间距(S)/列数(COL)/行数(R)/层数(L)/退出(X)]<退出>：
*取消*                                            //按下Enter键，矩形阵列图
形的结果如图4-23所示。
```

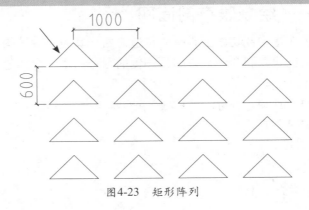

图4-23　矩形阵列

4.2.8 路径阵列

执行"路径"阵列命令，可在指定的路径上平均分布源对象的副本图形。

1. 执行方式

★ 菜单栏：执行"修改"|"阵列"|"路径阵列"命令。
★ 工具栏：单击"修改"工具栏上的"路径阵列"按钮。
★ 命令行：在命令行中输入ARRAYPATH命令并按下"Enter"键。

★ 功能区：单击"修改"面板上的"路径阵列"按钮。

2．操作步骤

执行"路径阵列"命令，命令行提示如下：

```
命令: _arraypath✓
选择对象: 指定对角点: 找到 2 个                          //选择植物图块;
类型 = 路径 关联 = 是
选择路径曲线:                                           //单击图 4-24中箭头所指示的轮廓线;
选择夹点以编辑阵列或 [关联(AS)/方法(M)/基点(B)/切向(T)/项目(I)/行(R)/层(L)/对齐项目(A)/Z 方向(Z)/
退出(X)] <退出>: I                                      //选择"项目(I)"选项;
指定沿路径的项目之间的距离或 [表达式(E)] <1688>: 3000
最大项目数 = 6
指定项目数或 [填写完整路径(F)/表达式(E)] <6>: 6          //指定项目数，按下Enter键退出命令，操作
结果如图4-24所示。
```

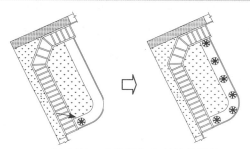

图4-24 "路径"阵列植物图块

4.2.9 "环形"阵列

执行"环形"阵列命令，可以沿着一个阵列中心点来分布源对象的副本图形。

1．执行方式

★ 菜单栏：执行"修改"|"阵列"|"环形阵列"命令。
★ 工具栏：单击"修改"工具栏上的"环形阵列"按钮。
★ 命令行：在命令行中输入ARRAYPOLAR命令并按下"Enter"键。
★ 功能区：单击"修改"面板上的"环形阵列"按钮。

2．操作步骤

执行"环形阵列"命令，命令行提示如下：

```
命令: _arraypolar✓
选择对象: 找到 1 个                                      //选择图 4-25中箭头指向的钢筋截面图形;
类型 = 极轴 关联 = 是
指定阵列的中心点或 [基点(B)/旋转轴(A)]:                   //单击A点;
选择夹点以编辑阵列或 [关联(AS)/基点(B)/项目(I)/项目间角度(A)/填充角度(F)/行(ROW)/层(L)/旋转项目
(ROT)/退出(X)] <退出>: I               //选项"项目(I)"选项;
输入阵列中的项目数或 [表达式(E)] <6>: 5                  //指定项目数;
选择夹点以编辑阵列或 [关联(AS)/基点(B)/项目(I)/项目间角度(A)/填充角度(F)/行(ROW)/层(L)/旋转项目
(ROT)/退出(X)] <退出>: *取消*               //按下Enter键退出命令，操作结果如图4-25所示。
```

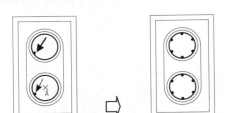

图4-25 "环形"阵列钢筋截面图形

4.2.10 实战——绘制电话亭

本节介绍调用矩形阵列命令来完善电话亭立面图的操作方法。

01 调用素材文件。按下Ctrl+O组合键，打开配套光盘提供的"第4章/4.2.10 实战——绘制电话亭.dwg"文件，如图4-26所示。

02 绘制玻璃门。调用REC（矩形）命令，绘制尺寸为172×173的矩形，如图4-27所示。

03 执行"修改"|"阵列"|"矩形阵列"命令，设置列数为3，列距为213，行数为6，行距为212，阵列复制矩形的结果如图4-28所示。

04 调入电话图块，完成电话亭立面图的绘制结果如图4-29所示。

公用电话亭立面图

图4-26 打开素材

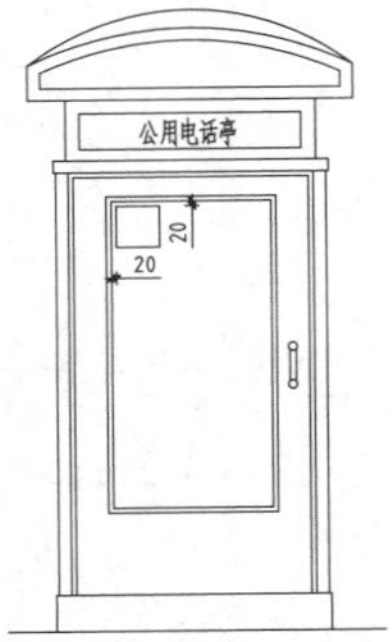

图4-27 绘制矩形

图4-28 矩形阵列

公用电话亭立面图

图4-29 公用电话亭立面图

4.3 调整对象的位置和方向

绘制图形的时候一般都会选择符合视觉习惯的角度来绘制，但是所绘制出来的图形的角度却并不一定都符合图纸的要求。因此，需要随时调整图形的角度、位置或者方向，以使其正确地表现设计意图。

通过调用"移动"命令、"旋转"命令、"缩放"命令等，来对图形执行编辑操作，可以达到改变其角度、方向、位置等要求。

本节来介绍这些命令的使用方法。

4.3.1 移动对象

执行"移动"命令，可以按照所设定的距离参数及方向来移动源对象。

1. 执行方式

★ 菜单栏：执行"修改"|"移动"命令。

★ 工具栏：单击"修改"工具栏上的"移动"按钮✥。

★ 命令行：在命令行中输入MOVE/M命令并按下"Enter"键。

★ 功能区：单击"修改"面板上的"移动"按钮✥。

2. 操作步骤

执行"移动"命令，命令行提示如下：

```
命令：MOVE✓
选择对象：找到 1 个                              //选择山石图形；
指定基点或 [位移(D)] <位移>：
指定第二个点或 <使用第一个点作为位移>：          //分别指定基点及第二个点来将山石移动至草
坪中，结果如图4-30所示。
```

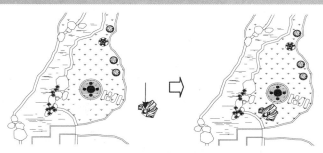

图 4-30　移动图形

> **提示**
>
> 选择"位移(D)"选项，此时命令行提示"指定位移 <0,0,0>:"，输入x、y、z轴上的位移参数，按下Enter键可按指定的距离移动图形。

4.3.2 实战——绘制树池平面图

本节介绍通过调用矩形命令、移动命令、偏移命令来完成树池图形的绘制。

01 调用素材文件。按下Ctrl+O组合键，打开配套光盘提供的"第4章/4.3.2 实战——绘制树池.dwg"文件，如图 4-31所示。

02 绘制树池。调用REC（矩形）命令、O（偏移）命令，绘制并偏移矩形，如图4-32所示。

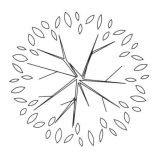

图4-31　调用素材文件

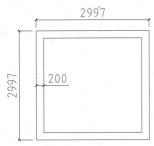

图4-32　绘制并偏移矩形

03　绘制坐凳。调用REC（矩形）命令，X（分解）命令，绘制并分解矩形，调用O（偏移）命令，偏移矩形边以完成坐凳的绘制如图4-33所示。

04　调用M（移动）命令，选择树图形，将其移动至树池中，如图4-34所示。

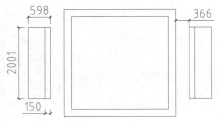

图4-33　绘制坐凳

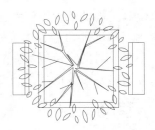

图4-34　移动树图形

4.3.3　旋转对象

执行"旋转"命令，可以调整被选中图形的角度。

1.　执行方式

★　菜单栏：执行"修改"|"旋转"命令。

★　工具栏：单击"修改"工具栏上的"旋转"按钮 ○。

★　命令行：在命令行中输入ROTATE/RO命令并按下"Enter"键。

★　功能区：单击"修改"面板上的"旋转"按钮 ○。

2.　操作步骤

执行"旋转"命令，命令行提示如下：

```
命令：ROTATE↙
UCS 当前的正角方向： ANGDIR=逆时针 ANGBASE=0
选择对象：指定对角点：找到 21 个            //选择折线木桥图形；
指定基点：                                //指定A点；
指定旋转角度，或 [复制(C)/参照(R)] <0>：90  //输入角度值，按下Enter键可完成操作。
调用M（移动）命令，将折线木桥移动至水体上，结果如图4-35所示。
```

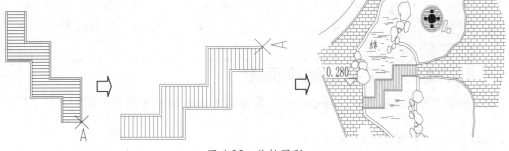

图 4-35　旋转图形

提示

选择"复制(C)"选项，可以旋转并复制源对象的副本，且源对象的角度保持不变。

选择"参照(R)"选项，命令行依次提示"指定参照角 <0>:"、"指定新角度或[点(P)] <0>:"。

通过分别指定角度值来对图形执行旋转操作。

4.3.4 实战——绘制指北针

本节介绍通过调用圆命令、直线命令、旋转命令等，来绘制指北针图形的操作方法。

01 调用C（圆）命令，绘制半径为1119的圆形；调用L（直线）命令，过圆心绘制直线以连接圆的上下象限点，如图4-36所示。

02 调用RO（旋转）命令，以A点为基点，设置旋转角度为10°，旋转直线的结果如图4-37所示。

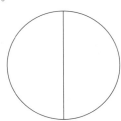

图4-36 绘制图形

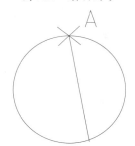

图4-37 旋转直线

03 按下Enter键重复调用RO（旋转）命令，设置旋转角度为-20°，以A点为基点，向左旋转复制直线。

04 调用TR（修剪）命令，修剪线段如图 4-38所示。

05 调用H（图案填充）命令，在【图案填充和渐变色】对话框中选择SOLID图案，对图形执行填充图案的操作。

06 调用MT（多行文字）命令，绘制文字标注如图 4-39所示。

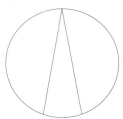

图4-38 修剪线段

图4-39 绘制指北针

4.3.5 缩放对象

执行"缩放"命令，可以调整目标图形的大小。

1．执行方式

★ 菜单栏：执行"修改"|"缩放"命令。

★ 工具栏：单击"修改"工具栏上的"缩放"按钮□。

★ 命令行：在命令行中输入SCALE/SC命令并按下"Enter"键。

★ 功能区：单击"修改"面板上的"缩放"按钮□。

2．操作步骤

执行"缩放"命令，命令行提示如下：

```
命令：SCALE✓
选择对象：找到 1 个                    //选择植物图块；
指定基点：                            //在图块中心奠基鼠标左键；
指定比例因子或 [复制(C)/参照(R)]：2    //输入比例因子，按下Enter键可将图块放
大，如图4-40所示。
```

> **提示**
>
> 比例因子大于1，可将图形放大，小于1将图形缩小，等于1则图形大小不变。

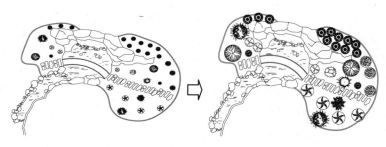

图4-40 缩放图形

4.3.6 实战——调整雕塑大小

本节介绍通过调用缩放命令来调整人像雕塑大小的操作方法。

01 调用素材文件。按下Ctrl+O组合键，打开配套光盘提供的"第4章/4.3.6 实战——调整雕塑大小.dwg"文件，如图4-41所示。

02 调用SC（缩放）命令，设置缩放因子为2，对人像雕塑执行放大操作的结果如图4-42所示。

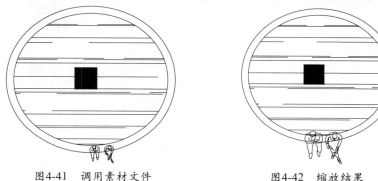

图4-41 调用素材文件 　　　　图4-42 缩放结果

4.4 变形对象

在目标图形的基础上执行变形操作，可以得到另一种样式的图形。通过对图形执行变形操作以得到新图形的方法在绘制各类图纸时经常会用到，这样做的结果是既可保留旧图形中可运用的因素，又通过变形操作为其赋予新元素，从而得到新图形。

可以执行变形操作的命令有多种，有"修剪"命令、"延伸"命令、"拉伸"命令等，这些命令都可以对图形执行相应的变形操作，可得到不同的效果。例如执行"修剪"命令，可在目标图形上修剪掉多余的部分，使目标图形以另一种样式显示。

本节介绍各类变形命令的操作方法。

4.4.1 修剪对象

执行"修剪"命令，可以修剪目标对象以适合其他对象的边。

1. 执行方式

★ 菜单栏：执行"修改"|"修剪"命令。

★ 工具栏：单击"修改"工具栏上的"修剪"按钮。

★ 命令行：在命令行中输入TRIM/TR命令并按下"Enter"键。

★ 功能区：单击"修改"面板上的"修剪"按钮。

2．操作步骤

调用"修剪"命令，命令行提示如下：

```
命令：TRIM✓
当前设置：投影=UCS，边=无
选择剪切边...
选择对象或 <全部选择>:                                    //按下Enter键；
选择要修剪的对象，或按住 Shift 键选择要延伸的对象，或[栏选(F)/窗交(C)/投影(P)/边(E)/删除(R)/放弃
(U)]:                                       //鼠标单击图 4-43中箭头所指向的线段；
选择要修剪的对象，或按住 Shift 键选择要延伸的对象，或[栏选(F)/窗交(C)/投影(P)/边(E)/删除(R)/放弃
(U)]:        //继续单击箭头所指向的线段，可以完成休闲长凳剖面图形的修剪操作，如图4-44所示。
```

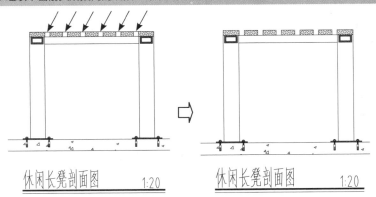

图4-43　修剪图形

提示

在"命令行提示"选择对象或<全部选择>:"时，分别单击图 4-44中箭头所指向的垂直线段；然后按
下Enter键，单击垂直线段中间的水平线段，便可将水平线段修剪掉，结果如图4-44所示。

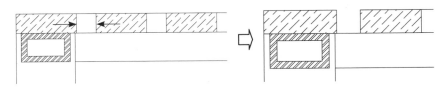

图4-44　修剪结果

▌4.4.2　实战——绘制花架

本节介绍调用矩形命令、偏移命令、修剪命令等，来绘制花架图形的操作方法。

01 绘制台阶。调用REC（矩形）命令、X（分解）命令，绘制并分解矩形；调用O（偏移）命令，选择矩形边线向内偏移，如图4-45所示。

02 调用TR（修剪）命令，修剪线段如图4-46所示。

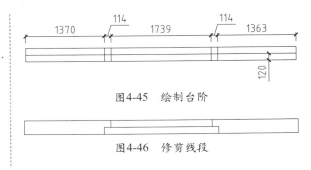

图4-45　绘制台阶

图4-46　修剪线段

03 调用REC（矩形）命令，绘制柱子及其底座，如图 4-47所示。

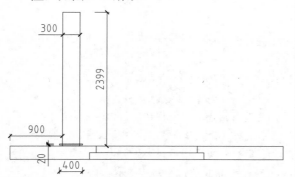

图4-47　绘制柱子及其底座

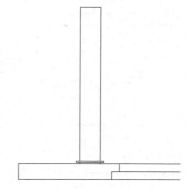

图4-48　修剪矩形

04 调用TR（修剪）命令，修剪矩形，如图 4-48所示。

05 调用O（偏移）命令，偏移矩形边线，完成柱面装饰的绘制，如图 4-49所示。

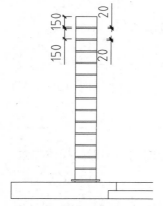

图4-49　绘制柱面装饰

06 调用CO（复制）命令，选择柱子向右移动复制，如图 4-50所示。

07 调用REC（矩形）命令、O（偏移）命令，绘制坐凳轮廓线，如图 4-51所示。

08 调用TR（修剪）命令，修剪线段如图 4-52所示。

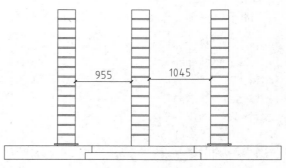

图4-50　移动复制柱子

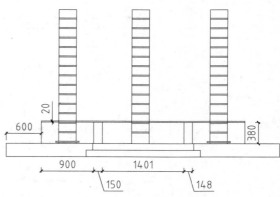

图4-51　绘制坐凳轮廓线

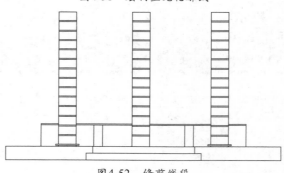

图4-52　修剪线段

09 调用REC（矩形）命令、CO（复制）命令、MLD（多重引线）命令，完成花架立面图的绘制，如图 4-53所示。

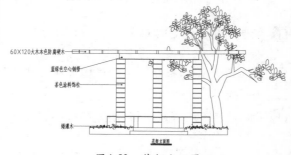

图4-53　花架立面图

4.4.3 延伸对象

执行"延伸"命令，可以将源对象延伸至目标对象上，以使源对象与目标对象相连接。

1．执行方式

★ 菜单栏：执行"修改"|"延伸"命令。

★ 工具栏：单击"修改"工具栏上的"延伸"按钮 ─/。

★ 命令行：在命令行中输入EXTEND/EX命令并按下"Enter"键。

★ 功能区：单击"修改"面板上的"延伸"按钮 ─/。

2．操作步骤

调用"延伸"命令，命令行提示如下：

```
命令：EXTEND↙
当前设置：投影=UCS，边=无
选择边界的边...
选择对象或 <全部选择>：找到 1 个                      //选择图 4-54中箭头指向的水平线段；
选择对象：                                           //按下Enter键；
选择要延伸的对象，或按住 Shift 键选择要修剪的对象，或[栏选(F)/窗交(C)/投影(P)/边(E)/放弃(U)]：
        //单击图 4-54中箭头指向的垂直线段，完善栏杆图形的结果如图4-54所示。
```

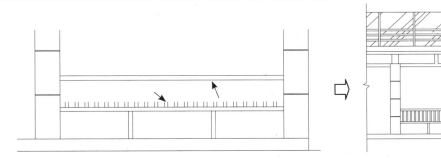

图4-54 延伸结果

提示

在执行"修剪"命令的情况下，当命令行提示"选择要修剪的对象，或按住Shift键选择要延伸的对象，或[栏选(F)/窗交(C)/投影(P)/边(E)/删除(R)/放弃(U)]："时，按住Shift键，同时选择要延伸的对象，可以对对象执行延伸操作。

4.4.4 实战——完善休闲亭侧立面图

本节介绍通过调用偏移命令、延伸命令及修剪命令来完善休闲亭侧立面图的操作方法。

01 调用素材文件。按下Ctrl+O组合键，打开配套光盘提供的"第4章/4.4.4 实战——完善休闲亭侧立面图.dwg"文件，如图 4-55所示。

02 调用O（偏移）命令，选择150×100木梁轮廓线向上偏移，如图 4-56所示。

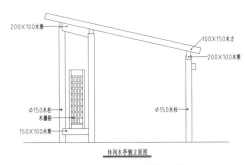

图4-55 调用素材文件

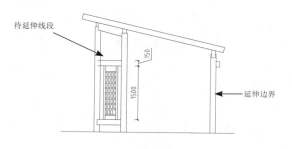

待延伸线段

延伸边界

图4-56　偏移线段

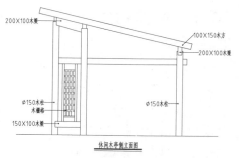

200×100木檩

100×150木方

200×100木檩

∅150木柱
木擱格

∅150木柱

150×100木檩

休闲木亭侧立面图

图4-58　休闲亭侧立面图

03 调用EX（延伸）命令，单击选择右侧直径为150木桩的左侧轮廓线为延伸边界，按下Enter键，选择由上一步骤偏移得到的线段为待延伸的线段，延伸线段的结果如图4-57所示。

04 调用TR（修剪）命令，修剪线段，完成休闲亭侧立面图的绘制，结果如图4-58所示。

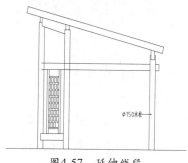

∅150木柱

图4-57　延伸线段

4.4.5　拉伸对象

执行"拉伸"命令，在对象上指定基点，按指定的方向将对象移动和拉伸指定的距离。

1. 执行方式

★ 菜单栏：执行"修改"|"拉伸"命令。

★ 工具栏：单击"修改"工具栏上的"拉伸"按钮 ⊡。

★ 命令行：在命令行中输入STRETCH/S命令并按下"Enter"键。

★ 功能区：单击"修改"面板上的"拉伸"按钮 ⊡。

2. 操作步骤

执行"拉伸"命令，命令行提示如下：

命令：STRETCH↙
以交叉窗口或交叉多边形选择要拉伸的对象...
　选择对象：指定对角点：找到 9 个　　　　　//从图形的右下角至左上角拉出选框（窗交的选取方式）以选择图形的
右半部分：
　选择对象：
　指定基点或 [位移(D)] <位移>：　　　　　//指定A点；
　指定第二个点或 <使用第一个点作为位移>：5000　　　//向右移动鼠标，输入位移参数并按下Enter
键，拉伸结果如图4-59所示。

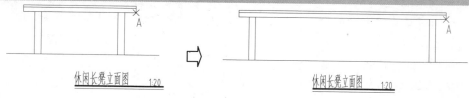

休闲长凳立面图　　1:20

A

休闲长凳立面图　　1:20

A

图4-59　拉伸结果

4.4.6　拉长对象

执行"拉长"命令，可以调整对象大小，使其在一个方向上或是按比例增大或缩小。

1. 执行方式

★ 菜单栏：执行"修改"|"拉长"命令。

★ 命令行：在命令行中输入LENGTHEN命令并按下"Enter"键。

★ 功能区：单击"修改"面板上的"拉长"按钮 ⟋。

2．操作步骤

调用"拉长"命令，命令行提示如下：

```
命令: _lengthen↙
选择对象或 [增量(DE)/百分数(P)/全部(T)/动态(DY)]:            //单击图4-60中箭头指向的水平线段；
当前长度: 710                                               //系统显示所选中的线段的长度；
选择对象或 [增量(DE)/百分数(P)/全部(T)/动态(DY)]: DE         //选项"增量(DE)"选项；
输入长度增量或 [角度(A)] <0>: 2000                          //指定增量值；
选择要修改的对象或 [放弃(U)]:                               //分别单击图4-60中箭头指向的水平线段，
可以完成拉长操作。
```

执行"修剪"命令，修剪图形上的多余线段，完善花架剖面图的结果如图4-60所示。

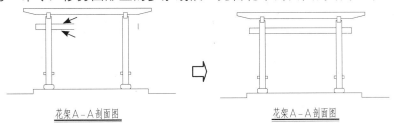

图4-60　拉长结果

选择"百分数(P)"选项，命令行提示"输入长度百分数<10>:"，输入参数值，系统可以按总长度或角度的百分比指定新长度或角度。

选择"全部(T)"选项，命令行提示"指定总长度或[角度(A)] <2000>:"，可以指定从端点开始测量的增量长度或角度的值。

选择"动态(DY)"选项，命令行提示"指定新端点:"，指定对象的总绝对长度或包含角。

4.4.7　实战——绘制路灯

本节介绍调用拉长命令、直线命令、修剪命令完善路灯图形的操作方法。

01 调用素材文件。按下Ctrl+O组合键，打开配套光盘提供的"第4章/4.4.7 实战——绘制路灯.dwg"文件，如图4-61所示。

02 执行"修改"|"拉长"命令，在命令行中输入DE，设置"长度增量"为550，分别选择灯杆的左右轮廓线，拉长线段的结果如图4-62所示。

03 调用O（偏移）命令，设置偏移距离为5，选择灯杆的轮廓线往外偏移，如图4-63所示。

04 调用EX（延伸）命令，将水平直线延伸至偏移得到的线段上；调用TR（修剪）命令，修剪线段。

05 调用L（直线）命令，绘制闭合直线，完成路灯立面图的绘制，如图4-64所示。

图4-61　调用素材文件　　图4-62　拉长线段　　　　图4-63　偏移线段　图4-64　路灯立面图

4.4.8 合并对象

执行"合并"命令，可将选中的源对象、目标对象合并在一起，对象的类型包括直线、圆弧、椭圆弧、多段线、三维多段线和样条曲线。

1. 执行方式

★ 菜单栏：执行"修改" | "合并"命令。

★ 工具栏：单击"修改"工具栏上的"合并"按钮➻。

★ 命令行：在命令行中输入JOIN/J命令并按下"Enter"键。

★ 功能区：单击"修改"面板上的"合并"按钮➻。

2. 操作步骤

执行"合并"命令，命令行提示如下：

```
命令：_join↙
选择源对象或要一次合并的多个对象：找到 1 个
选择要合并的对象：找到 1 个，总计 2 个          //分别选择图 4-65中箭头指向的水平线段；
选择要合并的对象：                              //按下Enter键，合并直线段的结果如图4-65所示。
2 条直线已合并为 1 条直线
```

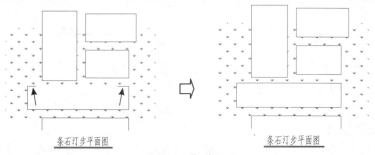

图4-65　合并结果

4.4.9 打断对象

执行打断命令，可以将一个对象打断为两个对象，对象之间可以具有间隙，也可以没有间隙。其中，执行"打断于点"命令时，被打断的对象之间没有间隙；而执行"打断"命令，则被打断的对象会出现间隙。

本节分别介绍"打断于点"命令和"打断"命令的操作方式。

1. "打断于点"命令

执行"打断于点"命令，可以对大多数图形执行打断操作（除了块、标注、多线和面域外）；执行打断于点操作后，将产生两个图形对象，但是对象间是相互连接的，相互之间没有间隙。

"打断于点"命令的执行方式：

★ 菜单栏：执行"修改" | "打断于点"命令。

★ 工具栏：单击"修改"工具栏上的"打断于点"按钮🔲。

★ 命令行：在命令行中输入BREAK命令并按下"Enter"键。

★ 功能区：单击"修改"面板上的"打断于点"按钮🔲。

"打断于点"命令的操作步骤：

调用"打断于点"命令，命令行提示如下：

```
命令: _break↙
选择对象:                                              //单击图 4-66中箭头指示的水平线段;
指定第二个打断点 或 [第一点(F)]: _f
指定第一个打断点:                                       //单击A点,打断结果如图4-66所示。
指定第二个打断点: @
```

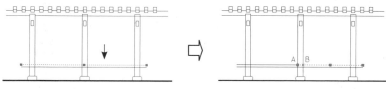

图4-66 打断于点的结果

按下Enter键重复执行"打断"命令,选择图 4-66中包含B点的线段(即被选中的右侧线段);在命令行提示"指定第一个打断点"时,单击B点,打断结果如图 4-67所示。此时执行"删除"命令,可将A、B点之间的线段删除。

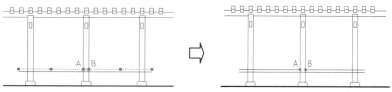

图4-67 操作结果

2. "打断"命令

执行"打断"命令,可以在对象上创建一个间隙,这样将产生两个对象,并且对象之间具有间隙。该命令通常用于为块或文字创建空间。

"打断"命令的操作方式如下:

★ 菜单栏:执行"修改"|"打断"命令。

★ 工具栏:单击"修改"工具栏上的"打断"按钮。

★ 命令行:在命令行中输入BREAK命令并按下"Enter"键。

★ 功能区:单击"修改"面板上的"打断"按钮。

"打断"命令的操作步骤如下:

```
命令: _break↙
选择对象:                      //选择图 4-68中包含A、B点的线段(即箭头所指向的线段);
指定第二个打断点 或 [第一点(F)]: F              //选择"[第一点(F)]"选项;
指定第一个打断点:              //单击A点;
指定第二个打断点:              //单击B点,打断结果如图4-68所示。
```

由图 4-68可以得知,执行"打断"命令也可得到图 4-67的效果。这是因为"打断"命令可以在对象上产生间隙,而"打断于点"命令则不能,必须在打断对象后,调用"删除"命令将断点之间的线段删除,才可在对象上造成间隙。

在使用这两类命令编辑图形的时候,可以根据是否需要在对象上产生空间来选用命令。

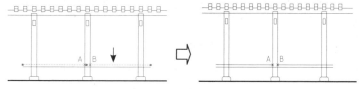

图 4-68 打断结果

■ 4.4.10 实战——绘制雕塑

本节介绍调用打断于点命令和打断命令来完善水池立面图的操作方法。

01 调用素材文件。按下Ctrl+O组合键,打开配套光盘提供的"第4章/4.4.10 实战——绘制雕塑.dwg"文件,如图 4-69所示。

02 绘制花岗岩柱。调用REC(矩形)命令,绘制如图 4-70所示的矩形。

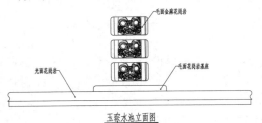

图4-69 调用素材文件

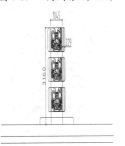

图4-70 绘制矩形

03 单击"修改"工具栏上的"打断于点"按钮,单击指定A点为打断点;调用E(删除)命令,删除打断后的线段,如图 4-71所示。

04 单击"修改"工具栏上的"打断"按钮,单击A点为第一个打断点,B点为第二个打断点,对矩形执行打断操作的结果如图 4-72所示。

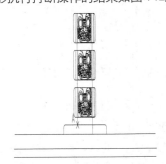

图4-71 打断于点

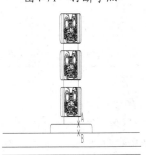

图4-72 打断操作

05 重复执行"打断"命令,对图形执行打断操作;调用MLD(多重引线)命令,绘制材料标注可完成水池立面图的绘制,如图 4-73所示。

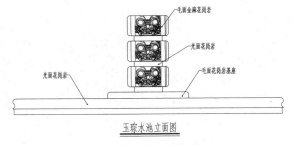

图4-73 水池立面图

4.5 对象的倒角和圆角

在实际的绘图工作中,经常会用到"圆角"命令或"倒角"命令来对图形执行编辑修改操作。其中,使用"圆角"命令编辑图形,可以圆弧来连接两个对象;而使用"倒角"命令来编辑图形,则使用成角的直线来连接两个对象。

本节分别介绍倒角和圆角命令的使用方法。

4.5.1 倒角

执行"倒角"命令，可以连接两个选定的对象，使它们以平角或倒角相接。

1. 执行方式

★ 菜单栏：执行"修改"|"倒角"命令。

★ 工具栏：单击"修改"工具栏上的"倒角"按钮◁。

★ 命令行：在命令行中输入CHAMFER/CHA命令并按下"Enter"键。

★ 功能区：单击"修改"面板上的"倒角"按钮◁。

2. 操作步骤

执行"倒角"命令，命令行提示如下：

```
命令：CHAMFER✓
("修剪"模式) 当前倒角距离 1 = 3000，距离 2 = 3000
选择第一条直线或 [放弃(U)/多段线(P)/距离(D)/角度(A)/修剪(T)/方式(E)/多个(M)]：D
                        //选择"距离(D)"选项；
指定 第一个 倒角距离 <3000>：1000
指定 第二个 倒角距离 <1000>：1000
选择第一条直线或 [放弃(U)/多段线(P)/距离(D)/角度(A)/修剪(T)/方式(E)/多个(M)]：
                //单击A直线；
选择第二条直线，或按住 Shift 键选择直线以应用角点或 [距离(D)/角度(A)/方法(M)]：
                //单击B直线，倒角结果如图4-74所示。
```

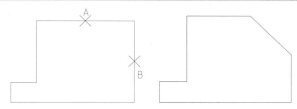

图4-74　倒角结果

选择"多段线(P)"选项，可以使用同一倒角参数对整个二维多段线执行倒角。

选择"角度(A)"选项，通过分别设置"倒角长度"参数、"倒角角度"参数来对图形执行倒角操作。

选择"修剪(T)"选项，命令行提示"输入修剪模式选项 [修剪(T)/不修剪(N)]<修剪>:"；在其中选择修剪的模式。

选择"方式(E)"选项，命令行提示"输入修剪方法 [距离(D)/角度(A)]<距离>:"；在其中可以选择修剪方法的类型。

选择"多个(M)"选项，可以在不退出命令的情况下对多个对象执行倒角操作，直至按下Esc键退出命令为止。

4.5.2 圆角

执行"圆角"命令，可以使用与对象相切并且具有指定半径的圆弧来连接两个对象。

1. 执行方式

★ 菜单栏：执行"修改"|"圆角"命令。

★ 工具栏：单击"修改"工具栏上的"圆角"按钮◻。

★ 命令行：在命令行中输入FILLET/F命令并按下"Enter"键。

★ 功能区：单击"修改"面板上的"圆角"按钮 。

2. 操作步骤

执行"圆角"命令，命令行提示如下：

```
命令：FILLET↙
当前设置：模式 = 修剪，半径 = 0
选择第一个对象或 [放弃(U)/多段线(P)/半径(R)/修剪(T)/多个(M)]：R          //选择"半径(R)"选项；
指定圆角半径 <0>：1000
选择第一个对象或 [放弃(U)/多段线(P)/半径(R)/修剪(T)/多个(M)]：          //单击A直线；
选择第二个对象，或按住 Shift 键选择对象以应用角点或 [半径(R)]：          //单击B直线，圆角结果如图
4-75所示。
```

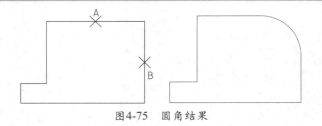

图4-75　圆角结果

4.5.3 实战——绘制城市道路

本节介绍调用圆角命令和倒角命令来编辑城市道路的操作方法。

01 调用素材文件。按下Ctrl+O组合键，打开配套光盘提供的"第4章/4.5.3 实战——绘制城市道路.dwg"文件，如图 4-76所示。

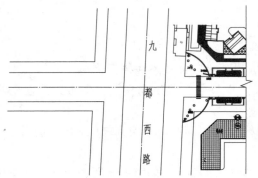

图4-76　调用素材文件

02 调用F（圆角）命令，设置圆角半径为24000，对道路轮廓线执行圆角操作的结果如图 4-77所示。

03 按下Enter键重复调用F（圆角）命令，修改圆角半径为15000，执行圆角操作的结果如图 4-78所示。

04 调用CHA（倒角）命令，设置第一个倒角距离、第二个倒角距离均为15660，对道路

轮廓线执行倒角操作的结果如图 4-79所示。

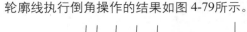

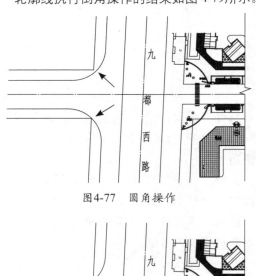

图4-77　圆角操作

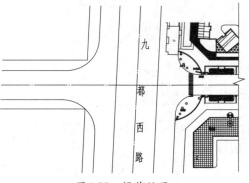

图4-78　操作结果

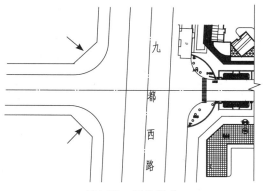

图4-79 倒角操作

4.6 夹点编辑

AutoCAD图形对象被选中后可以显示夹点,通过激活这些夹点,可以对图形执行编辑和修改操作,如移动图形、缩放图形以及复制图形等。

激活夹点,单击右键,可以弹出夹点操作菜单。菜单中包含"拉伸"选项、"移动"选项、"旋转"选项等,选择其中的一项,系统则以该夹点为基点来对图形执行编辑操作。

例如选择"移动"选项后,以被激活的夹点为起点,通过指定移动点,可以更改图形的位置。

本节介绍使用夹点编辑图形的方法。

4.6.1 夹点拉伸

单击图形上的任意夹点,待夹点显示为红色时即表示该夹点被激活,如图 4-80所示;此时命令行提示如下:

```
** 拉伸 **
指定拉伸点或 [基点 (B) /复制 (C) /放弃 (U) /退出 (X) ] :*取消*
```

移动鼠标重新指定夹点的位置以调整图形的样式,如图 4-81所示。

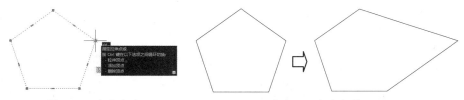

图4-80 激活夹点   图4-81 夹点拉伸

提示

选择"复制(C)"选项,可以复制当前的基点,实现多次拉伸,如图 4-82所示为复制拉伸A夹点的结果。

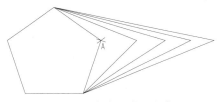

图4-82 复制拉伸A夹点

▌ 4.6.2 夹点移动

单击夹点（A点）待其转换为红色后，单击右键，在弹出的右键菜单中选择"移动"选项，命令行提示如下：

> ** MOVE **
> 指定移动点 或 [基点(B)/复制(C)/放弃(U)/退出(X)]:

向右移动鼠标以指定目标点，调整图形位置的结果如图4-83所示。

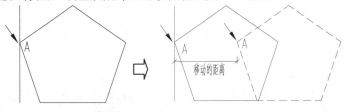

图4-83 夹点移动

▌ 4.6.3 夹点旋转

鼠标左键单击激活夹点（A点），然后单击右键，在弹出的菜单中选择"旋转"选项，命令行提示如下：

> ** 旋转 **
> 指定旋转角度或 [基点(B)/复制(C)/放弃(U)/参照(R)/退出(X)]: 45

输入旋转角度值，按下Enter键可绕夹点旋转图形，如图4-84所示。

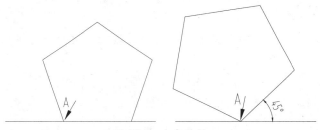

图4-84 夹点旋转

▌ 4.6.4 夹点缩放

激活夹点后（A点），调出右键菜单，选择"缩放"选项，命令行提示如下：

> ** 比例缩放 **
> 指定比例因子或 [基点(B)/复制(C)/放弃(U)/参照(R)/退出(X)]: 0.5

输入比例因子按下Enter键可以夹点为基点对图形执行缩放操作，结果如图4-85所示。

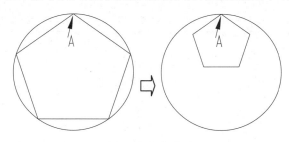

图4-85 夹点缩放

4.6.5 夹点镜像

激活夹点（A点）并调出右键菜单，在其中选择"镜像"选项，命令行提示如下：

```
** 镜像 **
指定第二点或 [基点(B)/复制(C)/放弃(U)/退出(X)]：C        //选择"复制(C)"选项。
```

单击B点并按下Enter键可完成镜像复制五边形的操作，结果如图4-86所示。

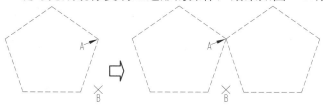

图4-86　夹点镜像

4.6.6 夹点设置

在命令行中输入OP命令并按下Enter键，调出【选项】对话框。在对话框中选择"选择集"选项卡，如图4-87所示，在"夹点尺寸"选项组下，可以设置夹点的大小。通过调整选项组中滑块的位置，可以控制夹点的显示大小。

在"夹点"选项组下，分别包含了"在块中显示夹点"选项、"显示夹点提示"选项、"显示动态夹点菜单"等选项；这些选项用来控制夹点的显示。单击选项前的选框，可以选中或者取消选择该项。

参数设置完成之后，单击"确定"按钮关闭对话框，保存所设置的参数。

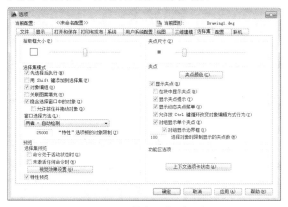

图4-87　【选项】对话框

4.6.7 实战——绘制剑麻图形

本节介绍通过多段线命令、环形阵列命令以及夹点编辑操作，来绘制剑麻图形的操作方法。

01 调用PL（多段线）命令，绘制如图4-88所示的剑麻叶子轮廓线。

02 单击"修改"工具栏上的"环形阵列"按钮

，设置阵列项目数为12，阵列复制剑麻叶子图形的结果如图4-89所示。

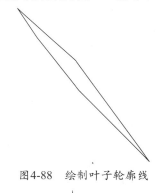

图4-88　绘制叶子轮廓线

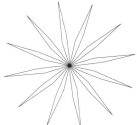

图4-89　环形阵列

03 调用PL（多段线）命令，绘制叶子轮廓线，如图4-90所示。

04 执行"修改"|"阵列"|"环形阵列"命令，设置阵列项目数为28，对叶子轮廓线执行复制操作的结果如图4-91所示。

05 调用X（分解）命令，将全部图形分解。

06 选中单个叶子图形以激活其夹点，移动夹点来改变其形状或者位置，经夹点编辑后的剑麻图形如图4-92所示。

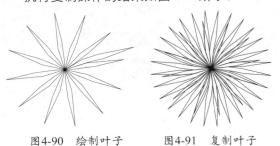

图4-90　绘制叶子　　　图4-91　复制叶子

图4-92　绘制剑麻

4.7 对象特性编辑

图形的特性指颜色、图层、线型、线型比例等，这些特性可以在绘制图形之前设置，也可在绘制图形之后设置。修改图形特性的方式有两种，一种是调出【特性】面板，在其中更改图形的特性；另一种是执行"特性匹配"命令，将其他图形的特性匹配至目标图形上，使目标图形继承原图形的特性。

这两种方式在绘制园林施工图纸时，常被频繁地使用，本节介绍通过这两种方式来编辑对象特性的方法。

4.7.1 修改对象特性

按下Ctrl+1组合键，调出如图4-93所示的【特性】面板。【特性】面板中包含"常规"选项组、"三维效果"选项组、"打印样式"选项组、"视图"选项组、"其他"选项组。展开其中的一个选项组，可以显示其中的各参数选项。

选中任意一个图形，可以在【特性】面板中显示其各项参数。当修改其中一个选项参数后，可以在绘图区中观察到图形被修改的效果。

选择填充图案，则【特性】选项板中仅包含"常规"选项组、"图案"选项组以及"几何图形"选项组，如图4-94所示。其中"图案"选项组用来编辑填充图案的类型、角度以及比例等，而在"几何图形"选项组中则显示了所填充区域的面积。

图4-93　【特性】选项板　　　　　　　图4-94　填充图案的【特性】选项板

在图 4-95中，左侧的图形为未修改的状态，而右侧的图形分别在【特性】面板中修改了轮廓线的线型、线宽参数，并更改了填充图案的类型。

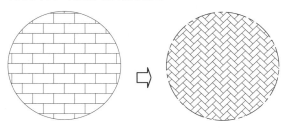

图4-95　编辑图形属性

4.7.2　特性匹配

执行"特性匹配"命令，可以将原图形的特性应用到目标对象上。

1．执行方式

★　菜单栏：执行"修改"|"特性匹配"命令。

★　工具栏：单击"标准"工具栏上的"特性匹配"按钮 。

★　命令行：在命令行中输入MATCHPROP/MA命令并按下"Enter"键。

2．操作步骤

调用"特性匹配"命令，命令行提示如下：

```
命令：MATCHPROP✓
选择源对象：
当前活动设置：颜色 图层 线型 线型比例 线宽 透明度 厚度 打印样式 标注 文字 图案填充 多段线 视口 表格 材
质 阴影显示 多重引线
选择目标对象或 [设置(S)]：
```

以图 4-96中左侧图形为源对象，以右侧图形为目标对象，将源对象的特性匹配至目标对象上，操作结果如图 4-97所示。

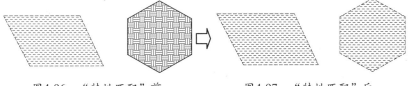

图4-96　"特性匹配"前　　　　　图4-97　"特性匹配"后

4.7.3　实例——编辑水体图案

本节介绍【特性】面板来编辑水体图案属性的操作方法。

01　调用素材文件。按下Ctrl+O组合键，打开配套光盘提供的"第4章/4.7.3 实战——绘制水体.dwg"文件，如图 4-98所示。

02　选择中间的水体图案，按下Ctrl+1组合键，打开如图 4-99所示的【特性】面板。

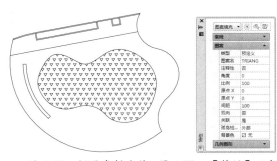

图 4-98　调用素材文件　图 4-99　【特性】面板

03 在【特性】面板中修改图案名称及填充比例，如图 4-100所示。

04 关闭【特性】面板，完成水体图案的编辑修改结果如图 4-101所示。

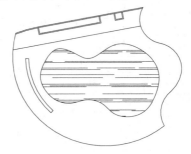

图4-100　修改参数　　　　　　图 4-101　修改结果

第5章
图形的尺寸与文字标注

本章详细介绍图形的尺寸和文字标注方法。其中详细
介绍尺寸标注样式和文字标注样式的创建和编辑、尺寸标
注和文字标注的方法。

5.1 文字标注创建和编辑

通过设置文字样式的各项参数可以控制文字标注的外观，例如文字的字体、高度、角度、宽度等。而且在绘制文字标注时，可在已有的文字样式中进行切换，以创建不同类型的文字标注。

本节介绍文字样式的创建以及各类文字标注的绘制。

5.1.1 创建文字样式

新建空白文件后，系统会默认创建名称为Standard的文字样式，其中各选项（即字体、高度、宽度等）均为系统默认值，因为这个文字样式不符合园林施工图的绘制要求，因此需要创建新的文字标注样式。

执行"文字样式"命令，可以在弹出的【文字样式】对话框中创建新的文字样式或者编辑已有的文字样式。

1. 执行方式

★ 菜单栏：执行"格式"|"文字样式"命令。

★ 工具栏：单击"样式"工具栏上的"文字样式"按钮 **A,**。

★ 命令行：在命令行中输入STYLE/ST命令并按下"Enter"键。

★ 功能区：单击"注释"面板上的"文字样式"按钮 **⌄**。

2. 操作步骤

在命令行中输入ST【文字样式】命令，系统调出【文字样式】对话框。单击"新建"按钮，在【新建文字样式】对话框中设置"样式名"参数，如图5-1所示。

图5-1 新建样式

在【文字样式】对话框中分别设置"字体名"、"字体样式"参数，勾选"注释性"复选框，设置"图纸文字高度"为300。单击"置为当前"按钮将新样式置为当前正在使用的样式，单击"关闭"按钮关闭对话框，完成文字样式的创建，结果如图5-2所示。

图5-2 设置样式参数

提 示

在“样式”工具栏上单击“文字样式”选框，在弹出的下拉列表中可以切换文字样式。

5.1.2 创建单行文字

执行“单行文字”命令，可以创建简短的注释或标签文字。

1. **执行方式**

★ 菜单栏：执行“绘图”|“文字”|“单行文字”命令。

★ 工具栏：单击“文字”工具栏上的“单行文字”按钮AI。

★ 命令行：在命令行中输入TEXT/TE命令并按下“Enter”键。

★ 功能区：单击“注释”面板上的“单行文字”按钮AI。

2. **操作步骤**

调用“单行文字”命令，命令行提示如下：

```
命令：_text↙
当前文字样式： "园林文字标注"  文字高度： 300  注释性： 是  对正： 左
指定文字的起点 或 [对正(J)/样式(S)]：                  //单击左键；
指定文字的旋转角度 <270>: 0                           //输入角度参数值，向下移动鼠标单击右键。
```

在图例表的空白处输入文字标注，按下Enter键可以退出命令，完成植物图例表的绘制结果如图 5-3所示。

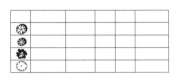

图例
植物名称
规格
数量
单位
备注
香樟
φ20
3
株
带骨架
金桂
P200-250
7
株
枣树
φ12
1
株
白玉兰
φ9-10
1
株

图5-3 绘制单行文字

选择“对正(J)”选项，命令行提示“输入选项 [左(L)/居中(C)/右(R)/对齐(A)/中间(M)/布满(F)/左上(TL)/中上(TC)/右上(TR)/左中(ML)/正中(MC)/右中(MR)/左下(BL)/中下(BC)/右下(BR)]: ”，在其中可以选择文字的对正方式。

选择“样式(S)”选项，命令行提示“输入样式名或 [?] <园林文字标注>:”，在命令行中输入样式名称便可调用该样式。

提 示

文字高度并不是固定不变的。当发现所绘制的文字的高度不符合要求时，调用ST【文字样式】命令，可以在【文字样式】对话框中更改文字的高度。

5.1.3 创建多行文字

执行“多行文字”命令，可以创建较长的注释和标签文字。

1. **执行方式**

★ 菜单栏：执行“绘图”|“文字”|“多行文字”命令。

★ 工具栏：单击“文字”工具栏上的“多行文字”按钮A。

★ 命令行：在命令行中输入MTEXT/MT命令并按下“Enter”键。

★ 功能区：单击“注释”面板上的“多行文字”按钮A。

2. 操作步骤

调用"多行文字"命令，命令行提示如下：

```
命令：MTEXT↙
当前文字样式："园林文字标注"  文字高度： 300  注释性： 是
指定第一角点：
指定对角点或 [高度(H)/对正(J)/行距(L)/旋转(R)/样式(S)/宽度(W)/栏(C)]：
              //分别指定对角点，系统弹出【文字格式】对话框。
```

在【文字格式】对话框下方的在位编辑框中输入多行文字。

选择标题，更改其字高及对齐方式；选择子标题，更改字高为600，单击【文字格式】对话框中的"加下划线"按钮 U ，为子标题添加下划线，修改结果如图5-4所示。

单击"确定"按钮，关闭【文字格式】对话框，完成多行文字的创建及编辑操作。

施工说明
一 栽植樹木指定方法
1.植物名称选用中文俗名。
2.指定以下三项指标作为标注树木形态，尺寸的基本参数，即树高，干径（地面上1.0m高处树干直径），树冠蓬径。对分株树木则指定分株数指标，标注单位为厘米。
3.绿篱及色块的设计，除树高、冠径外还指定种植密度。
4.设计图上，不按植树时树木实际树冠尺寸，而是按3～5年后生长大小画于图上。
二 栽植土
各类植物需要适宜植物生长的栽植土，必要时，增加客土。所谓客土，即栽植树木时添入树池中有利于树木生长且不混杂瓦砾等有害物质的土壤。草坪等地被植物需要适宜土层10cm厚，灌木类为30cm厚，中高树木为60cm厚，普通绿地为30～40cm厚。土壤若渗水性，弹性等物理化学特性需改良，应按要求做，栽植时还应适当施肥。
三 树木支撑
高大乔木（如：香樟）定植后，应设置树木支撑，使用三角撑支架。

施工说明 → 字高为800，居中对齐
一 栽植樹木指定方法 → 字高为600，加下划线
1.植物名称选用中文俗名。
2.指定以下三项指标作为标注树木形态，尺寸的基本参数，即树高，干径（地面上1.0m高处树干直径），树冠蓬径。对分株树木则指定分株数指标，标注单位为厘米。
3.绿篱及色块的设计，除树高、冠径外还指定种植密度。
4.设计图上，不按植树时树木实际树冠尺寸，而是按3～5年后生长大小画于图上。
二 栽植土
各类植物需要适宜植物生长的栽植土，必要时，增加客土。所谓客土，即栽植树木时添入树池中有利于树木生长且不混杂瓦砾等有害物质的土壤。草坪等地被植物需要适宜土层10cm厚，灌木类为30cm厚，中高树木为60cm厚，普通绿地为30～40cm厚。土壤若渗水性，弹性等物理化学特性需改良，应按要求做，栽植时还应适当施肥。
三 树木支撑
高大乔木（如：香樟）定植后，应设置树木支撑，使用三角撑支架。 → 正文字高为600

图5-4 绘制多行文字

选择"高度(H)"选项，命令行提示"指定图纸高度<300>："，可重新定义文字高度。

选择"对正(J)"选项，命令行提示"输入对正方式 [左上(TL)/中上(TC)/右上(TR)/左中(ML)/正中(MC)/右中(MR)/左下(BL)/中下(BC)/右下(BR)] <左上(TL)>："，输入选项后的字母来选择对正方式。

选择"行距(L)"选项，命令行提示"输入行距类型 [至少(A)/精确(E)] <至少(A)>："，系统默认为"至少(A)"类型，输入E可选择"精确(E)"类型。

选择"旋转(R)"选项，命令行提示"指定旋转角度<0>："，可定义文字的角度。

选择"样式(S)"选项，命令行提示"输入样式名或 [?] <园林文字标注>："，可选用已创建的文字样式。

选择"宽度(W)"选项，命令行提示"指定宽度："，移动并单击鼠标，可以自定义在位编辑框的宽度。

选择"栏(C)"选项，命令行提示"输入栏类型 [动态(D)/静态(S)/不分栏(N)] <动态(D)>："，可以设置栏的类型。

5.1.4 实战——绘制图纸标题栏

国家制图标准规定图纸应该有标题栏等内容，但是对其内容并没有明文规定，允许各设计单位根据实际情况来确定，具有较大的灵活性。

本节介绍园林施工图纸标题栏的绘制。

01 按下Ctrl+O组合键，打开配套光盘提供的

"5.1.4 实战——绘制图纸标题栏.dwg"文件，如图 5-5所示。

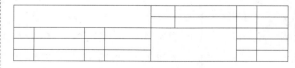

图 5-5 打开素材

02 在命令行中输入MT（多行文字）命令，在表格中绘制文字标注，结果如图5-6所示。

审定		设计		建设单位		设计号	2014-100
				项目		日期	2014.10
审定		设计		设计说明图例表		比例	见图
审核		制图				图别	环境
项总		校对				图纸编号	01

图 5-6　绘制文字标注

03 双击"设计说明图例表"标注文字，调出【文字格式】对话框；然后将在位编辑框

中的文字全部选中，在对话框中的"文字高度"选项框中更改其高度值，结果如图5-7所示。

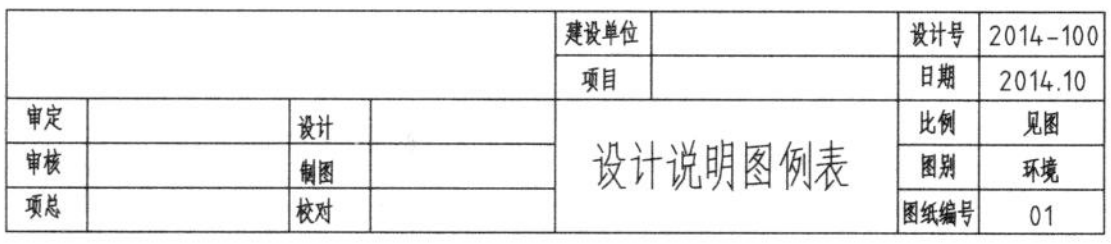

				建设单位		设计号	2014-100
				项目		日期	2014.10
审定		设计		设计说明图例表		比例	见图
审核		制图				图别	环境
项总		校对				图纸编号	01

图 5-7　修改文字高度

5.2 多重引线标注和编辑

因为多重引线的实用性，在各类图纸中都可以找到它的身影。多重引线包含引线箭头、引线以及标注文字，可以将标注文字与标注对象相连接，使人易于辨认。

鉴于多重引线标注的重要性，本节分五个部分对其进行讲解，涉及引线样式的创建、引线标注的绘制及编辑等。

5.2.1　创建多重引线样式

通过执行"多重引线样式"命令，可以设置引线样式的名称及其各项参数，包括引线箭头样式、引线的连接方式以及引线文字的样式等。

1. 执行方式

★　菜单栏：执行"格式"|"多重引线样式"命令。

★　工具栏：单击"样式"工具栏上的"多重引线样式"按钮。

★　命令行：在命令行中输入MLEADERSTYLE命令并按下"Enter"键。

★　功能区：单击"注释"面板上的"多重引线样式"按钮。

2. 操作步骤

执行"格式"|"多重引线样式"命令，弹出【多重引线样式管理器】对话框。单击对话框右侧的"新建"按钮，在调出的【创建新多重引线样式】对话框中设置新样式的名称，如图5-8所示。

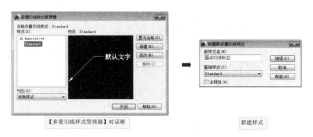

图 5-8　创建新样式

单击对话框右侧的"继续"按钮，进入【修改多重引线样式：圆点引线标注】对话框。该对话框包含了三个选项卡，分别是"引线格式"选项卡、"引线结构"选项卡、"内容"选项卡。

下面介绍通过更改"引线格式"选项卡、"内容"选项卡中的参数，来调整多重引线标注显示效果的操作步骤。"引线结构"选项卡中的参数较少涉及，因此在此不赘述。

在"引线格式"选项卡中包含三个选项组，如图5-9所示。在"常规"选项组中，可以对引线的类型、颜色以及线型等属性进行设置，在各选项列表中都列出可选择的属性类型。

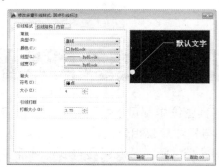

图5-9 "引线格式"选项卡

在"箭头"选项组中，可设置引线箭头的样式及大小。箭头的样式可以在列表中选择，而大小则可自行输入参数值。

"内容"选项卡包含两个选项组，如图5-10所示。在"文字选项"选项组中，可以设置引线标注的文字显示效果。在其中可以对文字的样式、角度、颜色等属性进行自定义。在"文字样式"选项列表中显示了当前系统中所

有可用的文字样式，单击后面的矩形按钮，可调出【文字样式】对话框，在其中可更改文字样式的参数或者新建文字样式。

"引线连接"选项组中可对引线与标注文字的连接方式进行设置。有两种连接方式，分别是"水平连接"与"垂直连接"。选择相应的连接方式之后，可以对"连接位置"及"基线间隙"进行设置。

图5-10 "内容"选项卡

单击"确定"按钮返回【多重引线标注样式】对话框中，将新建样式置为当前正在使用的样式，关闭对话框即可完成多重引线样式的创建，结果如图5-11所示。

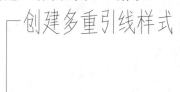

图 5-11 创建结果

5.2.2 创建与修改多重引线

调用"多重引线"命令，可以对指定的对象绘制带箭头引线及文字的标注。绘制完成的多重引线标注还可以对其进行更改，以调整其显示效果。本节介绍多重引线的创建以及编辑。

1. 执行方式

★ 菜单栏：执行"标注"|"多重引线"命令。
★ 工具栏：单击"多重引线"工具栏上的"多重引线"按钮。
★ 命令行：在命令行中输入MLEADER/MLD命令并按下"Enter"键。
★ 功能区：单击"注释"面板上的"多重引线"按钮。

2. 操作步骤

用"多重引线"命令，命令行提示如下：

```
命令：MLEADER↙
指定引线箭头的位置或 [引线基线优先(L)/内容优先(C)/选项(O)] <选项>：
                                        //在绘图区中单击鼠标左键；
```

指定引线基线的位置： //向左移动鼠标，单击左键。系统弹出【文字格式】对话框，输入标注文字后单击"确定"
按钮关闭对话框可完成创建多重引线标注的操作，如图5-12所示。

此时发现所绘制的多重引线标注与图形相比较为悬殊，字体太小，不容易辨认，因此需要对其进行更改以使其能够清晰的显示。

在前面小节有提到过可以通过设置多重引线样式的各项参数来控制其显示效果，所以调出【多重引线样式管理器】对话框，通过在"引线格式"选项卡中调整箭头的"大小"参数值（这里将4更改为200），在"内容"选项卡中调整"文字高度"值（这里将15更改为800），可以改变多重引线标注的显示结果，结果如图5-13所示。

除此之外，还可以通过对样式中其他参数的修改来达到改变显示效果的目的。所更改的参数值并没有硬性的规定，主要依据实际的情况来设定各选项的参数值。

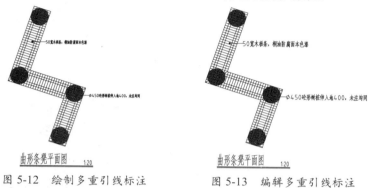

图 5-12 绘制多重引线标注　　图 5-13 编辑多重引线标注

5.2.3 添加与删除多重引线

假如想使用一个多重引线标注去对多个图形对象进行解释说明时应该如何操作？在修改多重引线标注后，发现其已经不适合同时标注多个图形了，此时又该如何操作？在这里便涉及到添加与删除多重引线的操作。

1．添加多重引线

执行"添加引线"命令，可以为指定的多重引线标注添加引线。

在"多重引线"工具栏上单击"添加引线"按钮，命令行提示如下：

选择多重引线： //选择待添加引线的多重引线标注；
找到 1 个
指定引线箭头位置或 [删除引线(R)]： //移动鼠标，指定引线箭头的位置，按下
Enter键可完成添加引线的操作，如图5-14所示。

图5-14 添加引线

2．删除多重引线

执行"删除引线"命令，可以将多重引线标注中指定的引线删除。

单击"多重引线"工具栏上的"删除引线"按钮，命令行提示如下：

选择多重引线：	//选择待删除引线的多重引线标注；
找到 1 个	
指定要删除的引线或 [添加引线(A)]：	
指定要删除的引线或 [添加引线(A)]：	//单击选中引线，按下Enter键可将其删除，如图5-15所示。

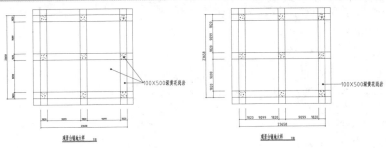

图 5-15　删除引线

5.2.4　对齐多重引线

执行"多重引线对齐"命令，可以将选中的引线标注与基准引线标注对齐。

单击"多重引线"工具栏上的"多重引线对齐"按钮，命令行提示如下：

选择多重引线：	//选择待对齐的多个引线标注；
当前模式：使用当前间距	
选择要对齐到的多重引线或 [选项(O)]：	//选择最下方的引线标注为对齐基准；
指定方向：	//向上移动鼠标，单击左键可完成对齐操作，结果如图5-16所示。

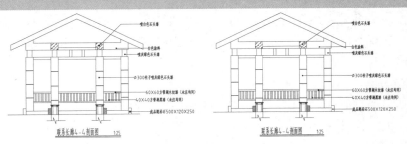

图 5-16　对齐引线

5.2.5　实战——标注详图材料

在绘制园林施工详图时经常需要绘制材料标注，使用多重引线命令，可以快速、准确地创建或者编辑材料标注。

本节介绍通过执行多重引线命令绘制水沟断面示意图的材料标注。

01 按下Ctrl+O组合键，打开配套光盘提供的"5.2.5 实战——标注详图材料.dwg"文件，如图5-17所示。

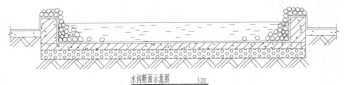

图 5-17　打开素材

02 在命令行中输入MLD（多重引线）命令并按下Enter键，为详图绘制材料标注，结果如图5-18所示。

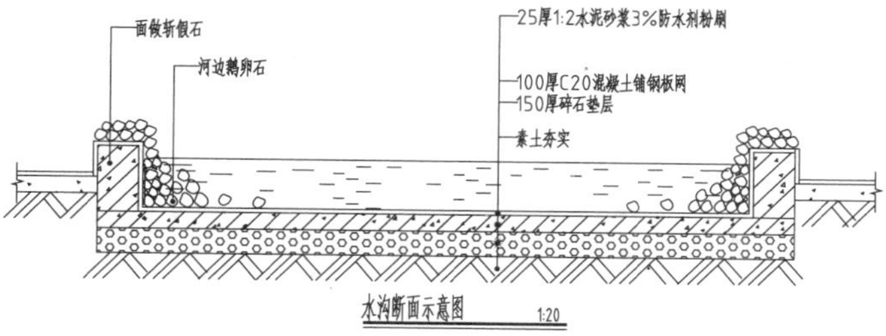

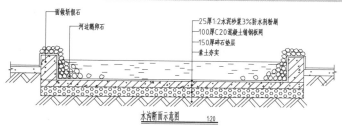

图 5-18 绘制材料标注

03 在单击"多重引线"工具栏上的"多重引线对齐"按钮 ，命令行提示如下：

```
选择多重引线：              //从上至下依次选择右侧的引线标注，保留最后一个引线标注作为对齐基准；
当前模式：使用当前间距
选择要对齐到的多重引线或 [选项(O)]:O
输入选项 [分布(D)/使引线线段平行(P)/指定间距(S)/使用当前间距(U)] <使用当前间距>: S
指定间距 <0>:1000
选择要对齐到的多重引线或 [选项(O)]：           //选择最后一个引线标注；
指定方向：              //向上移动鼠标并单击左键，对齐的操作结果如图5-19所示。
```

图 5-19 对齐引线标注

5.3 尺寸标注概述

尺寸标注有多种类型，分别有线性标注、半径标注、直径标注以及角度标注等。尺寸标注的组成要素有四个，包括尺寸界线、尺寸线等。通过指定尺寸界线的原点以及尺寸线的位置来创建尺寸标注。

5.3.1 尺寸标注的类型

AutoCAD提供了多种绘制尺寸标注的命令，有"线性标注"命令、"对齐标注"命令、"弧长标注"命令、"坐标标注"命令以及"半径标注"命令、"直径标注"命令等。

调用"线性标注"命令，可以使用水平、竖直或旋转的尺寸线来创建线性标注，如图 5-20所示。

调用"弧长标注"命令可以创建弧长标注，用于测量圆弧或多段线圆弧段上的距离；在默认情况下，弧长标注将显示一个圆弧符号，如图 5-21所示。

图 5-20　线性标注　　图 5-21　弧长标注

调用"半径标注"命令、"直径标注"命令，使用可选的中心线或中心标记测量圆弧和圆的半径和直径，如图 5-22所示。

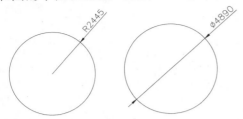

图5-22 半径/直径标注

调用"坐标标注"命令可以创建坐标标注。坐标标注测量原点（称为基准）到特征（例如部件上的一个孔）的垂直距离。这些标注通过保持特征与基准点之间的精确偏移量，来避免误差增大。

调用"折弯标注"命令，可以创建圆或圆弧的折弯标注。

调用"角度标注"命令来创建角度标注，用来测量两条直线或三个点之间的角度。

调用"基线标注"命令所创建的基线标注是从相同位置测量的多个标注（线性标注、角度标注或坐标标注）。

调用"连续标注"命令所创建的连续标注是首尾相连的多个标注。

5.3.2 尺寸标注的组成

尺寸标注组成的示意图如图 5-23所示，分别由尺寸界线、尺寸线、尺寸起止符号、尺寸数字组成。

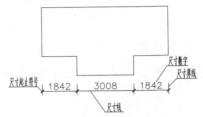

图5-23 尺寸标注的组成

尺寸数字是用于指示测量值的文本字符串，文字还可以包含前缀、后缀和公差。

尺寸线用于指示标注的方向和范围。而对于角度标注，尺寸线则是一段圆弧。

尺寸起止符号显示在尺寸线的两端，可以为箭头或标记指定不同的尺寸和形状。

尺寸界线，也称为投影线或证示线，从部件延伸到尺寸线。

5.3.3 绘制尺寸标注的基本步骤

本小节以常见的线性标注为例，介绍绘制线性标注的基本步骤。

在命令行中输入DLI【线性标注】命令并按下Enter键，命令行提示如下：

```
命令: DIMLINEAR↙
指定第一个尺寸界线原点或 <选择对象>:                                    //单击A点;
指定第二条尺寸界线原点:                                    //向右移动鼠标，单击B点;
指定尺寸线位置或[多行文字(M)/文字(T)/角度(A)/水平(H)/垂直(V)/旋转(R)]:
//向下移动鼠标，单击左键可完成线性标注的绘制，如图5-24所示。
标注文字 = 3000
```

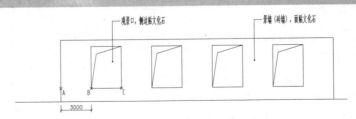

图 5-24 标注A点与B点之间的距离

按下Enter键重复调用DLI【线性标注】命令，以B点为第一个尺寸界线原点，移动鼠标指定C点为第二条尺寸界线原点，可以标注B点与C点之间的距离，如图5-25所示。

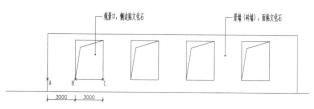

图 5-25　标注B点与C点之间的距离

通过在图形上分别指定第一个尺寸界线原点、第二个尺寸界线原点以及尺寸线的位置，可以完成景墙立面图尺寸标注的绘制，如图 5-26所示。

绘制立面图标注还可以配合使用"连续标注"命令来绘制，在本章后面的小节会介绍使用"连续标注"命令来绘制图形尺寸标注的方法。

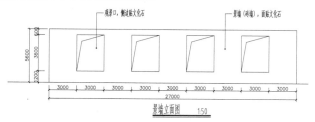

图 5-26　绘制立面图的尺寸标注

5.4　尺寸标注样式

通过设置尺寸标注样式，可以对尺寸标注的各组成要素进行自定义。例如尺寸标注文字的字体及大小、尺寸起止符号的样式及大小、尺寸界线的显示效果等。通过设置不同的尺寸标注样式，可以创建各种类型的尺寸标注，这主要看在实际的绘图工作中的具体要求。

5.4.1　创建标注样式

尺寸标注样式用来控制尺寸标注的外观，例如箭头的样式、字体的显示效果等。用户通过创建尺寸标注样式来快速指定标注的格式，以确保尺寸标注符合行业或工程标准。

调用"标注样式"命令，可以在调出的【标注样式管理器】对话框中创建新标注样式或者编辑已有的标注样式。

1. 执行方式

★　菜单栏：执行"格式"|"标注样式"命令。

★　工具栏：单击"样式"工具栏上的"标注样式"按钮 。

★　命令行：在命令行中输入DIMSTYLE/D命令并按下"Enter"键。

★　功能区：单击"注释"面板上的"标注样式"按钮 。

2. 操作步骤

在命令行中输入D【标注样式】命令，系统弹出【标注样式管理器】对话框。单击"新建"按钮，在【创建新标注样式】对话框中设置"新样式名"参数，如图 5-27所示。

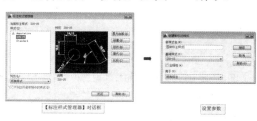

【标注样式管理器】对话框　　　设置参数

图 5-27　新建标注样式

单击右上角的"继续"按钮，可以进入

【新建标注样式：园林标注样式】对话框，在其中显示了关于新标注样式的各项参数，例如线、符号和箭头、文字等。单击"确定"按钮关闭对话框，则新样式默认使用系统所设定的各项参数。

用户也可自定义新建标注样式的各参数，以符合自己的使用习惯或者制图要求。

5.4.2 修改标注样式

系统对所有新创建的尺寸标注样式设定了统一的参数，但是不同类型的图纸对尺寸标注样式的要求不一，因此需要对标注样式进行修改，以适合特定图纸的使用需求。

以上一小节所创建的"园林标注样式"为例，介绍修改标注样式各项参数的操作方法。

在命令行中输入D按下Enter键，调出【标注样式管理器】对话框。在左侧的样式列表中选择"园林标注样式"，单击右侧的"修改"按钮，可以调出【修改标注样式：园林标注样式】对话框，在该对话框中可对各项参数进行编辑修改。

1．"线"选项卡

选择"线"选项卡，如图 5-28所示；其中包含了"尺寸线"选项组和"尺寸界线"选项组，通过设置各项参数值，可以控制"线"的显示样式。

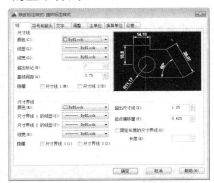

图5-28 "线"选项卡

下面介绍通过修改"超出尺寸线"选项和"起点偏移量"选项参数所得到的标注样式的效果。

系统默认"超出尺寸线"选项参数为1.25，"起点偏移量"选项参数为0.625，沿用系统参数所绘制的线性标注如图5-29所示。

在对话框中将"超出尺寸线"选项的参数更改为2，"起点偏移量"选项参数为3，可以控制尺寸界线的显示方式。

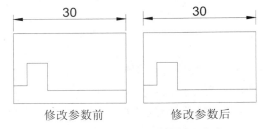

修改参数前   修改参数后

图5-29 控制尺寸界线的显示方式

2．"符号和箭头"选项卡

在"符号和箭头"选项卡中，可以设置尺寸起止符号的样式以及显示方式和大小等，如图 5-30所示。以下介绍"箭头"选项组中各项参数的使用方式。

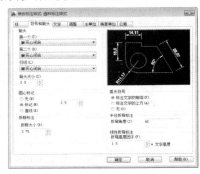

图5-30 "箭头"选项卡

"第一个"选项用来控制左侧的尺寸起止符号的样式，"第二个"选项则可控制右侧的尺寸起止符号的样式，一般情况下，这两个选项的参数是一致的。

"引线"选项中的参数保持默认值即可，通常情况下不会对其进行更改。

"箭头大小"选项用来控制尺寸起止符号的大小。

尺寸起止符号的样式依图纸类型的不同而有所不同，例如绘制建筑设计类的图纸，会选择"建筑标记"样式；但是在标注图形的半径/直径值时，则需要将尺寸起止符号的样式更改为"实心闭合"样式。关于尺寸起止符号的样式的使用，可以参考相关的制图标准。

如图 5-31所示为图形半径值的标注结果，尺寸起止符号为实心箭头样式；而在标注建筑图形时，尺寸起止符号的为加粗的短斜线。

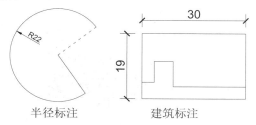

半径标注　　　　建筑标注

图5-31　尺寸起止符号的显示方式

3．"文字"选项卡

在"文字"选项卡中，可控制文字的样式、大小和位置等，如图5-32所示。

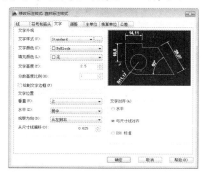

图5-32　"文字"选项卡

在"文字外观"选项组中，可设置文字的样式、颜色、高度；"文字位置"选项组中的各项参数用来调整文字的显示位置，在"文字对齐"选项组中可选择文字的对齐方式。

假如不对选项卡中各选项参数进行更改，则以默认的文字样式来表示尺寸标注文字。假如将"文字样式"更改为"园林文字标注"（在5.1.1小节中所创建的文字样式），则"文字高度"选项暗显（使用默认的文字样式，该选项参数可自行定义），将"从尺寸线偏移"选项中的参数更改为2，其他各选项保持默认值，则尺寸标注文字的绘制结果如图5-33所示。

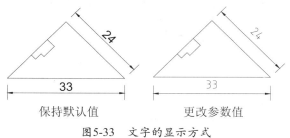

保持默认值　　　　更改参数值

图5-33　文字的显示方式

4．"调整"选项卡

"调整"选项卡如图5-34所示，通过设置其中的各项参数来控制尺寸标注的最后显示效果。

系统默认尺寸标注的单位格式为"小数"，显示精度为0.00；但是在实际的制图中，要求标注文字换算成整数，以方便识读各图形的尺寸。此时，在"精度"选项中选择"0"，可使尺寸标注文字以整数来显示，如图5-35所示。

此外，分别在"前缀"、"后缀"选项中输入参数，可为标注文字添加前缀或后缀文字。

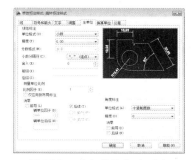

图5-34　"主单位"选项卡

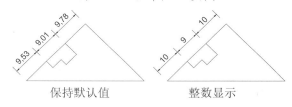

保持默认值　　　　整数显示

图5-35　文字的显示精度

通过本节内容的学习，希望读者能初步了解修改尺寸标注各项参数的操作方式。由于篇幅有限，因此本节仅介绍了常用选项参数的编辑方式。

▌5.4.3　实战——设置园林标注样式

国家制图标准中，关于园林图纸标注的方式有明确的规定，因此在绘制园林图纸的尺寸标注前，应设定符合国标的标注样式，以使所绘制的尺寸标注符合相关的制图标准。

01 在命令行中输入D（标注样式）命令，在弹出的【标注样式管理器】对话框中单击"新建"按钮，在【创建新标注样式】对话框中创建一个名称为"园林设计"的新样式。

02 单击"继续"按钮进入样式编辑对话框，分别在"线"选项卡以及"符号和箭头"选项卡中设置样式参数，结果如图5-36所示。

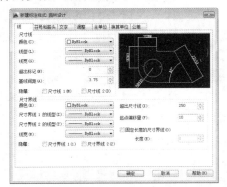

"线"选项卡

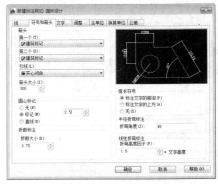

"符号和箭头"选项卡

图5-36　设置参数

03 在"文字"选项卡中调整标注文字的参数如图5-37所示。

04 参数设置完成之后，关闭对话框便可完成新样式的创建。

05 调用DLI（线性标注）命令，为弧形小桥展开立面图绘制尺寸标注，以查看新样式的效果，如图5-38所示。

图5-37　"文字"选项卡

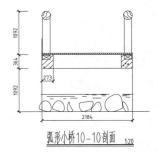

弧形小桥10-10剖面 1:20

图5-38　绘制尺寸标注

> **提示**
>
> 在将"线"选项卡、"符号和箭头"选项卡以及"文字"选项卡中的参数设置完成后，不要忘记在"主单位"选项卡中将"单位精度"调整为0。

5.5 尺寸标注和编辑

尺寸样式设置完成之后，便可着手绘制尺寸标注。根据图形的具体情况，可能需要绘制线性标注、半径/直径标注、对齐标注等各类标注，以表示图形的具体尺寸。另外，系统提供了编辑尺寸标注的方式，可以对某个尺寸标注进行编辑，而不影响其他尺寸标注的显示效果。

本节介绍绘制并编辑尺寸标注的操作方法。

5.5.1　尺寸标注

本节以对齐标注为例，介绍尺寸标注的操作方法。

执行"对齐标注"命令，可创建与选定的位置或对象平行的标注。

1. 执行方式

★ 菜单栏：执行"标注"|"对齐标注"命令。

★ 工具栏：单击"标注"工具栏上的"对齐"标注按钮 。

★ 命令行：在命令行中输入DIMALIGNED命令并按下"Enter"键。

★ 功能区：单击"注释"面板上的"对齐"按钮 对齐。

2. 操作步骤

执行"标注"|"对齐标注"命令，命令行提示如下：

```
命令：_dimaligned↙
指定第一个尺寸界线原点或 <选择对象>：                    //指定A点；
指定第二条尺寸界线原点：                                //指定B点；
指定尺寸线位置或[多行文字(M)/文字(T)/角度(A)]：         //向上移动鼠标；
标注文字 = 10500                    //单击左键，对齐标注的绘制结果如图5-39所示。
```

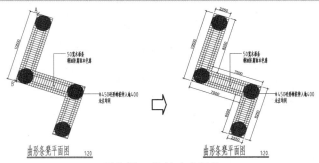

图5-39 绘制对齐标注

命令行中各选项含义如下：

"多行文字(M)"选项：输入M选择该项后，系统可弹出【文字格式】对话框，用户可在在位文字编辑框中自定义标注文字。

"文字(T)"选项：输入T选择该项后，可在屏幕显示闪烁光标，此时可输入标注文字，类似于绘制单行文字。

"角度(A)"选项：输入A选择该项，可以自定义标注文字的角度。

5.5.2 尺寸标注编辑

通过执行尺寸标注编辑操作，可以对尺寸界线和尺寸标注文字进行编辑修改，本节介绍编辑尺寸标注的操作方法。

1. 执行方式

★ 菜单栏：执行"标注"|"倾斜"命令，或者执行"标注"|"对齐文字"。

★ 工具栏：单击"标注"工具栏上的"编辑标注"按钮 或者"编辑标注文字"按钮 。

★ 命令行：在命令行中输入DIMTEDIT（编辑标注文字）命令/DIMEDIT（编辑标注）命令并按下"Enter"键。

★ 功能区：单击"注释"面板上的各类编辑按钮 ，从左至右依次为"倾斜"按钮、"文字角度"按钮、"左对正"按钮、"居中对正"按钮、"右对正"按钮。

执行上述任意一种操作方式都可对尺寸标注执行编辑操作，本小节介绍通过操作菜单栏命令对尺寸标注执行编辑修改的步骤。

2. 操作步骤

执行"标注"|"倾斜"命令，命令行提示如下：

命令: _dimedit↙

输入标注编辑类型 [默认(H)/新建(N)/旋转(R)/倾斜(O)] <默认>: _o

选择对象: 找到 1 个　　　　　　　　　　　　　　　　//选项尺寸标注:

输入倾斜角度 (按 ENTER 表示无): 45　　　　　　　　//输入角度值按下Enter键可完成编辑操作,

位于矩形选框内的尺寸标注即是经过倾斜操作后的结果,如图 5-40所示。

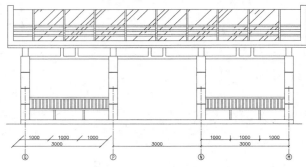

图5-40　设置尺寸界线的角度

执行"标注"|"对齐文字"|"角度"命令,命令行提示如下:

命令: _dimtedit↙

选择标注:

为标注文字指定新位置或 [左对齐(L)/右对齐(R)/居中(C)/默认(H)/角度(A)]: _a

指定标注文字的角度: 45　　　　　　　　　　　　//设置角度值,按下Enter键可完成操作,结

果如图5-41所示。

执行"标注"|"对齐文字"|"左"命令,命令行提示如下:

命令: _dimtedit↙

选择标注:

为标注文字指定新位置或 [左对齐(L)/右对齐(R)/居中(C)/默认(H)/角度(A)]: _l

　　　　　　//选择标注文字,按下Enter键可完成对齐操作,结果如图5-41所示。

执行"标注"|"对齐文字"|"右"命令,可对选中的标注文字执行右对齐操作,结果如图 5-41所示。

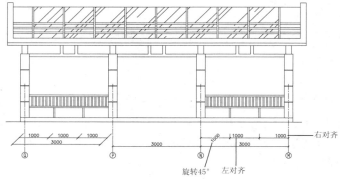

图5-41　设置尺寸文字的对齐方式

5.5.3　实战——标注园林施工图

园林施工图不但需要绘制材料标注,还需要绘制尺寸标注以供参考。本节介绍园林建筑中常见的弧形小桥尺寸标注的绘制方法。

01 按下Ctrl+O组合键,打开配套光盘提供的"5.5.3 实战——标注园林施工图.dwg"文件,如图

5-42所示。

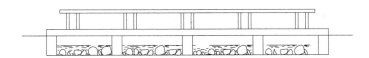

弧形小桥展开立面　1:50

图5-42　打开素材

02 调用DLI（线性标注）命令、DCO（连续标注）命令，绘制尺寸标注的结果如图5-43所示。

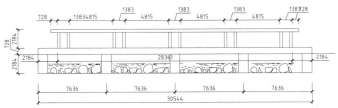

图5-43　绘制尺寸标注

03 由于弧形小桥展开立面图是以1:50的比例来绘制的，所以标注的尺寸与其实际情况是不符合的，只有对尺寸标注文字进行编辑修改后，才能使用。

04 在"标注"工具栏中单击"编辑标注"按钮，在命令行提示"输入标注编辑类型 [默认(H)/新建(N)/旋转(R)/倾斜(O)] <默认>: N"时，选择"新建(N)"选项；此时系统弹出【文字格式】对话框，输入新标注文字，单击"确定"按钮关闭【文字格式】对话框。

05 此时命令行提示"选择对象"，鼠标单击点取待修改文字的尺寸标注，即可完成修改标注文字的操作，结果如图5-44所示。

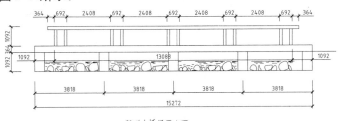

弧形小桥展开立面　1:50

图5-44　编辑标注文字

> **提示**
>
> 　　双击标注文字可调出【文字格式】对话框并进入在位编辑模式，输入新标注文字后关闭对话框，可完成编辑操作。

第6章
使用块和设计中心

块和设计中心都是提高绘图效率的工具，本章将对块的创建和编辑以及设计中心的使用进行详细的介绍，使读者对块与设计中心有完整的了解，从而应用到实际绘图中。

6.1 创建与编辑图块

有经验的制图人员经常将复杂的图形或者常用的图形创建成图块，在制图过程中随时调用，既可节约制图时间，又可保证相同图形的整齐美观。

6.1.1 写块

执行"写块"命令，可将在绘图区中选定的图形对象存储至指定的图形文件中。

选择图形，在命令行中输入WBLOCK（W）命令并按下Enter键；系统弹出如图6-1所示的【写块】对话框，单击"文件名和路径"选项文本框后面的矩形按钮，在【浏览图形文件】对话框中可以设置文件名称及存储路径，如图6-2所示。

单击"保存"按钮关闭对话框，单击"确定"按钮关闭【写块】对话框，可完成写块的操作。

图6-1 【写块】对话框

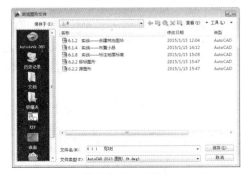

图6-2 【浏览图形文件】对话框

6.1.2 图块的创建

调用"创建块"命令，可以将所有选中的图形创建成图块。

1. 执行方式

★ 菜单栏：执行"绘图"|"块"|"创建块"命令。

★ 工具栏：单击"绘图"工具栏上的"创建块"按钮。

★ 命令行：在命令行中输入BLOCK/B命令并按下"Enter"键。

★ 功能区：单击"默认"面板上的"创建"按钮。

2. 操作步骤

调用"创建"块命令，系统调出【块定义】对话框。在"对象"选项组下单击"选择对象"按钮，在绘图区中选择图形；按下Enter键返回对话框，单击"基点"选项组下的"拾取点"按钮，在图形上单击以确定拾取点；按下Enter键返回对话框，在"名称"选项文本框中输入图块名称，如图6-3所示，单击"确定"按钮可完成创建块的操作。

如图6-4所示为图形在执行写块前后的对比。

图6-3 【块定义】对话框

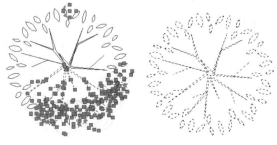

图6-4 写块前后的对比

6.1.3 实战——创建树池图块

本节介绍通过调用写块命令来创建树池图块的操作方法。

01 调用素材文件。按下Ctrl+O组合键，打开配套光盘提供的"第6章/6.1.3 实战——创建树池图块.dwg"文件，如图6-5所示。

02 调用B（写块）命令，调出【块定义】对话框；在"对象"选项组下单击"选择对象"按钮 ⬚，在绘图区中选择树池及植物图形；在"基点"选项组下单击"拾取点"按钮 ⬚，单击树池图形的左下角点。

03 在对话框中设置图块的名称，如图6-6所示，单击"确定"按钮可完成块定义的操作。

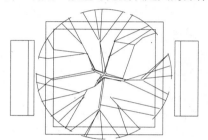

图6-5 调用素材文件

图6-6 设置图块名称

6.1.4 图块的插入

调用"插入"命令，可以将系统中已存储的图块调入至当前图形中。

1．执行方式

★ 菜单栏：执行"插入"|"块"命令。

★ 工具栏：单击"绘图"工具栏上的"插入块"按钮 ⬚。

★ 命令行：在命令行中输入INSERT/I命令并按下"Enter"键。

★ 功能区：单击"默认"面板上的"插入"按钮 ⬚。

2．操作步骤

调用"插入"命令，系统弹出【插入】对话框。在"名称"选项文本框中的列表选择待插入的图块名称，如图6-7所示；单击"确定"按钮，此时命令行提示指定插入点，在绘图区中点取图块的插入点可完成插入图块的操作，如图6-8所示。

图6-7 【插入】对话框

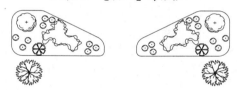

图6-8 插入图块

在"比例"选项组中勾选"在屏幕上指定"复选框，可以同时暗显以下三个选项：X、Y、Z。在命令行中设置比例因子，可以控制所插入图块的大小。取消勾选"在屏幕上指定"复选框、"统一比例"复选框，可以同时亮显以下三个选项：X、Y、Z，通过在文本框中设置比例因子，可以控制图块的大小。

将"香樟树"图块在X方向上的比例因子设置为0.8，将其插入后可发现图块已被缩小，如图6-9所示。

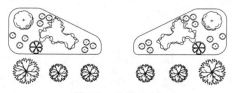

图6-9 设置比例

在"旋转"选项组下的"角度"文本框中设置角度值，可以控制图块插入时的角度。

在"角度"文本框中设置参数为90，则所调入的电话亭图块被旋转90°，如图 6-10所示。

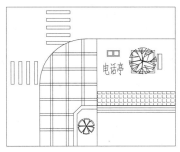

图6-10　设置角度

6.1.5　实战——布置小品

本节介绍调用插入命令调入园林小品的操作方法。

01 调用素材文件。按下Ctrl+O组合键，打开配套光盘提供的"第6章/6.1.5 实战——布置小品.dwg"文件，如图 6-11所示。

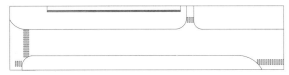

图6-11　调用素材文件

02 调用I（插入）命令，调出【插入】对话框，在其中选择"树池"图块，如图 6-12所示。

图6-12　【插入】对话框

03 单击"确定"按钮关闭对话框，在绘图区中点取图块的插入点，调入图块的结果如图6-13所示。

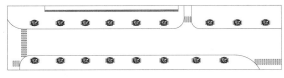

图 6-13　调入树池图块

04 重复上述操作，继续调入果壳箱、路灯及电话亭图块，如图 6-14所示。

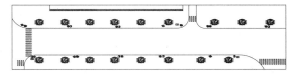

图6-14　调入其他图块

6.1.6　属性图块的定义

属性块是指带标注文字的图块，不单单是指文字，也可以是数字，或者等式。

调用"定义属性"命令，可以为指定的图块创建属性。

执行"绘图"|"块"|"定义属性"命令，系统弹出【属性定义】对话框。在"属性"选项组中分别设置"标记"、"提示"、"默认"选项的参数，如图 6-15所示。

单击"确定"按钮，将属性文字放置到图形之上，可完成图形属性的创建，如图 6-16所示。

选择文字属性及图形，调用B（写块）命令，设置图块名称为"雪松"，对其执行"写块"操作。

图6-15　【属性定义】对话框

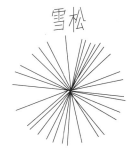

图6-16　创建文字属性

6.1.7　插入带属性的图块

将属性文字与图形一起创建成块后，可以调用I（插入）命令，通过【插入】对话框来调入该图块。

在【插入】对话框中选择带属性的图块并单击"确定"按钮后，会弹出如图6-17所示的【编辑属性】对话框。假如需更改属性文字，则可在该对话框中更改文字参数；假如不需要更改参数，则直接单击"确定"按钮，便可调入带属性的图块，如图6-18所示。

图6-17　【编辑属性】对话框

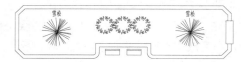

图6-18　调入带属性的图块

6.1.8　编辑图块的属性

带属性的图块被调入后，也可以更改其文字属性，包括文字的大小、粗细等。双击属性文字，系统调出【增强属性编辑器】对话框；在"值"文本框中可以修改文字标注，如图6-19所示。

单击"确定"按钮关闭对话框，可完成编辑图块属性的操作，如图6-20所示。

图6-19　【增强属性编辑器】对话框

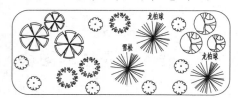

图6-20　编辑图块属性

在对话框中选择"文字选项"选项卡、"特性"选项卡，可以对文字的各项属性进行编辑修改，如图6-21和图6-22所示。

图6-21　"文字选项"选项卡

图6-22　"特性"选项卡

6.1.9　实战——标注地面标高

本节介绍标高图块的创建及调入标高图块的操作方法。

01　请参考第2章2.7.7实战——绘制标高符号小节所介绍的绘制标高符号的方法来创建如图6-23所示的标高图形。

02　执行"绘图"|"块"|"定义属性"命令，在【属性定义】对话框中设置属性文字参数，如图6-24所示。

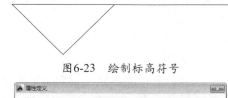

图6-23　绘制标高符号

图6-24　【属性定义】对话框

03 单击"确定"按钮,创建属性文字的结果如图 6-25所示。

04 调用B(写块)命令,将标高符号与属性文字一起创建成图块,将其命名为"标高"图块。

05 调用素材文件。按下Ctrl+O组合键,打开配套光盘提供的"第6章/6.1.8 标注地面标高.dwg"文件,如图 6-26所示。

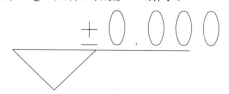

图6-25 创建属性文字

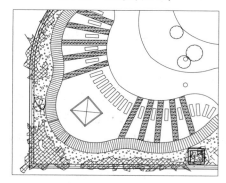

图6-26 调用素材文件

06 调用I(插入)命令,在【插入】对话框中选择"标高"图块,将其调入平面图中,如图 6-27所示。

07 双击标高图块,在调出的【增强属性编辑器】对话框中修改标高参数值,结果如图 6-28所示。

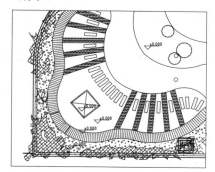

图6-27 调入标高图块

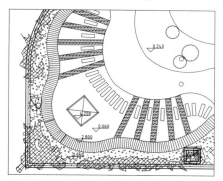

图6-28 修改标注文字

6.2 使用设计中心

设计中心提供了对内容(例如块、符号库、制造商内容和联机目录)的访问。可以在一般的设计应用中使用这些内容,以帮助用户创建自己的图形。

本节介绍设计中心的使用方法。

6.2.1 使用设计中心

系统默认将设计中心关闭,启动设计中心的方式有:

1. 执行方式

★ 菜单栏:执行"工具"|"选项板"|"设计中心"命令。

★ 工具栏:单击"标准"工具栏上的"设计中心"按钮 。

★ 命令行:在命令行中输入ADCENTER命令并按下"Enter"键。

★ 快捷键:按下Ctrl+2组合键。

2．操作步骤

按下Ctrl+2组合键，调出如图 6-29所示的"设计中心"窗体。

在窗体的左侧以列表的形式显示了正在打开的图形所包含的内容，例如标注样式、表格样式等；选择其中一项，可以在右侧的窗口中显示其详细信息。

例如在左侧列表中选择"标注样式"选项，即可在右侧的窗口中显示该图形中所包含的所有标注样式。选中其中一种标注样式，单击右键，可以对其进行编辑，如图6-30所示。

图6-29 "设计中心"窗体

图6-30 右键菜单

▌6.2.2 通过设计中心添加图层

在设计中心可以较为方便地组织设计内容，并可将它们拖入当前图形中。

如图 6-31和图 6-32所示，在"源图形.dwg"文件中包含了诸如"标注"、"花架"、"水体"、"汀步"等图层，而"目标图形.dwg"文件中则仅包含系统默认创建的0图层。

图6-31 "源图形.dwg"文件

图6-32 "目标图形.dwg"文件

打开"目标图形.dwg"文件，按下Ctrl+2组合键打开"设计中心"窗体；在左侧的列表中展开"源图形.dwg"文件列表，选择"图层"选项，可以在右侧的窗口中显示所包含的图层。

在窗口中选择除0图层以外的所有图层，按住鼠标左键不放，将其拖入当前图形（目标图形.dwg）中。在"设计中心"窗体左侧的列表中展开"目标图形.dwg"文件列表，选择"图层"选项，可以发现其中所包含的图层与"源图形.dwg"文件中所含的图层相同，如图6-33所示。

同样道理，文字标注样式、尺寸标注样式及引线标注样式，也可通过像添加图层的方式一样，从一个图形文件中添加到另一个图形文件。

图6-33 添加图6层

▌6.2.3 实战——通过设计中心添加样式

本节介绍通过设计中心添加园林制图的各类样式，包括文字样式、尺寸标注样式以及引线标注样式。

01 打开配套光盘提供的"6.2.3 园林制图模板.dwg"文件，按下Ctrl+2组合键，打开"设计中心"窗体。

02 在左侧的列表中选择"标注样式"选项，可在右侧的窗口中浏览所有的标注样式，如图6-34所示。

03 在左侧列表中单击以展开"素材文件.dwg"文件列表，选择"标注样式"选项，其所含的标注样式如图6-35所示。

图6-34　浏览标注样式

图6-35　所含的标注样式

04 在右侧窗口中选择"园林尺寸标注"样式，按住左键不放，将其拖曳至绘图区中。

05 然后再在左侧列表中单击展开"园林制图模板.dwg"文件列表，查看新添加的标注样式如图6-36所示。

06 重复操作，继续从"素材文件.dwg"文件列表中将"园林文字标注"样式、"园林引线标注"样式添加至"园林制图模板.dwg"文件中，分别如图6-37和图6-38所示。

图6-36　添加样式的结果

图6-37　添加文字标注样式

图6-38　添加引线标注样式

第7章
园林水体设计与制图

我国的园林景观设计中从来都不曾缺少水的元素，古人又称水为景观设计中的"血液"或"灵魂"，由此可见水对于景观设计来说的不可或缺性。苏州园林是中国传统园林的代表之一，可以用"无水不园"来形容；古人巧妙的将水体与植物、建筑及其他构筑物相融合，营造出引人入胜的景观。

本章介绍各类水体的相关知识及其施工图纸的绘制。

7.1 水体工程的基本知识

水是环境空间艺术创作的一个要素，可借以构成多种格局的园林景观，艺术地再现自然，充分利用水的流动、多变、渗透、聚散、蒸发的特性，用水造景，动静相补，声色相衬，虚实相映，层次丰富。得水以后的古树亭榭山石形影相依，产生特殊的艺术魅力。

7.1.1 水的特征

水自身的特征是其成为造园者和观园者都喜爱的景观的重要因素，水的特征有以下几点。

1. 独特的质感

水具有"柔"性，是与其他园林要素极不相同的质感。在人们的习惯和感觉中，一般认为山是"刚"，水是"柔"，植物、小品、建筑等要素都不具备水的"柔"性。在中国古代，常以水比德、以水述情。

此外，水的质感还表现在水的洁净、清澈。水具有本质的澄净，能洗涤万物，可给人以穷尽的联想。

2. 丰富的形式

水的存在方式随外界而定，即随着外界盛水的环境、器皿而变。在大自然中，有江、河、湖、海、潭、溪流、山涧、瀑布、泉水、池塘等，因此，水属于可塑性强的构景要素。

3. 形态多变

水因为受到重力及外界的影响，会呈现出不同的动静状态。所具有的类型有喷水、跌水、流水、自然水面等，不同类型的水应用到园林景观中会呈现出不同的效果。

4. 自然的音响

水在流动、喷涌、跌落、冲击或者碰撞时，都会发出各种音响。涓涓细流、断续断滴、喷涌间隔、浪涛澎湃，水被赋予的自然音响，可组成音、色、形的动态景观现象。

5. 虚涵的意境

水具有透明而虚涵的特性，假如与周围的景物相结合，便会表现出或幽远宁静，或热情昂扬、或天真质朴、或灵动飞扬、或亦真亦幻的"天光云影共徘徊"的意境。因此可以说，水的设计也是一种意境的设计。

7.1.2 水体的类型

园林水体的基本类型有静水、流水、落水、喷水四种。

静水主要指以湖泊、水池、水塘等形式存在的水景；流水主要指以溪流、水坡、水道形式存在的水景景观；落水的形式主要有瀑布、水帘、壁泉、水梯、水墙；喷泉主要是指各种类型的喷泉。

1. 静水景观设计

静水的运动变化较为平缓，几乎没有落差变化。因为其没有落差变化，因此可产生丰富的倒影和镜像景观。静水有两种形式，一种为自然界中形成的静态水体，例如湖泊、水流缓慢的水体等，其形式较为自由；另一种为各种人工水池，其形式一般经过精心设计，含有特别的意义。

静水可产生反射、逆光等效果，可使水面的景物及其色彩变幻多端，给人以丰富的视觉景象，引发人们无尽的猜想。

人工水池是园林景观设计的重点，因为要将自然景观利用起来需要花费许多的人力物力，而且也不一定符合使用需求，应从景观工程的实际情况出发来考虑人工水池的制作。水池的形式、面积应与景观工程的风格、面积相契合，应与周边的建筑、绿植相呼应，不要因为刻意追求所谓的大胆创新而破坏景观工程的整体基调。另外，关于水池的深度、水质的维护、给排水工程的安装等应与相关专业人员一起合作，以免因相关专业知识的缺乏而造成不必要的损失。

如图 7-1所示为湖泊景观，如图 7-2所示为人工水池的制作效果。

图7-1　自然景观

图7-2　人工景观

2. 流水景观设计

流水景观是因为落差的缓慢变化而形成的，适合于在有地形落差的位置处安排，以使其自由形成导流。无论是急速的还是缓慢的流水景观，均可给人带来不同的心理感受。

流水景观的设计形式又可分为直线规则式与曲线自然式，应根据环境的特点来选择合适的设计形式。

如图 7-3所示为现代建筑的杰作之一流水别墅，溪水由平台下怡然流出，建筑与溪水、山石、树木自然地结合在一起，像是由地下生长出来似的。

图7-3　流水别墅

如图 7-4所示为自然流水景观。

图7-4　自然流水景观

3. 落水景观设计

落水是流水突变的一种形式，因水在流动过程中产生较大的垂直落差而形成。落水的类型主要有瀑布、跌水等。

瀑布又分为自然形成的瀑布与人工瀑布。在景观规划中考虑制作瀑布时，应结合环境与水源的特点，来决定瀑布的形式、大小，还应考虑周边山石、绿化与瀑布的融合，应使其达到相得益彰的效果。

如图 7-5所示为自然落水景观，即瀑布。如图 7-6所示为现代景观设计中常用的表现水体的方式——跌水景观。

图7-5　瀑布

图7-6　跌水景观

4. 喷水景观设计

喷水景观的主要形式为喷泉。利用水压,以使水管中的水喷洒至空中再落下是喷泉的工作原理。喷泉除了具有观赏价值外,还附带有湿润空气、减少空气中的灰尘颗粒等作用。

喷泉一般在较为大型的场地使用,例如广场。喷泉的形式主要有单孔式、发散式、音乐喷泉等,类型主要有小型喷泉、大型喷泉。

在对喷泉进行设计构思时,应综合考虑场地的大小、喷泉的形式、规模,然后与相关专业人员一起,来确定喷头的配置方式以及照明方式等。喷头的类型、数量及照明方式会直接关系喷泉的呈现效果,因此在设计的过程中应对各种元素多加推敲。

如图 7-7所示为与灯光相结合的喷泉。如图 7-8所示为喷泉广场。

图7-7 与灯光相结合

图7-8 喷泉广场

7.1.3 水体设计的要点

在进行水体设计时,应注意以下几点:

1. 确定水体的功能要求

水体除了作为观赏外,还具有其他相应的功能作用,例如提供活动场所,为植物提供生长条件,蓄水、防火、防旱等。在设计水体时,应根据景观特点和功能要求,确定相应水面的面积大小,水的深度,同时配置相应的水质、水量控制设施,确保水的安全使用与生物生长条件。

2. 合理安排水的去向及使用

地面排水应采用向水景容水区排放的方法,水景的水尽可能地循环使用,也可根据地形地貌的特点来组织水流的流向和再生使用。

3. 要做好防水层、防潮层的设计处理

有些水体景观会发生有害的污水、漏水、透水等现象,有时还会危及邻近的建筑、设施。在设计时应充分估计这种危害性,必须采用相应的构造措施,以防止各种有害的现象的发生。

4. 有技巧的处理管线

在水体工程中,经常因为水的供给、排除和处理而出现各种管线。应正确设置这些管线,合理安排位置,尽量采取隐蔽处理,以营造良好的景观形象。

5. 注意冬季的结冰现象

在北方地区,在冬季中常常会出现水的结冰问题,为此应采取相应的措施。如大面积的水体结冰后可作为公共娱乐活动场所,这时应设置保护措施;为了防止水管被冻裂可以将水放空,还可考虑池底的装饰铺地构造做法。

6. 采用水景照明

使用动态水景的照明,可在夜间获得较有特色的景观效果。

7.2 设置绘图环境

绘图环境的元素包括制图单位、制图比例、制图所需的样式（文字样式、标注样式、引线样式等）、各类图层等，在进行制图工作前应统一对它们进行设置，一般情况下不会沿用系统所设定的参数。

本节介绍绘图环境的设置。

01 设置绘图单位。执行"格式"|"单位"命令，在【图形单位】对话框中设置制图单位的"类型"为"小数"，"精度"为0，"缩放单位"为"毫米"，如图7-9所示。

图7-9 设置绘图单位　　　　　图7-10 设置文字样式

02 设置文字样式。调用ST（多行文字）命令，在【文字样式】对话框中新建一个名称为"文字标注"的文字样式，设置样式参数如图7-10所示。

03 设置标注样式。调用D（标注样式）命令，在【标注样式管理器】对话框中新建一个名称为"园林制图"的标注样式，其他参数请参考表7-1。

表7-1　"园林制图"标注样式参数

"线"选项卡	"符号和箭头"选项卡	"文字"选项卡	"主单位"选项卡
线 符号和箭头 文字 调整 主单位	线 符号和箭头 文字 调整 主单位 接	线 符号和箭头 文字 调整 主单位 换	线 符号和箭头 文字 调整 主单位 换
超出尺寸线(X): 100	箭头 第一个(T): ☑建筑标记	文字外观 文字样式(Y): 文字标注	线性标注 单位格式(U): 小数
起点偏移量(F): 100	第二个(D): ☑建筑标记	文字颜色(C): ☐ByBlock	精度(P): 0
☐固定长度的尺寸界线(O)	引线(L): ☑实心闭合	填充颜色(L): ☐无	分数格式(M): 水平
长度(E): 1	箭头大小(I): 150	文字高度(T): 200	小数分隔符(C): "," (逗点)
		分数高度比例(H): 1	舍入(R): 0
		☐绘制文字边框(F)	前缀(X):
		文字位置	后缀(S):
		垂直(V): 上	
		水平(Z): 居中	
		观察方向(D): 从左到右	
		从尺寸线偏移(O): 80	

04 创建引线样式。执行"格式"|"多重引线样式"命令，在【多重引线样式管理器】对话框中新建一个名称为"圆点引注"的样式，其他参数请参考表7-2。

表7-2　"圆点引注"样式参数

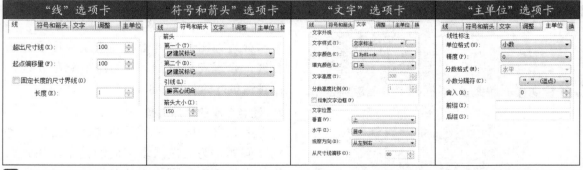

"引线格式"选项卡	"引线结构"选项卡	"内容"选项卡
引线格式 引线结构 内容	引线格式 引线结构 内容	引线格式 引线结构 内容
常规 类型(T): 直线 颜色(C): ☐ByBlock 线型(L): ——— ByBlock 线宽(L): ——— ByBlock	约束 ☑最大引线点数(M): 2 ☐第一段角度(F): 0 ☐第二段角度(S): 0	多重引线类型(M): 多行文字 文字选项 默认文字(D): 默认文字 文字样式(S): 文字标注 文字角度(A): 保持水平 文字颜色(C): ☐ByBlock 文字高度(T): 100
箭头 符号(S): ☐点 大小(Z): 30	基线设置 ☑自动包含基线(A) ☑设置基线距离(D): 8	☐始终左对正(L) ☐文字加框(F) 引线连接 ◉水平连接(O) ○垂直连接(V)
引线打断 打断大小(B): 3.75	比例 ☐注释性 ○将多重引线缩放到布局(L) ◉指定比例(E): 1	连接位置 - 左(L): 第一行中间 连接位置 - 右(R): 第一行中间 基线间隙(G): 2 ☐将引线延伸至文字(X)

05 创建图层。调用LA（图层特性管理器）命令，在【图层特性管理器】对话框中创建并设置图层的属性，如图 7-11所示。

图7-11　创建图层

> **提示**
>
> 上述所介绍的绘图环境参数并不是固定的，读者可以根据实际情况来对参数值进行调整。

7.3 景观水池绘制

景观水池要与其所在环境的气氛、建筑及道路的线型特征、人的视线管线相协调统一。水池的平面轮廓要与环境相称，与广场走向、建筑外轮廓取得相互呼应的与联系。水池一般与亭、廊、花架等组合在一起，池中可种植水生植物，饲养观赏鱼或者设置喷泉、灯光等。

7.3.1　水池的布置要点

人工池通常作为园林局部构图的中心，一般可用作广场中心、道路尽头以及和亭、廊、花架、花坛组合形成独特的景观。水池的布置要因地制宜，充分考虑园址现状，其位置应位于园中较为醒目的地方，使其融于环境中。

大水面可采用自然式或者混合式，小水面可采用自然式，也可采用规则式，尤其在单位的绿地中。除此之外，还要注意池岸设计，做到开合有致、聚散得体。

例如配置于草坪或者规则铺装中的水池，特别地讲究流线艺术，池底要求较为明快的铺饰或者自然的卵石拉底，池岸色彩简洁宜人，池中多用小汀步，有时还需要配备喷水或者灯光等。如图 7-12所示。

图7-12　景观水池

7.3.2　水池的装饰

1. 池底装饰

池底的装饰可以根据水池的功能以及观赏要求来进行，可以直接利用原有土石或者混凝土池底，也可在池底铺设卵石。有时候需要在池内养鱼或者种植花草，这时应根据植物生长的特性来确定池水深度，所选择的植物也不宜过多。

假如原池水太深但又要种植植物时，应先将植物种植在种植箱内或者盆中，并在池底砌砖或者垫石为基座，再将种植盆移至基座上，如图7-13所示。

图7-13　池底装饰

2．池面装饰

水池中可以布设小雕塑、卵石、汀步、跳水石、跌水台阶、石灯、石塔、小亭等，通过共同组景，来使水池更趋生活情趣，如图7-14所示。

图7-14　池面装饰

7.3.3　水池的日常管理

1）定期检查水池各种出水口的情况，包括栅格、阀门等；

2）定期打捞水中漂浮物，并注意清淤；

3）要注意半年至一年对水池进行一次全面清扫和消毒，可以使用漂白粉或者5%的高锰酸钾；

4）做好冬季水池泄水的管理，避免冬季池水因结冰而冻裂池体；

5）做好池中水生植物的养护，主要是及时清除枯叶，检查种植箱的土壤，并注意施肥、更换植物品种等。

7.3.4　实战——绘制水池平面图

水池的平面图表达了水池最终的呈现效果，其中需要注明水池主要部分的尺寸、使用材料、与地面形成的落差等信息。绘制步骤为，首先绘制水池的外轮廓，其次在轮廓线上绘制局部装饰图形，第三是绘制填充图案来表示使用材料，最后绘制尺寸标注及文字标注。

01 将"轮廓线"图层置为当前图层。

02 绘制水池外轮廓线。调用C（圆）命令，以相同的圆心分别绘制半径不同的四个圆形，结果如图7-15所示。

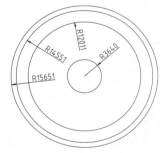

图7-15　绘制水池外轮廓线

03 绘制水池装饰图形。按下Enter键重复调用C（圆）命令，绘制圆形的结果如图7-16所示。

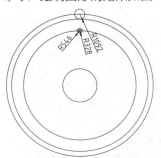

图7-16　绘制圆形

04 单击"修改"工具栏上的"环形阵列"按钮，命令行提示如下：

```
命令: _arraypolar
选择对象: 指定对角点: 找到 3 个                    //选择上一步骤所绘制的三个圆形并按下Enter键;
类型 = 极轴  关联 = 是
指定阵列的中心点或 [基点(B)/旋转轴(A)]:             //单击A点;
选择夹点以编辑阵列或 [关联(AS)/基点(B)/项目(I)/项目间角度(A)/填充角度(F)/行(ROW)/层(L)/旋转项目
(ROT)/退出(X)] <退出>: I
输入阵列中的项目数或 [表达式(E)] <6>: 8
选择夹点以编辑阵列或 [关联(AS)/基点(B)/项目(I)/项目间角度(A)/填充角度(F)/行(ROW)/层(L)/旋转项目
(ROT)/退出(X)] <退出>: *取消*                     //按下Esc键退出命令，阵列结果如图7-17所示。
```

05 调用L（直线）命令，在半径为3640的圆形内绘制相交直线；调用TR（修剪）命令，修剪半径为1092的圆形内的线段，如图 7-18所示。

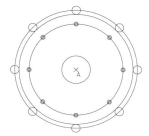

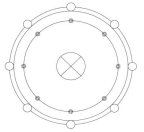

图7-17　环形阵列　　　　　　　　　　图7-18　操作结果

06 将"填充"图层置为当前图层。

07 绘制填充图案。调用H（图案填充）命令，在【图案填充和渐变色】对话框中设置填充参数，对水池平面图执行图案填充操作，结果如图 7-19所示。

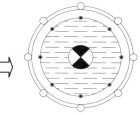

图7-19　绘制填充图案

08 按下Enter键重新调用H（图案填充）命令，分别绘制花岗岩及木纹砖图案，结果如图 7-20所示。

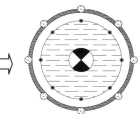

图7-20　绘制花岗岩及木纹砖图案

09 将"文字标注"图层置为当前图层。

10 材料标注。调用MLD（多重引线）命令，绘制多重引线标注以表示水池各类材料的名称，如图 7-21所示。

11 将"尺寸标注"图层置为当前图层。

12 尺寸标注。执行"标注"|"半径"命令,标注圆形的半径尺寸;调用I(插入)命令,在【插入】对话框中选择"标高"图块;指定插入点后输入标高值为-0.400,如图 7-22所示。

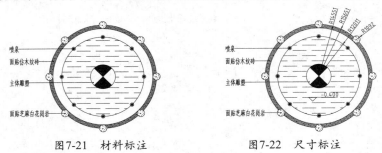

图7-21 材料标注   图7-22 尺寸标注

13 由于该平面以1:50的比例来表示,因此需要对标注文字进行修改;双击标注文字,输入新的标注文字后,关闭【文字格式】按钮即可完成修改操作,结果如图 7-23所示。

14 将"辅助线"图层置为当前图层。

15 绘制剖切符号。调用PL(多段线)命令,设置线宽为100,绘制多段线来表示剖切符号;调用MT(多行文字)命令,绘制符号文字,如图 7-24所示。

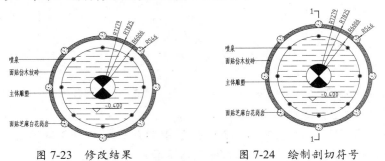

图 7-23 修改结果   图 7-24 绘制剖切符号

16 将"文字标注"图层置为当前图层。

17 图名标注。调用PL(多段线)命令,绘制下划线;调用MT(多行文字)命令,绘制图名及比例标注,结果如图 7-25所示。

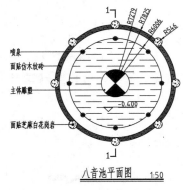

八音池平面图 1:50

图7-25 图名标注

7.3.5 实战——绘制水池剖面图

水池剖面图表示了在1-1剖切方向上的构造情况,包括水池的构造分层、各部分之间的联系、使用的各类材料以及水池与周边的关系等。其绘制步骤为,首先绘制水池的构造轮廓线、雕塑等图形也应先绘制,以便后续深化,其次是绘制各类材料图案、调入相关图块,最后绘制尺寸标注、文字标注可完成剖面图的绘制。

01 将"轮廓线"图层置为当前图层。

02 绘制水池的池床、池壁轮廓。调用L（直线）命令、O（偏移）命令、TR（修剪）命令，绘制轮廓线的结果如图7-26所示。

图7-26 绘制轮廓线

03 绘制水泥砂浆及混凝土铺装轮廓线。调用O（偏移）命令，偏移线段以表示水泥砂浆及混凝土的铺装范围，如图7-27所示。

图7-27 绘制铺装轮廓线

04 绘制主题雕塑。调用REC（矩形）命令、L（直线）命令，绘制雕塑底座，如图7-28所示。

05 调用C（圆）命令、L（直线）命令，绘制雕塑主体，如图7-29所示。

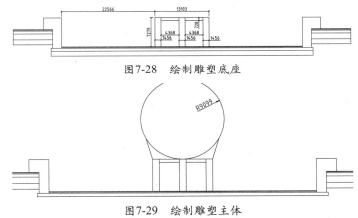

图7-28 绘制雕塑底座

图7-29 绘制雕塑主体

06 绘制池水平面线。调用L（直线）命令，绘制直线来表示水面线，如图7-30所示。

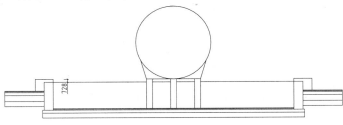

图7-30 绘制池水平面线

07 绘制喷泉水管。调用REC（矩形）命令，绘制矩形来表示水管及其固定构件，如图7-31所示。

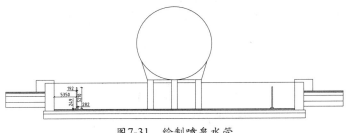

图7-31 绘制喷泉水管

08 将"填充"图层置为当前图层。

09 绘制填充图案。调用H（图案填充）命令，参照表 7-3 中的数据来设置填充参数，对剖面执行填充操作的结果如图 7-32 所示。

表7-3　填充参数列表

编号	1	2	3
参数设置	类型和图案 类型(Y)：预定义 图案(P)：AR-PARQ1 颜色(C)：颜色 8 样例： 自定义图案(M)： 角度和比例 角度(G)：45　比例(S)：5	类型和图案 类型(T)：预定义 图案(P)：HEX 颜色(C)：颜色 8 样例： 自定义图案(M)： 角度和比例 角度(G)：0　比例(S)：55	类型和图案 类型(Y)：预定义 图案(P)：AR-CONC 颜色(C)：颜色 8 样例： 自定义图案(M)： 角度和比例 角度(G)：0　比例(S)：5
编号	4	5	6
参数设置	类型和图案 类型(Y)：预定义 图案(P)：AR-SAND 颜色(C)：颜色 8 样例： 自定义图案(M)： 角度和比例 角度(G)：0　比例(S)：3	类型和图案 类型(T)：预定义 图案(P)：ANSI31 颜色(C)：颜色 8 样例： 自定义图案(M)： 角度和比例 角度(G)：0　比例(S)：140	类型和图案 类型(Y)：预定义 图案(P)：ANSI37 颜色(C)：颜色 8 样例： 自定义图案(M)： 角度和比例 角度(G)：0　比例(S)：320

图 7-32　绘制填充图案

10 将"辅助线"图层置为当前图层。

11 绘制常规水位线。调用L（直线）命令，绘制常规水位线，并将其线型更改为———·——— CENTER，如图 7-33 所示。

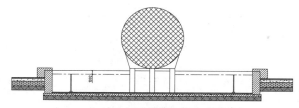

图 7-33　绘制常规水位线

12 将"图块"图层置为当前图层。

13 调入图块。按下Ctrl+O组合键，打开配套光盘提供的"第7章/图块图例.dwg"文件，将其中的喷泉示意图块及鹅卵石图块复制粘贴至剖面图中，结果如图 7-34 所示。

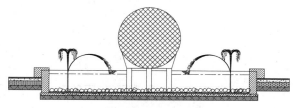

图 7-34　调入图块

14 将"填充"图层置为当前图层。

15 填充水体图案。调用H（图案填充）命令，在【图案填充和渐变色】对话框中选择名称为ANSI36的图案，设置其角度为135°，比例为500，填充结果如图 7-35所示。

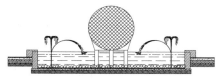

图 7-35　填充水体图案

16 调用E（删除）命令，删除多余的轮廓线，如图 7-36所示。

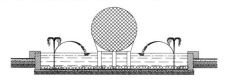

图7-36　删除多余的轮廓线

17 将"辅助线"图层置为当前图层。

18 调用PL（多段线）命令，绘制折断线，如图 7-37所示。

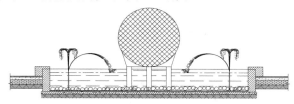

图7-37　绘制折断线

19 将"文字标注"图层置为当前图层。

20 绘制材料标注。调用MLD（多重引线）命令，绘制剖面图各部分文字说明，如图 7-38所示。

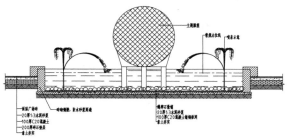

图7-38　绘制材料标注

21 将"尺寸标注"图层置为当前图层。

22 绘制尺寸标注。调用DLI（线性标注）命令、DCO（连续标注）命令，绘制尺寸标注，结果如图 7-39所示。

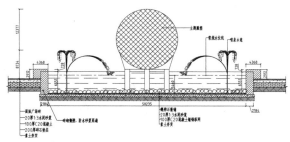

图7-39　绘制尺寸标注

23 因为剖面图是以1:25的比例来表示，所以应对标注文字进行修改；双击以修改尺寸标注文字，操作结果如图7-40所示。

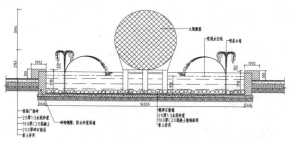

图7-40　修改尺寸标注文字

24 绘制标高标注。调用L（直线）命令，绘制标高基准线；调用I（插入）命令，调入标高图块并编辑其标高参数值，如图7-41所示。

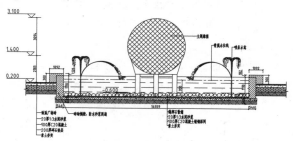

图7-41　绘制标高标注

25 将"文字标注"图层置为当前图层。

26 绘制图名标注。调用PL（多段线）命令、MT（多行文字）命令，绘制图名标注，如图7-42所示。

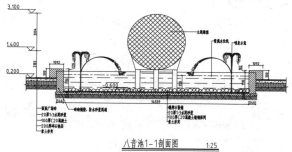

图7-42　绘制图名标注

7.4 景观跌水绘制

跌水是指规则形态的落水景观，多与建筑、景墙、挡土墙等结合，具有形式之美和工艺之美，其规则整齐的形态，比较适合于简洁明快的现代园林和城市环境。

7.4.1 跌水景观设计概述

跌水景观应选址于坡面较陡、易被冲刷或者有景点需要设置的地方。

跌水景观的形式多样，就其落水的形态来分，通常将跌水分为单级式跌水、二级式跌水、三级式跌水、多级式跌水、悬臂式跌水、陡坡式跌水。

在设计跌水景观时，首先要分析设置地的地形条件，重点为地势高低变化、水源水量情况及周围的景观空间等，据此选择跌水的位置。其次，确定跌水的形式，水量大、落差大，常做单级跌水；水量小、地形具有台阶状落差，可选用多级跌水。

自然式的跌水布局，跌水应结合泉、溪涧、水池等其他水景综合考虑，并注重利用山石、树木、藤本隐蔽供水或者排水管道，增加自然的气息、丰富立面层次。

如图 7-43 所示为跌水景观在现代园林景观设计中的运用。

图7-43 跌水景观

本节介绍跌水景观平面图及剖面图的绘制步骤。

7.4.2 实战——绘制跌水平面图

跌水景观平面图需要包含以下内容，跌水主体的位置、形状、尺寸、喷头的布置、跌水区的区域情况，例如汀步、鹅卵石地面等。因此绘制跌水平面图的步骤便为，首先绘制跌水区范围轮廓线，假如过于复杂，可以分几个步骤来绘制；再次便是在所划定的轮廓线范围内绘制各图形轮廓线，例如跌水主体、汀步等；第三是完善图形，即绘制填充图案、绘制标注（尺寸标注、文字标注、标高标注）可完成平面图的绘制。

01 将"轮廓线"图层置为当前图层。

02 绘制浮雕水幕墙。调用REC（矩形）命令，绘制矩形来表示幕墙的轮廓，如图 7-44 所示。

图7-44 绘制浮雕水幕墙

03 绘制台阶。调用REC（矩形）命令、L（直线）命令，绘制台阶轮廓线，如图 7-45 所示。

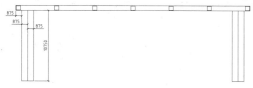

图7-45 绘制台阶

04 绘制花台。调用REC（矩形）命令、A（圆弧）命令，绘制花坛轮廓线，如图 7-46 所示。

05 调用O（偏移）命令、TR（修剪）命令，完善花坛图形，如图 7-47 所示。

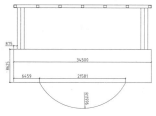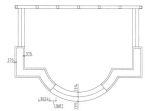

图7-46 绘制花坛轮廓线　　　　　图7-47 完善花坛图形

06 绘制鹅卵石地面。调用O（偏移）命令、TR（修剪）命令，绘制鹅卵石铺装轮廓线，如图7-48所示。

07 绘制汀步。调用REC（矩形）命令，绘制矩形表示汀步的轮廓。如图7-49所示。

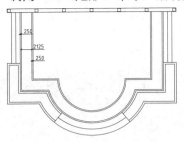

图7-48　绘制鹅卵石轮廓线

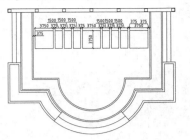

图7-49　绘制汀步

08 绘制跌水主体。调用C（圆形）命令，绘制跌水主体轮廓线，如图7-50所示。

09 绘制喷头线路。调用PL（多段线）命令，绘制线路如图7-51所示。

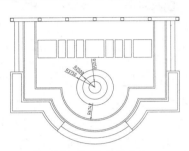

图7-50　绘制跌水主体

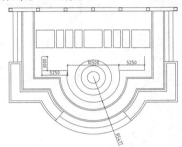

图7-51　绘制喷头线路

10 绘制喷头。调用C（圆）命令，绘制半径为200的圆形；调用L（直线）命令，在圆形内绘制相交直线，如图7-52所示。

11 单击"修改"工具栏上的"路径阵列"按钮，命令行提示如下：

```
命令：_arraypath
选择对象：指定对角点：找到 3 个                          //选择上一步骤所绘制喷头；
类型 = 路径 关联 = 是
选择路径曲线：                                          //选择喷头线路；
选择夹点以编辑阵列或 [关联(AS)/方法(M)/基点(B)/切向(T)/项目(I)/行(R)/层(L)/对齐项目(A)/Z 方向(Z)/
退出(X)] <退出>：I
指定沿路径的项目之间的距离或 [表达式(E)] <600>：2000
最大项目数 = 19
指定项目数或 [填写完整路径(F)/表达式(E)] <19>：*取消*
选择夹点以编辑阵列或 [关联(AS)/方法(M)/基点(B)/切向(T)/项目(I)/行(R)/层(L)/对齐项目(A)/Z 方向(Z)/
退出(X)] <退出>：*取消*                       //按下Esc键退出命令，阵列复制的结果如图7-53所示。
```

图7-52　绘制喷头

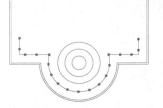

图7-53　路径阵列

12 将"填充"图层置为当前图层。

13 填充图案。调用H（图案填充）命令，对幕墙及鹅卵石铺装区域填充图案，结果如图7-54所示。

14 将"文字标注"图层置为当前图层。

15 绘制材料标注。调用MLD（多重引线）命令、MT（多行文字）命令，绘制文字标注，如图 7-55所示。

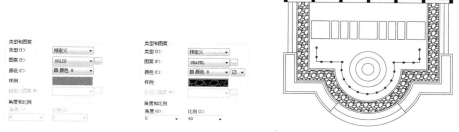

图7-54 填充图案

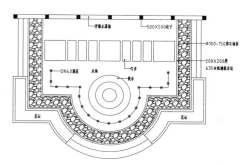

图7-55 绘制材料标注

16 将"尺寸标注"图层置为当前图层。

17 绘制尺寸标注。调用DLI（线性标注）命令、DCO（连续标注）命令，绘制尺寸标注，如图 7-56所示。

18 因为平面图是以1:80的比例来表示的，所以应对尺寸标注文字进行修改；双击标注文字以完成修改，如图 7-57所示。

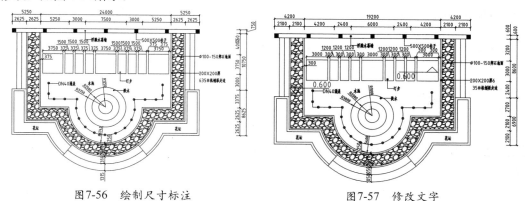

图7-56 绘制尺寸标注   图7-57 修改文字

19 标高标注。调用I（插入）命令，调入标高图块并修改其标高值。

20 将"辅助线"图层置为当前图层。

21 绘制剖切符号。调用PL（多段线）命令、MT（多行文字）命令，沿用前面所介绍的方法来绘制剖切符号。

22 将"文字标注"图层置为当前图层。

23 图名标注。调用PL（多段线）命令、MT（多行文字）命令，绘制图名及比例标注，最终效果如图 7-58所示。

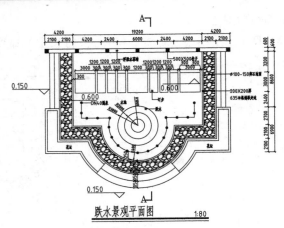

图7-58 跌水景观平面图

▌7.4.3 实战——绘制跌水剖面图

跌水景观剖面图表示了在A-A剖切方向上跌水景观的细部构造，其绘制步骤为：首先绘制跌水景观的基础结构，然后绘制各类填充图案来对各功能区进行区分，最后绘制尺寸标注、文字标注，即可完成剖面图的绘制。

01 将"轮廓线"图层置为当前图层。

02 绘制跌水景观基础图形。调用REC（矩形）命令、X（分解）命令，绘制并分解矩形；调用O（偏移）命令，偏移矩形边线，如图 7-59所示。

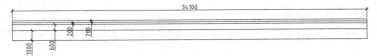

图7-59 绘制跌水景观基础

03 绘制跌水主体造型轮廓。调用L（直线）命令、O（偏移）命令及TR（修剪）命令，绘制主体造型轮廓线，如图 7-60所示。

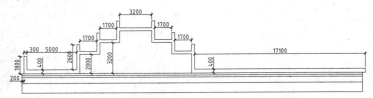

图7-60 绘制主体造型轮廓线

04 绘制汀步构造图。调用L（直线）命令、TR（修剪）命令，绘制汀步轮廓线，如图 7-61所示。

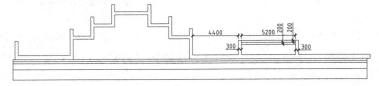

图7-61 绘制汀步轮廓线

05 绘制浮雕幕墙。调用REC（矩形）命令、O（偏移）命令及TR（修剪）命令，绘制幕墙的构造轮廓线，如图 7-62所示。

06 绘制镜面花岗石。调用O（偏移）命令、TR（修剪）命令，绘制花岗石轮廓线的结果如图 7-63所示。

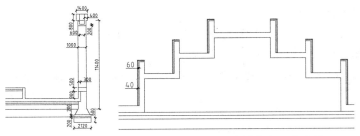

图7-62　绘制浮雕幕墙　　　　　图7-63　绘制花岗石轮廓线

07 重复上述操作，继续绘制装饰面轮廓线，如图7-64所示。

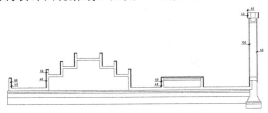

图7-64　绘制装饰面轮廓线

08 调用F（圆角）命令，设置圆角半径为20，对花岗石轮廓线直线圆角操作，如图7-65所示。

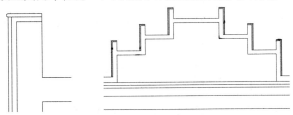

图7-65　圆角操作

09 绘制跌水盘底座。调用REC（矩形）命令，绘制底座轮廓线，如图7-66所示。

10 将"图块"图层置为当前图层。

11 调入图块。按下Ctrl+O组合键，打开配套光盘提供的"第7章/图块图例.dwg"文件，将其中的汉白玉跌水盘图块复制粘贴至剖面图中，结果如图7-67所示。

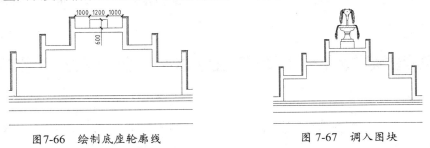

图7-66　绘制底座轮廓线　　　　　图7-67　调入图块

12 将"辅助线"图层置为当前图层。

13 绘制水平面线。调用L（直线）命令，绘制水面线，如图7-68所示。

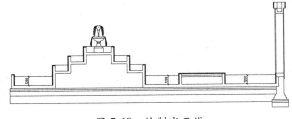

图7-68　绘制水面线

14 将"图块"图层置为当前图层。

15 调入图块。按下Ctrl+O组合键，打开配套光盘提供的"第7章/图块图例.dwg"文件，将其中的鹅卵石图块复制粘贴至剖面图中。

16 调用L（直线）命令、O（偏移）命令及PL（多段线）命令，绘制如图7-69所示的图形。

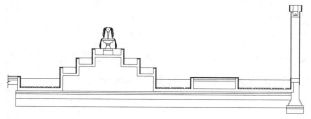

图 7-69　完善图形

17 绘制热镀锌管。调用L（直线）命令、O（偏移）命令，绘制管道，并将管道线型设置为 ————— HIDDEN2 ，如图7-70所示。

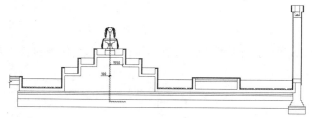

图 7-70　绘制热镀锌管

18 将"填充"图层置为当前图层。

19 填充图案。按照表7-4中的参数对剖面图执行图案填充操作，结果如图7-71所示。

表7-4　填充参数列表

编号	1	2	3
参数设置	类型和图案 类型(T)：预定义 图案(P)：EARTH 颜色(C)：颜色 8 样例： 自定义图案(M)： 角度和比例 角度(G)：45　比例(S)：80	类型和图案 类型(T)：预定义 图案(P)：HEX 颜色(C)：颜色 8 样例： 自定义图案(M)： 角度和比例 角度(G)：0　比例(S)：25	类型和图案 类型(T)：预定义 图案(P)：AR-SAND 颜色(C)：颜色 8 样例： 自定义图案(M)： 角度和比例 角度(G)：0　比例(S)：3
编号	4	5	6
参数设置	类型和图案 类型(T)：预定义 图案(P)：ANSI36 颜色(C)：颜色 8 样例： 自定义图案(M)： 角度和比例 角度(G)：135　比例(S)：80	类型和图案 类型(T)：预定义 图案(P)：AR-CONC 颜色(C)：颜色 8 样例： 自定义图案(M)： 角度和比例 角度(G)：0　比例(S)：2	类型和图案 类型(T)：预定义 图案(P)：ANSI31 颜色(C)：颜色 8 样例： 自定义图案(M)： 角度和比例 角度(G)：0　比例(S)：85

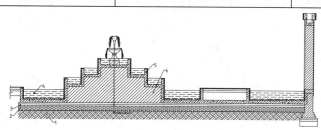

图 7-71　填充图案

20 将"文字标注"图层置为当前图层。

21 材料标注。调用MLD（多重引线）命令，绘制材料标注，如图7-72所示。

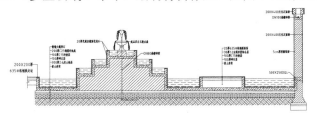

图7-72 绘制材料标注

22 将"尺寸标注"图层置为当前图层。

23 尺寸标注。调用DLI（线性标注）命令、DCO（连续标注）命令，绘制尺寸标注，如图7-73所示。

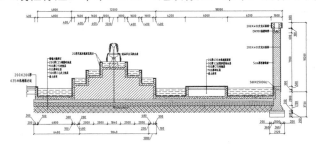

图7-73 绘制尺寸标注

24 因为剖面图是以1:50的比例来表示，所以要对标注文字进行修改，双击以修改标注文字的操作，结果如图7-74所示。

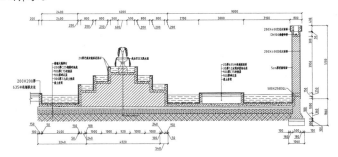

图7-74 修改标注文字

25 最后绘制标高标注、图名标注，可以完成剖面图的绘制，如图7-75所示。

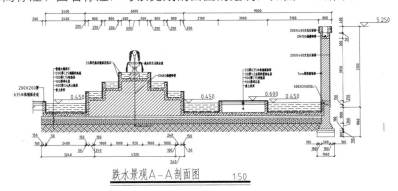

图7-75 跌水景观A-A剖面图

跌水景观立面图的绘制结果如图7-76所示，读者可结合平面图、剖面图、立面图来理解跌水景观的做法。

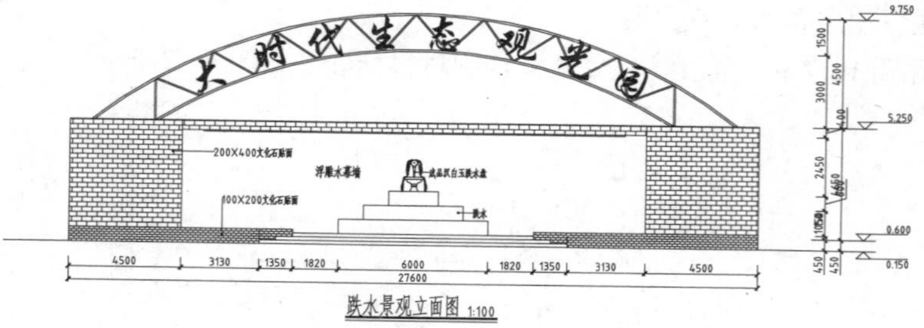

跌水景观立面图 1:100

图7-76　跌水景观立面图

7.5 绘制喷泉

　　喷泉是由人工构筑的整形或天然泉池中，以喷射优美的水姿，供人们观赏的水景。喷泉又可分为普通装饰性喷泉、与雕塑结合的喷泉、自控喷泉等，如图 7-77所示为在公共场所中常见的喷泉。

7.5.1　喷泉的概述

1．喷泉的类型

　　喷泉的类型大致可以分为以下几类：

　　1）普通装饰性喷泉——由各种花型图案组成固定的喷水型；

　　2）与雕塑结合的喷泉——喷泉的喷水型与柱式、雕塑等共同组成景观；

　　3）水雕塑——即用人工或机械塑造出各种大型水柱的姿态；

　　4）自控喷泉——多是利用各种电子技术，按设计程序来控制水、光、音、色形成变幻的、奇异的景观。

2．喷泉构筑物

　　喷泉的构筑物分为喷水池与喷泉照明。

　　1）喷水池

　　喷水池是喷泉的重要组成部分。其本身不仅能独立成景，起点缀、装饰、渲染环境的作用，还能维持正常的水位以保证喷水，因此可以说喷水池是集审美功能与实用功能于一体的人工水景。

　　喷水池一般由基础、防水层、池底、池壁、压顶等部分组成。

　　基础——基础是水池的承重部分，由灰土和混凝土构成。

　　防水层——防水工程质量的好坏对水池安全使用及其寿命具有直接的影响，因此需要正确地选择和合理使用防水材料，以保证水池的质量。

　　池底——池底直接承受水的竖向压力，要求坚固耐久，多用现浇钢筋混凝土池底，厚度应大于20cm，如果水池容积大，则需要配双层钢筋网。

　　池壁——是水池竖向的部分，承受池水的水平压力。

　　压顶——是池壁的最上部分，作用是保护池壁，防止污水泥沙流入池内。

3．喷泉照明

　　喷泉照明多为内侧给光，根据灯具的安装位置，可以分为水上环境照明与水体照明两种方式。

　　喷泉配光时，其照射的方向、位置与喷水姿有关，喷泉照明要求比周围环境有更高的亮度。喷泉照明线路必须采用水下防水电缆，其中一根要接地，且要设置漏电保护装置。而且为了避免线路破损漏电，必须经常检查。

　　如图 7-77所示为常见的喷泉。

图7-77 喷泉

4．喷泉与环境

在通常情况下，喷泉的位置多设于建筑、广场的轴线焦点或端点处，也可以根据环境特点，制作一些喷泉小景，自由地装饰室内外的空间。此外，喷泉宜安置在避风的环境以保持水型。

在不同环境条件下适宜的喷水池规划如表 7-5所示。

表 7-5 喷水池规划

环境条件	适宜的喷水池规划
开阔的场地，例如车站、公园入口及街道中心岛	水池多选用整形式，水池要大；喷水要高；照明不必太华丽
狭窄的场地如街道拐角、建筑物前	水池多为长方形或类似长方形的形状
现代建筑例如旅馆、饭店、展览会会场等	水池多为圆形、长形等，水量要大，水感要强烈，照明要华丽
中国传统式园林	水池形状多为自然式，喷水可做成跌水、滚水、涌泉等，以表现天然水态为主
热闹的场所如旅游宾馆、游乐中心	喷泉水资要富于变化，色彩华丽；如使用各种音乐喷泉等
寂静的场所如公园内的一些小局部	喷泉的形式自选，可以与雕塑等各种装饰性小品相结合，一般变化不宜过多，色彩也较为朴素

7.5.2 实战——绘制海螺造型喷泉平面图

海螺造型的喷泉平面图较为简单，因为从俯视角度察看，海螺造型呈矩形状，因此可以使用矩形来表示海螺的平面图形。其次，海螺的螺纹可以使用直线来表示。平面图只能表示其大致的平面形状、尺寸，其具体造型及细部尺寸还需要识读立面图及剖面图和详图。

01 将"轮廓线"图层置为当前图层。

02 绘制喷水海螺平面图。调用REC（矩形）命令，绘制矩形来表示海螺的平面示意图，如图 7-78所示。

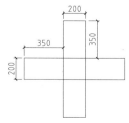

图7-78 绘制海螺平面示意图

03 调用L（直线）命令，绘制海螺表面的纹路，如图 7-79所示。

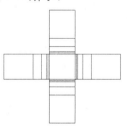

图7-79 绘制海螺表面的纹路

04 绘制喷口。调用C（圆）命令，绘制半径为25的圆形表示喷口，如图 7-80所示。

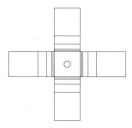

图7-80 绘制喷口

05 绘制辅助石雕装饰。调用REC（矩形）命令，绘制石雕轮廓线，如图7-81所示。

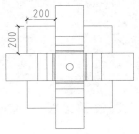

图7-81　绘制石雕轮廓线

06 将"尺寸标注"图层置为当前图层。

07 尺寸标注。调用DLI（线性标注）命令、DCO（连续标注）命令，绘制尺寸标注，如图7-82所示。

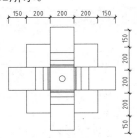

图7-82　绘制尺寸标注

08 将"文字标注"图层置为当前。

09 材料标注。调用MLD（多重引线）命令，绘制文字标注，如图7-83所示。

图7-83　绘制文字标注

10 最后绘制剖切符号及图名标注可完成平面图的绘制，如图7-84所示。

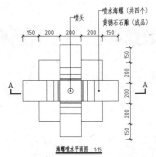

图7-84　海螺喷水平面图

■7.5.3　实战——绘制喷泉立面图

海螺喷泉立面图呈现了海螺造型的喷泉的制作效果，其绘制步骤为，首先绘制水体的轮廓线、涌泉设施及海螺的外部轮廓线，其次深化图形，绘制海螺的螺纹（可以使用圆弧命令，配合夹点编辑功能来绘制），接着对喷水及水体执行填充图案操作；最后绘制尺寸标注、材料标注及图名标注可以完成立面图的绘制。

01 将"轮廓线"图层置为当前图层。

02 绘制水体。调用REC（矩形）命令，绘制水体轮廓线，如图7-85所示。

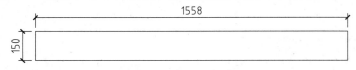

图7-85　绘制水体轮廓线

03 绘制涌泉设施。调用REC（矩形）命令，绘制设施轮廓线，如图7-86所示。

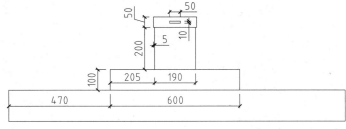

图7-86　绘制设施轮廓线

04 调用L（直线）命令，绘制装饰线，如图 7-87所示。

05 绘制喷水海螺。调用C（圆形）命令、L（直线）命令，绘制海螺轮廓线，如图 7-88所示。

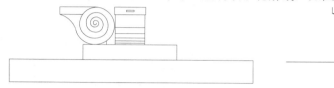

图7-87 绘制装饰线

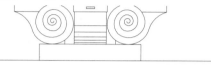

图7-88 绘制海螺轮廓线

06 调用A（圆弧）命令、TR（修剪）命令，深化海螺图形，如图 7-89所示。

07 调用MI（镜像）命令，将左边的海螺镜像复制至右边，如图 7-90所示。

08 绘制喷水。调用A（圆弧）命令，绘制喷水轮廓线，如图 7-91所示。

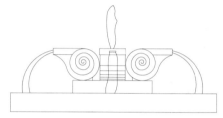

图7-89 深化海螺图形

图7-90 镜像复制

图7-91 绘制喷水轮廓线

09 将"填充"图层置为当前图层。

10 填充图案。调用H（图案填充）命令，填充喷水及水体的图案如图 7-92所示。

图7-92 填充图案

11 调用E（删除）命令，删除填充区域轮廓线，如图 7-93所示。

12 将"尺寸标注"图层置为当前图层。

13 尺寸标注。调用DLI（线性标注）、DCO（连续标注）命令，绘制尺寸标注，如图 7-94所示。

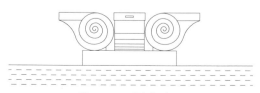

图7-93 删除轮廓线

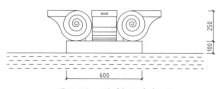

图7-94 绘制尺寸标注

14 将"文字标注"图层置为当前图层。

15 最后绘制材料标注及图名标注可完成立面图的绘制，如图 7-95所示。

　　如图 7-96所示为海螺喷水A-A剖面图，请结合平面图及立面图来理解A-A剖面图所表达的意义。

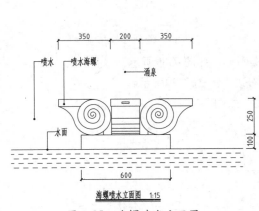

图 7-95　海螺喷水立面图

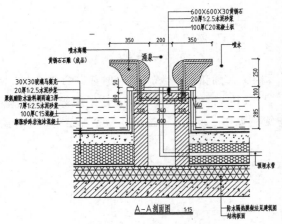

图 7-96　A-A剖面图

第8章
园林山石设计与制图

山石是园林设计的主要内容之一，在各类园林设计工程中应用广泛。本章介绍山石中常见的种类——假山及景石的平面图及立面图的绘制。并且在每节的末尾还提供了其他方向的图纸供读者参考。

8.1 园林山石设计概述

山石是以造景游览为目的，充分结合其他多方面的功能作用，以土石等为材料，以自然山水为蓝本并加以艺术的提炼和夸张，用人工再造的山水景物的通称。

8.1.1 山石的功能作用

山石在中国的园林设计中使用非常广泛，其堆叠形状千姿百态，横看成岭侧成峰；但是堆叠的目的却因时因地而异，具体来说，山石的作用有：

1. 构成园林主景

山石作为园林的主景，在采用主景突出的布局方式的园林中，可以山为主景，也可以山石为驳岸的水池做主景。此时整个园子的地形骨架、起伏、曲折都以此为基础来变化。

2. 组合或划分园林空间

使用山石对园林空间进行分隔及划分，将空间分成大小不同、形状各异并富于变化的形态。使用山石的穿插、分隔、夹拥等在假山区创造出山路的流动、山坳的闭合、峡谷的纵深、山洞的拱穹等。使用山水来组织空间，可使空间更富于性格的变化。

3. 点缀、陪衬、装饰园林景色

其主要形式或者以山石作花台，或者以石峰凌空，或者于粉墙前散置，或者以竹、石等结合作为廊间转折的小空间和窗外的对景。

4. 作为园林小品

使用山石作为护坡、挡土墙、驳岸和花台等。在坡度较陡的土山坡地经常散置山石来作为护坡，这些山石可阻挡及分散地表径流，从而降低地表径流的流速，达到减少水土流失的目的。

5. 作为室内外的器具、陈设

使用山石制作石桌、石几、石凳、石鼓、石栏等器具，既可抵抗日晒夜露的侵蚀，又可结合造景，为人们提供休憩的作用。

山石的创作原则是"有真为假，做假成真"，这是"虽有人作，宛自天开"的中国园林设计总则在掇山方面的具体变化。"有真为假"说明了掇山的必要性，"做假成真"说明了对掇山观赏的要求。

山石按其施工来说，是"集零为整"的工艺制作过程。因此必须在外观上注重整体感，在结构方面注意稳定性，所以才说假山工艺是科学性、技术性及艺术性的综合体。

8.1.2 山石的类别

山石主要包括假山、置石及石砌体几部分，介绍如下。

1. 假山

假山以造景为目的，使用土、石等材料构筑而成。假山的造景功能包括，构成园林的主景或者地形骨架，划分及组织园林空间，布置庭院、驳岸、护坡、挡土，设置自然式花台。

还可以与园林建筑、园路、场地和园林植物组合成富于变化的景致，可减少人工气氛，增添自然生趣。

如图 8-1 所示为假山的创作效果。

图8-1 山石的创建效果

2. 置石

置石指用来起装饰作用，观赏性强的石

头，而且用材较少、结构简单，对施工技术的要求也不高。置石的布置特点是以少胜多、以简胜繁，且量少质高，使用简单的形式体现较深的意境，达到寸石生情的艺术效果。

如图8-2所示为置石的创作效果。

图8-2 置石

3. 石砌体

石砌体以石材为主要的砌体材料，砌筑成具有某种功能的结构物。石砌体可以满足某种特定的使用功能要求，并附带相应的景观美学属性，如自然式的驳岸、花台、器具等，如图8-3所示。

图8-3 石砌体

8.1.3 石材的种类

山石的石材种类大致可以分为湖石、房山石、英石等，如表8-1所示。

表8-1 石材的种类

山石种类	产地	特征	园林用途
太湖石	江苏太湖中的洞庭西山	质坚石脆，纹理纵横，脉络显隐，沟、缝、穴、洞遍布，色彩较多，称为石中精品	掇山、特置
房山石	北京房山大灰石一带山上	石灰暗，新石红黄，日久变灰黑色、质地坚韧，有太湖石的一些特征	掇山、特置
英石	广东省英德县一带	质地坚韧，敲击起来清脆有声	掇山、特置
灵璧石	安徽省灵璧县	灰色清润，石面坳坎变化，石头形状千变万化	山石小品，盆品石之王
宣石	产于宁国县	有积雪般的外貌，又带些赤黄色，愈旧愈白	散置、群置

（续表）

山石种类	产地	特征	园林用途
黄石	产地较多，以常熟虞山最为著名，苏州、常州、镇江等地皆有所产	石头形体顽劣、见棱见角，立面近乎垂直，雄浑沉实	掇山、特置
青石	产于北京西郊洪山口一带	多呈片状，有交叉互织的斜纹理	掇山、筑岸
石笋	产地较广	可分为四种，白果笋、乌碳笋、慧剑、钟乳石笋；外形修长，形如竹笋	作为独立小景
木化石、松皮石、石珊瑚、黄蜡石等	各地	随不同的石头种类而呈现出不同的特点	掇山、置石

太湖石

房山石

英石

灵璧石

宣石

黄石

青石

白果笋

乌炭笋

慧剑

钟乳石

8.1.4　山石的设计要求

在山石设计中，应注意如下的要求。

1. 充分发挥设置点的有利条件

详细研究山石工程设置点的各种情况，找出各种有利于营造良好景点景观的条件，并加以利用。对于不利的条件，应尽力改造，采取必要的措施，避免或减少不利的影响，假如条件允许，应将不利条件改造为有利的条件。

2. 选择最佳的艺术形式

设计师应深入构思，制作多种方案，从多个角度分析、比较各个方案的艺术特色，直到最后综合各个方案的特点，形成优良的山石景点方案，使其成为深化设计的基础。

3. 合理选用造景石材

在选择石材的时候，既要遵循规划设计的要求，又要充分考虑石材自身的材质特点。只有充分反映了材质固有的优质特点，并实现了规划设计的要求时，才算得上是一个成功的设计。

4. 选择合理的结构形式

应该使用低成本、易施工、确保景物体系稳定安全的结构形式，采取科学合理的构造设施。

8.2 假山的绘制

假山的山石种类有湖石、黄石、青石、石笋等，可使用掘取、浮面挑选、爆破等方式来采石，运输到目的地经过安装可呈现出姿态各异的效果。假山可与园林建筑、植物相结合来布置，如图8-4所示。

图8-4 假山

8.2.1 假山的作用

假山主要有以下几种功能。

1. 构成园林的主景

在园林设计中，常常以假山作为园林平面布局比较突出的方式，即以山为主景，辅以水系、植被、建筑小品等。将大型的山体作为整个园林的骨架，园中的地形起伏、沟河的曲折，皆以此作为基础而设置。

2. 组织园林的空间

通过假山的合理设置，对园林空间进行分隔和划分，将空间组织成具有大小不同、形状各异、富有变化的景观。可通过假山的穿插、分隔、夹拥、围合等，在假山区创造出山路的流转、山坳的闭合、峡谷曲折纵深、山洞的拱穹等。还可以利用山水相映成趣来组织空间，使得园林空间更加富有变化。

3. 自身的景观效应

假山景观是自然山地景观在园林中艺术地再现。通过各种技术工艺手段，自然界中的奇峰异石、悬崖峭壁、层峦叠嶂、深峡幽谷、泉石洞穴、海岛石雕等自然景观，一般都可以艺术地通过假山石景这一形式，在园林中再现出来，形成可视、可摸和可入的美景。

4. 承应工程需求

主要指假山能发挥有关工程上的相应性能，即在驳岸和挡土墙上叠筑假山、假山中的花台、山体的护坡，除了造景的功能外，还有承受力学荷载、保护岸体、防止水土流失等工程性能。

8.2.2 假山的设计要点

假山设计工程要求将科学性、技术性以及艺术性高度结合在一起，主要注意以下几点。

1. 全局考虑，统筹安排，合理布局

从园林景观的全局出发，结合原有的地形地貌，因地制宜地把造园要求和客观条件的可能性结合起来，进行合理的布局设计。

2. 综合考虑设山和理水，使山水完美结合

自然界的风景一般是有山有水，山水相映成趣，山水之间的组合，有着其自身的规律。应充分了解自然界中山与水的相处规律，巧妙利用山石、水体、植物、游鱼等造园因素，就可设计出鲜活的假山景观。

3. 利用设计区的环境条件来设计假山

在设计假山时，可采用各种手段，借用或者发挥环境中的有利条件，减少或者去除不利的条件，设计出较美的假山景观。例如真山中混合假山，可减少人工堆叠的痕迹，增强假山的气魄；或者在真山面前营造同种山石的假山，使得真山假山呈现出如同一脉相连，达到"作假成真"的效果。

本节介绍假山平面图及立面图的绘制。

▌8.2.3 实战——绘制假山平面图

假山平面图表现了假山各部的组合效果、高度落差等信息。绘制步骤为：首先绘制定位网格，接着绘制假山外部轮廓线，然后绘制内部纹理线条以及台阶、园路等图形，最后绘制标高标注以及文字标注，完成假山平面图的绘制。

沿用第七章所介绍的方法，设置绘图环境的各项参数，如图形单位、尺寸标注样式、文字样式、引线样式等。

01 创建图层。调用LA（图层特性管理器）命令，在【图层特性管理器】对话框中创建各类图层，如图 8-5所示。

图8-5 【图层特性管理器】对话框

02 将"网格"图层置为当前图层。

03 绘制网格。调用REC（矩形）命令、X（分解）命令，绘制并分解矩形；调用O（偏移）命令，向内偏移矩形边线，如图 8-6所示。

04 将"轮廓线"图层置为当前图层。

05 绘制假山外部轮廓线。调用PL（多段线）命令，设置线宽为50，在网格内绘制假山轮廓线，如图 8-7所示。

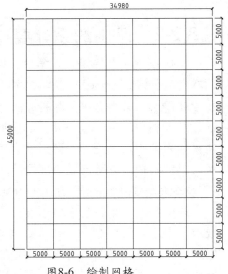

图8-6 绘制网格

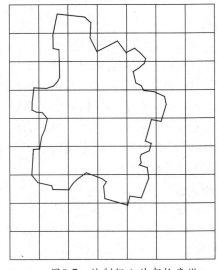

图8-7 绘制假山外部轮廓线

06 将"纹理线"图层置为当前图层。

07 绘制内部轮廓线。按下Enter键重复调用PL（多段线）命令，绘制假山内部纹理线条，如图 8-8所示。

08 绘制台阶。调用PL（多段线）命令，绘制假山内部台阶踏步轮廓线，如图 8-9所示。

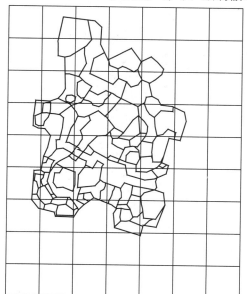

图8-8　绘制内部轮廓线　　　　　　　　　　　图8-9　绘制台阶轮廓线

09 沿用上述操作，继续绘制假山平面图形，如图 8-10所示。

10 绘制园路。调用SPL（样条曲线）命令，绘制园路轮廓线，如图 8-11所示。

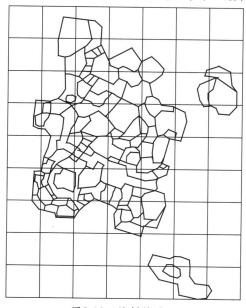

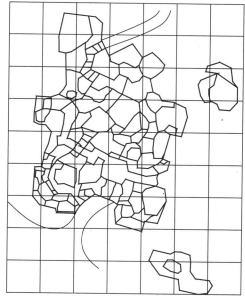

图8-10　绘制结果　　　　　　　　　　　　　图8-11　绘制园路

11 将"文字标注"图层置为当前图层。

12 标高标注。调用I（插入）命令，调入标高图块并修改其参数值，如图 8-12所示。

13 调用MT（多行文字）命令，绘制网格标注文字及图名标注，如图 8-13所示。

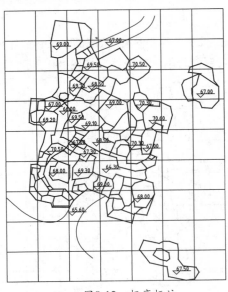

图8-12　标高标注

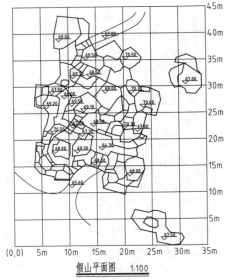

图8-13　文字标注

8.2.4　实战——绘制假山立面图

假山立面图看似复杂，其实绘制过程较为简单。首先绘制定位网格，然后分别绘制立面假山的外部轮廓线、内部纹理线路，最后绘制标高标注、文字标注，完成假山立面图的绘制。

01 将"网格"图层置为当前图层。

02 绘制网格。调用L（直线）命令、O（偏移）命令，绘制并偏移直线，如图8-14所示。

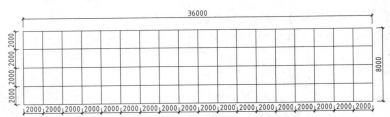

图8-14　绘制网格

03 将"轮廓线"图层置为当前图层。

04 绘制地坪线。调用PL（多段线）命令，设置线宽为50，在网格中绘制假山的地坪线，如图8-15所示。

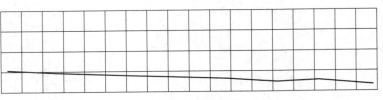

图8-15　绘制地坪线

05 按下Enter键重复调用PL（多段线）命令，绘制假山立面外轮廓，如图8-16所示。

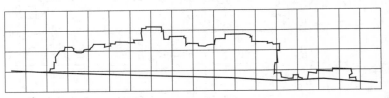

图8-16　绘制假山立面外轮廓

06 将"纹理线"图层置为当前图层。

07 继续使用PL（多段线）命令，绘制假山内部纹理线条的结果如图8-17所示。

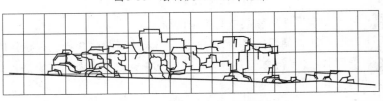

图8-17　绘制假山内部纹理线条

08 填充图案。调用H（图案填充）命令，选择名称为ANSI31的图案，设置比例为50，对假山洞口轮廓执行填充操作，如图8-18所示。

图8-18 填充图案

09 将"文字标注"图层置为当前图层。

图8-19 标高标注

10 标高标注。调用I（插入）命令，调入标高图块后，根据假山的实际高度来改变其参数值，如图8-19所示。

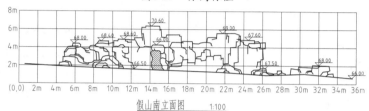

假山南立面图 1:100

图8-20 文字标注

11 文字标注。调用MT（多行文字）命令、PL（多段线）命令，绘制网格文字标注及图名标注，如图8-20所示。

在本节的末尾提供假山的其余立面图以供读者参考，分别如图8-21、图8-22和图8-23所示。

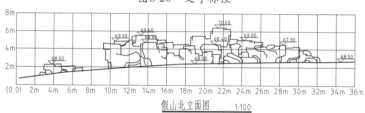

假山北立面图 1:100

图8-21 假山北立面图

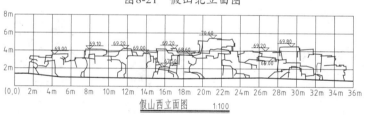

假山西立面图 1:100

图8-22 假山西立面图

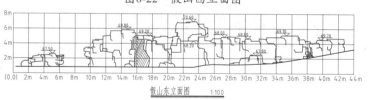

假山东立面图 1:100

图8-23 假山东立面图

8.3 景石的绘制

景石常设置于草坪和路旁，以石代替桌椅，有自然美观的效果；设在水边，又别有一番情趣。篆刻文人墨迹，则意境陡生；台地草坪置石，既是园路向导，又可以保护绿地。

8.3.1　组景方式

根据造景的组成不同，可以分为孤置、对置、散置以及群置等几种。

1．孤置

又称特置，所形成的景石称为峰石，一般由单块石料布置成独立的景石，如图 8-24 所示。

孤置要求石材的体量大，且必须有突出的特点，才能形成较强的艺术感染力。但是在整块山石难以取到的情况下，也可用几块石料进行拼接而形成孤置峰石，但是要注意整个峰石的自然与平衡，处理好石材的肌理结构。

2．对置

以两个山石布置在相对的位置上，使它们之间呈对称、对立、对应的状态，这种置石方式称之为对置，如图 8-25所示。两块山石的体量大小及形态走向，可以相同、相似或者不同，其布置位置可以是对称或者不对称。

对置的石景可以起到装饰环境的配景或者点景作用，一般布置在庭园门前两侧、路口两侧、园路转折点两侧、河口两岸及园林主景线两侧等环境中，作为一种对称组景的方式。

图8-24　孤置

图8-25　对置

3．散置

散置置石仿照岩石自然分布的状态，使用少量的、有限的、大小不等的山石，按照艺术美的规律和法则搭配组合而成的石景景观，如图 8-26所示。

散置置石长用于自然式山石驳岸的岸上部、草坪中、山坡上、小岛水池中、园门两侧、廊间、粉墙前等，作为独立的景观点或与其他景物结合造景。

4．群置

山石成群布置，作为一个整体来表现，称为群置置石。群置又称为"大散点"，是指运用数块山石相互搭配点置，组成一个散体的置石布景技法，如图 8-27所示。

群置的用石要求与设计布局的构思与散置置石基本相同，其中的不同之处在于群置的存在与操作空间较大，堆数多、石块多。所以，为了与环境中大空间上取得协调，就应该增加堆的数量，加大某些石或石堆的体重。

图8-26　散置

图8-27　群置

5．山石器设

使用自然山石来作为室外环境中的家具

器设，例如石桌、石凳、石几、石水钵、石屏风等，可形成既有使用功能，又有一定景观效果的石景布置物。这种布置方式称为山石器设置石，如图8-28所示。

山石器设宜布置在高大景物的一侧而面临较为开敞的空间，或者后方有树林遮蔽之处，例如在崖壁之下、林中空地、林木边缘、行道树下等处，以形成相应的活动环境条件。

图8-28 石桌石凳

本节介绍景石平面图、立面图的绘制。

8.3.2 实战——绘制景石平面图

景石平面图表现了从俯视角度观察景石的效果，主要表现了景石的平面形状。其绘制步骤为：首先需要绘制定位网格，然后绘制景石外部轮廓线及内部纹理线条，最后绘制文字标注，完成景石平面图的绘制。

01 将"网格"图层置为当前图层。

02 绘制网格。调用L（直线）命令、O（偏移）命令，绘制并偏移直线，如图8-29所示。

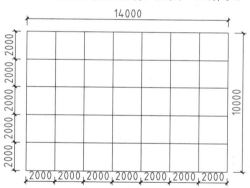

图8-29 绘制网格

03 将"轮廓线"图层置为当前图层。

04 调用PL（多段线）命令，设置线宽为50，在网格中绘制景石的外轮廓线，如图8-30所示。

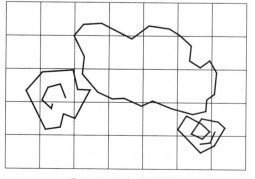

图8-30 绘制外轮廓线

05 按下Enter键重复调用PL（多段线）命令，更改线宽为0，绘制景石内部纹理线条，如图8-31所示。

06 将"文字标注"图层置为当前图层。

07 文字标注。调用MLD（多重引线）命令、MT（多行文字）命令、PL（多段线）命令，绘制文字标注最终效果如图8-32所示。

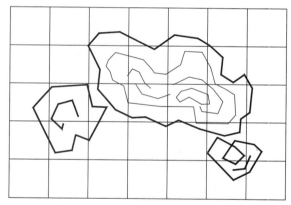

图8-31 绘制景石内部纹理线条

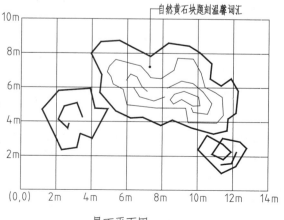

景石平面图 1:25

图8-32 文字标注

8.3.3 实战——绘制景石立面图

景石立面图表现了景石的立面效果，包含了如下信息：景石的形状、标高、材料等。其绘制步骤如下：首先绘制定位网格，接着绘制地坪线及底部石头轮廓线；然后绘制竖立石头轮廓线及景石内部纹理线条，最后绘制标高标注及文字标注，完成景石立面图的绘制。

01 将"网格"图层置为当前图层。

02 绘制网格。调用REC（矩形）命令、X（分解）命令，绘制并分解矩形；调用O（偏移）命令，向内偏移矩形边，如图8-33所示。

03 将"轮廓线"图层置为当前图层。

04 绘制地坪线。调用PL（多段线）命令，设置线宽为50，在网格中绘制地坪线，如图8-34所示。

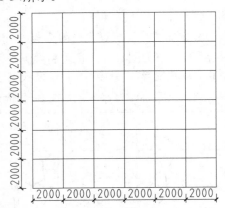

图8-33 绘制网格

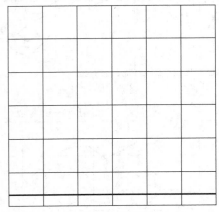

图8-34 绘制地坪线

05 绘制底部石头轮廓线。调用PL（多段线）命令，设置其宽度为20，绘制轮廓线的结果如图8-35所示。

06 绘制竖立石头轮廓线。按下Enter键重复调用PL（多段线）命令，设置其宽度为50，绘制石头外部轮廓线的结果如图8-36所示。

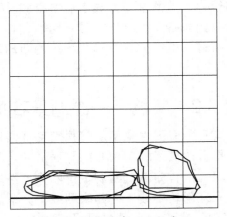

图8-35 绘制底部石头轮廓线

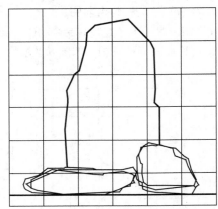

图8-36 绘制竖立石头轮廓线

07 将"纹理线"图层置为当前图层。

08 继续调用PL（多段线）命令，设置其宽度为0，绘制石头内部纹理线，如图8-37所示。

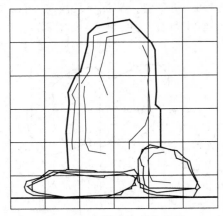

图8-37 绘制石头内部纹理

09 将"文字标注"图层置为当前图层。

10 标高标注。调用I（插入）命令，从【插入】对话框中调入标高图块，在景石立面图上指定图块的插入点及参数值，操作结果如图 8-38所示。

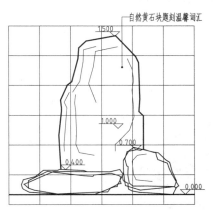

图8-39 材料标注

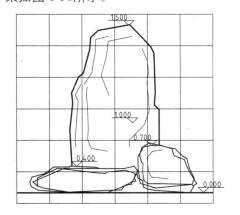

图8-38 标高标注

11 材料标注。调用MLD（多重引线）命令，绘制引线标注，如图 8-39所示。

12 文字标注。调用MT（多行文字）命令、PL（多段线）命令，绘制网格文字、图名、比例标注及下划线，最终效果如图 8-40所示。

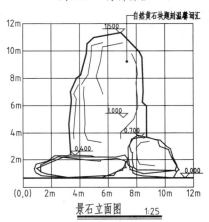

图8-40 图名标注

如图 8-41所示为景石剖面图的绘制结果，供读者参考。

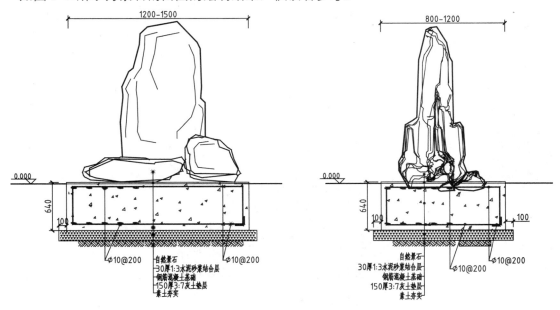

景石剖面图 1:20

说明：图中自然石或刻字需要甲方看石选定。

图8-41 景石剖面图

第9章
园林建筑设计与制图

园林景观工程中包含多种元素，园林建筑便是其中一项非常重要的元素。园林建筑作为组景的中心，在进行景观布局时，需要明确各类景观建筑的功能意义，以便综合布置其他类型的景观元素。

本章介绍各类园林建筑施工图纸的绘制，包括园亭、花架、长廊等。

9.1 园林建筑设计概述

在园林设计中常常会设计制作各类景观建筑，以增添艺术美感，凸显景观主题氛围，提高整体环境品质。

园林建筑作为园林设计中的一个重要内容，常将建筑的有无视作区别园林与天然景区的主要标志。园林建筑是园林构成要素中经人工提炼、人工建造、人工因素最强、体积最大的产物。

9.1.1 园林建筑的特点

园林建筑与其他类型的建筑相比，有其自身的特点：

1. 具有较好观赏性特点

园林建筑除了有使用功能外，还必须具有较好的可供观赏性，以满足人们的休憩和娱乐需求，艺术性的含量要高，要体现较高的观赏价值，如图9-1所示。

2. 观赏的动态性强

园林建筑所提供的空间是游人在运动中观赏的各种景观，应该具有步移景异、景色富有变化的时空景象。在设计时应充分考虑到游人的活动性，使园林建筑所形成的内外空间变化多样，可以通过合理地组织建筑空间的序列和层次，在有限的空间中产生多变、丰富、生动的景观现象。

3. 与环境的和谐性要求高

在进行园林设计时，都应使建筑物有助于增添景色，并与园林环境相协调，同山、水、植物等有机结合，和谐构成一个极具观赏性的景观，如图9-2所示。

图9-1 水榭

图9-2 曲桥

9.1.2 园林建筑的功能

园林建筑的功能有使用功能和造景功能两个方面：

1. 使用功能

园林建筑的使用功能，是指满足人类某种物质需要而形成的一种园林服务场所设施。例如游亭是纳凉、休息及观景的场所。

2. 造景功能

园林建筑在造景方面所起的积极作用有以下方面。

1）装点风景。使用建筑物，结合山、石、植物，可形成许多景点画面，如图9-3所示。

2）观景场所。以一组建筑群、一栋建筑物或建筑的某个部位，作为观赏风景的场所，它的位置、朝向、封闭或者开敞处理，一般会影响到所得景观效果的优势。

3）划分空间。通过利用园林建筑的形体，在园林的某个部位进行分隔空间，或者利用建筑物围合成一系列的庭园，或者以建筑为主体，以其他构园元素划分园林成若干不同的功能空间层次，如图9-4所示。

图9-3　花架

图9-4　廊桥

9.2 观景亭绘制

亭是一种汉族传统建筑，源于周代。多建于路旁，供行人休息、乘凉或观景用。亭的外形一般小巧玲珑，四面敞开，通风透光，又称凉亭。顶部可分为六角、八角、圆形等多种形状。因为造型轻巧，选材不拘，在园林景观中起到点缀园景和建立观景点的作用，如图9-5所示。

图9-5　亭子

9.2.1　设置绘制环境

沿用第七章所介绍的方法，设置绘图环境的各项参数，如图形单位、尺寸标注样式、文字样式、引线样式等。

调用LA（图层特性管理器）命令，在【图层特性管理器】对话框中创建各类图层，如图9-6所示。

图9-6　创建图层

9.2.2　实战——绘制亭平面图

亭平面图包含以下信息：亭子的平面形状、柱梁的连接、座椅的布置以及踏步的长宽等，其绘制步骤为：首先绘制定位轴线，接着来绘制柱、梁以及踏步等图形；由于绘制了轴线，所以需要绘制轴号以标注轴线；在分别绘制了尺寸标注、材料标注以及图名标注后便可完成亭平面图的绘制。

01 将"轴线"图层置为当前图层。

02 绘制轴线。调用L（直线）命令、O（偏移）命令，绘制轴线的结果如图9-7所示。

03 将"轮廓线"图层置为当前图层。

04 绘制亭子外部轮廓线。调用REC（矩形）命令，绘制如图9-8所示的矩形。

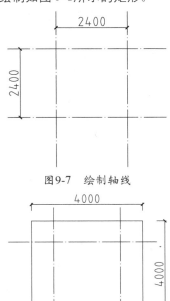

图9-7 绘制轴线

图9-8 绘制矩形

05 绘制砼柱。调用REC（矩形）命令、CO（复制）命令，绘制并复制矩形，如图9-9所示。

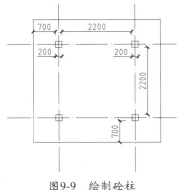

图9-9 绘制砼柱

06 将"填充"图层置为当前图层。

07 填充图案。调用H（图案填充）命令，在【图案填充和渐变色】对话框中选择SOLID图案，对柱子外轮廓线执行填充操作，如图9-10所示。

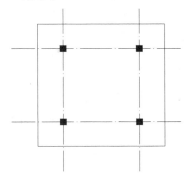

图9-10 填充图案

08 将"轮廓线"图层置为当前图层。

09 绘制砼梁。调用L（直线）命令、TR（修剪）命令，绘制砼梁轮廓线，如图9-11所示。

10 绘制座椅。调用O（偏移）命令、TR（修剪）命令，绘制杉木座椅轮廓线，结果如图9-12所示。

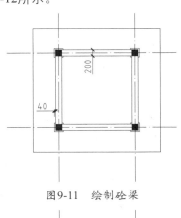

图9-11 绘制砼梁

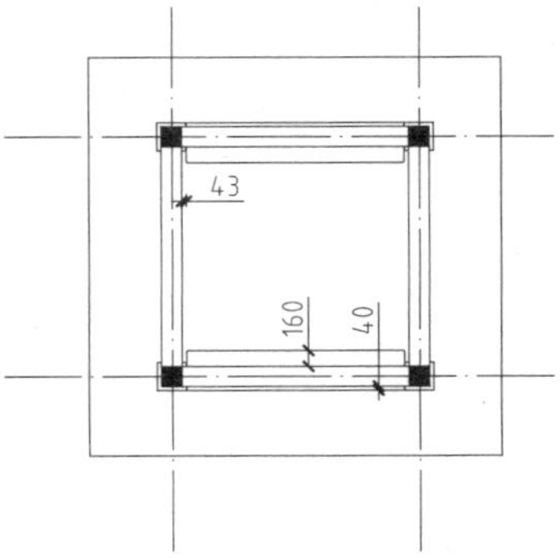

图9-12 绘制座椅

11 绘制踏步。调用REC（矩形）命令、L（直线）命令，绘制踏步轮廓线，如图 9-13所示。

12 将"尺寸标注"图层置为当前图层。

13 尺寸标注。调用DLI（线性标注）命令、DCO（连续标注）命令，绘制尺寸标注，结果如图 9-14所示。

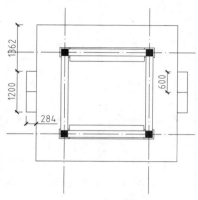

图9-13　绘制踏步

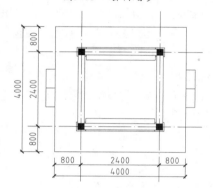

图9-14　尺寸标注

14 轴号标注。调用C（圆）命令，绘制半径为168的圆形；调用MT（多行文字）命令，绘制轴号文字，如图 9-15所示。

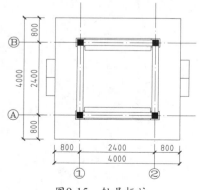

图9-15　轴号标注

15 将"文字标注"图层置为当前图层。

16 材料标注。调用MLD（多重引线）命令，绘制引线标注，如图 9-16所示。

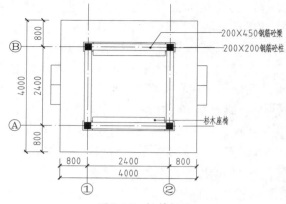

图9-16　材料标注

17 图名标注。调用MT（多行文字）命令、PL（多段线）命令，绘制图名、比例标注及下划线，如图 9-17所示。

观景亭屋顶平面图的绘制结果如图 9-18所示，从中可以得知观景亭屋顶的制作材料主要为防腐木。

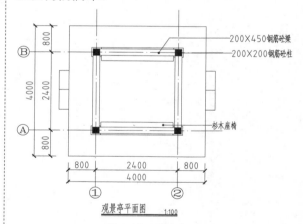

图 9-17　图名标注

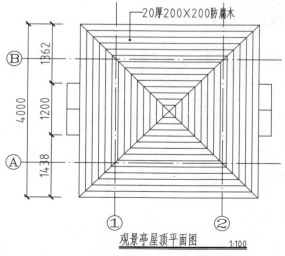

图 9-18　观景亭屋顶平面图

9.2.3　实战——绘制亭立面图

亭立面图包含以下信息：观景亭的立面形状、各部分尺寸及其所使用的材料等。其绘制步骤为：首先从亭平面图中移动复制轴线，然后在轴线的基础上绘制观景亭各部分图形的轮廓线，接着绘制图形标注便可完成立面图的绘制。

01 将"轴线"图层置为当前图层。

02 复制轴线。调用CO（复制）命令，从观景亭平面图中移动复制A轴线、B轴线至一旁；调用RO（旋转）命令，调整轴线的角度，如图9-19所示。

03 将"轮廓线"图层置为当前图层。

04 绘制观景亭地面。调用REC（矩形）命令、L（直线）命令，绘制观景亭地面轮廓线，如图9-20所示。

图9-19　复制轴线

图9-20　绘制观景亭地面轮廓线

05 绘制砼柱。调用REC（矩形）命令，绘制砼柱轮廓线，如图9-21所示。

06 调用F（圆角）命令，设置圆角半径为15，对轮廓线执行圆角操作，如图9-22所示。

07 绘制立面座椅。调用O（偏移）命令、TR（修剪）命令，绘制座椅轮廓线，如图9-23所示。

08 调用MI（镜像）命令，将左边的砼柱及座椅图形镜像复制至右边，如图9-24所示。

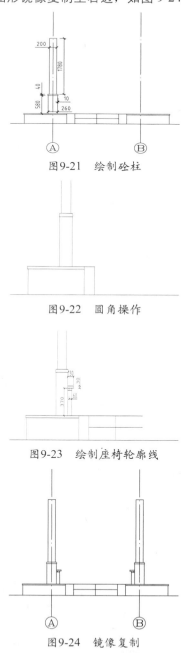

图9-21　绘制砼柱

图9-22　圆角操作

图9-23　绘制座椅轮廓线

图9-24　镜像复制

09 绘制屋顶。调用（直线）命令，绘制屋顶轮廓线，如图9-25所示。

10 将"填充"图层置为当前图层。

11 填充屋顶图案。调用H（图案填充）命令，

在【图案填充和渐变色】对话框中选择名称
为LINE的图案，设置其填充比例为20，对屋
顶轮廓线执行填充操作，如图9-26所示。

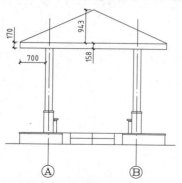

图9-25　绘制屋顶轮廓线

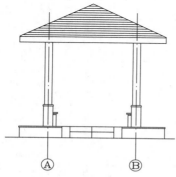

图9-26　填充屋顶图案

12 将"图块"图层置为当前图层。

13 调入图块。按下Ctrl+O组合键，从配套光盘
提供的"第9章/图块图例.dwg"文件中调入
实木花格、行人图块至立面图中，如图9-27
所示。

14 将"尺寸标注"图层置为当前图层。

15 尺寸标注。调用DLI（线性标注）、DCO
（连续标注）命令，为立面图绘制尺寸标
注，如图9-28所示。

图9-27　调入图块

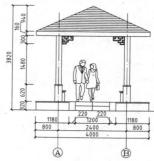

图9-28　尺寸标注

16 将"文字标注"图层置为当前图层。

17 文字标注。调用MLD（多重引线）命令，
绘制材料标注；调用MT（多行文字）命
令、PL（多段线）命令，绘制图名、比例
标注以及下划线，最终效果如图9-29所示。

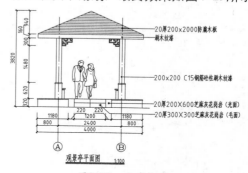

图9-29　文字标注

9.3 花架绘制

花架是园林小品中支承植物的棚架类设施，既具有亭、廊的功能，又
比建筑亭、建筑廊更贴近自然，与室外环境容易融为一体。

花架必须以植物为配合对象。花架上所使用的植物，宜选择叶茂、花美、无毒性的藤本
植物，例如木香、凌霄、忍冬等均为常用品种。其他如葡萄等也可采用，除了一般的绿化作用
外，还可形成观果的景观现象。

如图 9-30所示为花架的制作效果。

图9-30 花架

9.3.1 实战——绘制花架平面图

本例选用的花架呈弧形，因此在绘制的时候可通过绘制圆形、修剪圆形来得到花架的外轮廓线。在确定了花架的轮廓后，便可在轮廓内绘制各类图形，例如地面材料的轮廓分界线、踏步、座椅等。

待各类图形均在花架轮廓内布置完成后，便可对其进行图案填充操作，以通过各类不同的图案来区分各类图形。最后需要对花架绘制图形标注，绘制引线标注，以注明各类图案所代表的意义；绘制尺寸标注，以表示各部分的长宽；绘制图名标注，以表示该图形的名称。

01 将"轮廓线"图层置为当前图层。

02 绘制平面图外轮廓。调用C（圆）命令、O（偏移）命令，绘制并偏移圆形，如图9-31所示。

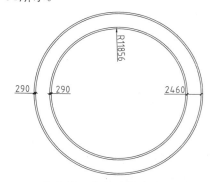

图9-31 绘制并偏移圆形

03 调用L（直线）命令，以圆心为起点向下绘制直线；调用RO（旋转）命令，旋转复制直线，如图 9-32所示。

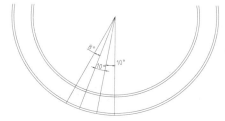

图9-32 旋转复制直线

04 调用TR（修剪）命令，修剪线段的结果如图 9-33所示。

05 绘制地面材料分界线。调用O（偏移）命令，偏移圆弧，如图 9-34所示。

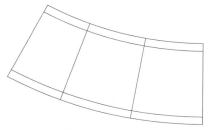

图9-33 修剪线段

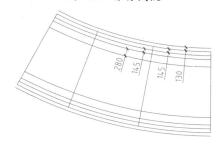

图9-34 偏移圆弧

06 绘制花架左侧亭子地面轮廓线。调用REC（矩形）命令、RO（旋转）命令，绘制并旋转矩形，如图 9-35所示。

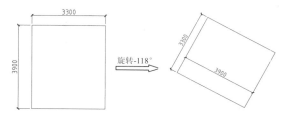

旋转-118°

图9-35 绘制并旋转矩形

07 调用M（移动）命令，移动矩形使其与花架地面轮廓线相连，如图 9-36所示。

08 绘制亭子踏步。调用X（分解）命令、O（偏移）命令，分解矩形并偏移矩形边，如图 9-37所示。

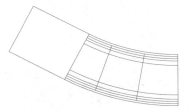

图9-36　移动矩形

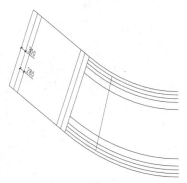

图9-37　绘制亭子踏步轮廓线

09 绘制250×250混凝土柱。调用REC（矩形）命令，绘制尺寸为290×290的矩形；调用O（偏移）命令，设置偏移距离为20，选择矩形向内偏移，如图 9-38所示。

10 绘制200×250混凝土柱。调用REC（矩形）命令，绘制尺寸为290×240的矩形；调用O（偏移）命令，设置偏移距离为20，选择矩形向内偏移，如图 9-39所示。

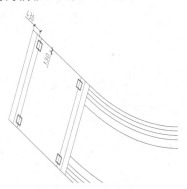

图9-38　绘制250×250混凝土柱

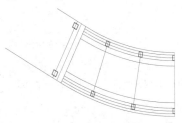

图9-39　绘制200×250混凝土柱

11 绘制座椅靠背。调用O（偏移）命令，偏移矩形边线，如图 9-40所示。

12 调用F（圆角）命令，设置圆角分别半径为130、50，对线段执行圆角操作；同时调用TR（修剪）命令，修剪多余的线段，如图9-41所示。

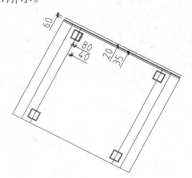

图9-40　偏移矩形边线

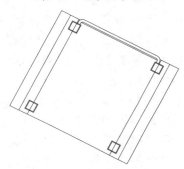

图9-41　修剪线段

13 调用MI（镜像）命令，向下镜像复制靠背轮廓线；然后调用L（直线）命令，绘制座椅轮廓线，如图 9-42所示。

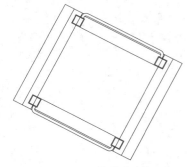

图9-42　镜像复制

14 调用TR（修剪）命令，修剪圆弧线段，如图 9-43所示。

15 将"图块"图层置为当前图层。

16 调入图块。按下Ctrl+O组合键，从配套光盘提供的"第9章/图块图例.dwg"文件中调入彩色拼石图块至立面图中，如图9-44所示。

17 将"填充"图层置为当前图层。

18 填充图案。调用H（图案填充）命令，调出【图案填充和渐变色】对话框，设置参数如图9-45所示。

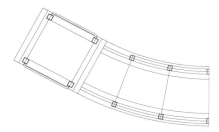

图9-43 修剪圆弧

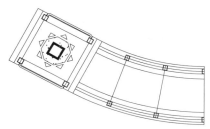

图9-44 调入图块

图9-45 设置参数

19 对花架平面图执行图案填充操作的结果如图9-46所示。

20 将"尺寸标注"图层置为当前图层。

21 尺寸标注。调用DLI（线性标注）命令、DCO（连续标注）命令，绘制尺寸标注如图9-47所示。

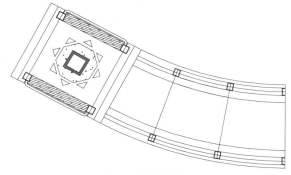

图9-46 图案填充

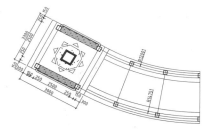

图9-47 尺寸标注

22 将"文字标注"图层置为当前图层。

23 材料标注。调用MLD（多重引线）命令，绘制引线标注的结果如图9-48所示。

24 调用L（直线）命令，绘制对称符号，如图9-49所示。

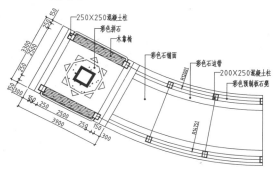

图9-48 材料标注

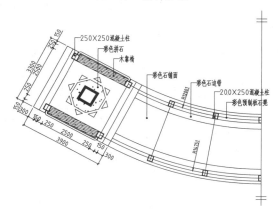

图9-49 绘制对称符号

25 调用MI（镜像）命令，以对称符号的垂直线段为镜像线，向右镜像复制花架平面图形，如图9-50所示。

图9-50 向右镜像复制图形

26 调用MT（多行文字）命令、PL（多段线）命令，绘制图名、比例标注及下划线，如图9-51所示。

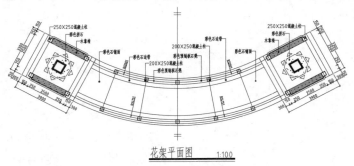

图9-51 图名标注

如图9-52所示为花架顶面图的绘制结果，附于本节末尾以供读者参考。

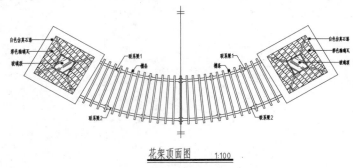

图9-52 花架顶面图

9.3.2 实战——绘制花架立面图

花架立面图表现了人在与花架平视时所观察到的效果，包含了以下信息：花架梁柱、檩条的连接、与周边植物的关系、所使用的材料以及各部分的尺寸等。

其绘制步骤为：首先绘制亭子、混凝土梁等图形，接着对图形执行图案填充操作；由于花架左右两侧的亭子是相同的，因此在绘制完成左边的亭子后，可调用"镜像"命令，将其复制到右边，省去再次绘制的时间；最后绘制图形标注便可完成立面图的绘制。

01 将"轮廓线"图层置为当前图层。

02 绘制地坪线及地面线。调用PL（多段线）命令，绘制宽度为100的地坪线；调用L（直线）命令，在距离地坪线70mm处绘制地面线，如图9-53所示。

图9-53 绘制地坪线及地面线

03 绘制亭子地面及柱子。调用REC（矩形）命令、O（偏移）命令、TR（修剪）命令，绘制柱子及地面轮廓线的结果如图9-54所示。

04 绘制梁。调用REC（矩形）命令，绘制梁的轮廓线，如图9-55所示。

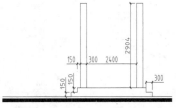

图9-54 绘制亭子地面及柱子

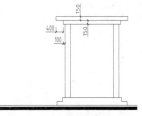

图9-55 绘制梁的轮廓线

05　绘制屋顶。调用L（直线）命令、O（偏移）命令，绘制屋顶轮廓线的结果如图9-56所示。

06　绘制靠背椅。调用O（偏移）命令、TR（修剪）命令，绘制靠背椅轮廓线的结果如图9-57所示。

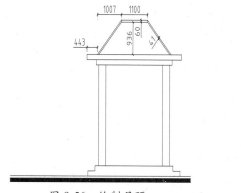
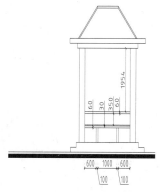

图9-56　绘制屋顶　　　　　　　　　　图9-57　绘制靠背椅

07　将"填充"图层置为当前图层。

08　填充图案。调用H（图案填充）命令，在【图案填充和渐变色】对话框中设置填充参数，对立面图执行填充操作的结果如图9-58所示。

图9-58　填充图案

09　将"轮廓线"图层置为当前图层。

10　绘制梁、柱子等图形。调用O（偏移）命令、TR（修剪）命令，绘制各图形轮廓线的结果如图9-59所示。

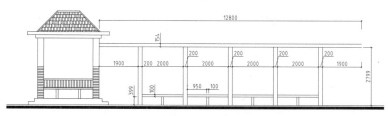

图9-59　绘制梁、柱子等图形

11　调用MI（镜像）命令，向右镜像复制亭子图形，如图9-60所示。

图9-60　镜像复制

12 绘制檩条。调用REC（矩形）命令，绘制宽度为5，尺寸为100×150的矩形；然后单击"修改"工具栏上的"矩形阵列"按钮⊞，命令行提示如下：

```
命令：_arrayrect
选择对象：找到 1 个
类型 = 矩形 关联 = 是
选择夹点以编辑阵列或 [关联(AS)/基点(B)/计数(COU)/间距(S)/列数(COL)/行数(R)/层数(L)/退出(X)] <退出>：COU
输入列数数或 [表达式(E)] <4>：29
输入行数数或 [表达式(E)] <3>：1
选择夹点以编辑阵列或 [关联(AS)/基点(B)/计数(COU)/间距(S)/列数(COL)/行数(R)/层数(L)/退出(X)] <退出>：S
指定列之间的距离或 [单位单元(U)] <150>：440
指定行之间的距离 <225>：*取消*                          //按下Enter键；
选择夹点以编辑阵列或 [关联(AS)/基点(B)/计数(COU)/间距(S)/列数(COL)/行数(R)/层数(L)/退出(X)] <退出>：*取消*    //按下Esc键退出命令，阵列复制结果如图9-61所示。
```

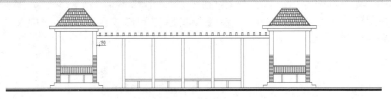

图9-61　绘制檩条

13 将"图块"图层置为当前图层。

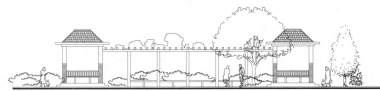

图9-62　调入图块

14 调入图块。按下Ctrl+O组合键，从配套光盘提供的"第9章/图块图例.dwg"文件中调入植物、行人等图块至立面图中，如图9-62所示。

15 将"尺寸标注"图层置为当前图层。

16 标高标注。调用L（直线）命令，绘制标高基准线；调用I（插入）命令，调入标高图块并设置其标准高值。

17 尺寸标注。调用DLI（线性标注）命令、DCO（连续标注）命令，为立面图绘制尺寸标注，如图9-63所示。

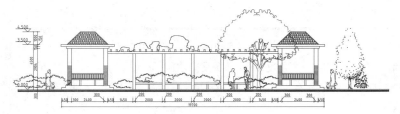

图9-63　标注图形

18 将"文字标注"图层置为当前图层。

19 文字标注。调用DLI（多重引线）命令，绘制材料标注；调用MT（多行文字）命令、PL（多段线）命令，绘制图名标注及下划线，最终效果如图 9-64所示。

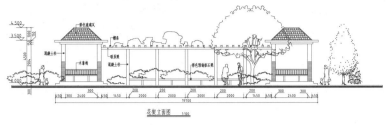

图9-64　文字标注

9.4 长廊绘制

廊，又称为走廊、廊子，一般是建筑物之间的通道，或者是一条独立而有盖顶的通道。另外，房屋前、后、左、右的屋檐，向外伸出而可避风烈日的部分，也多成为廊。

在园林工程中，亭、榭相连之廊，称为亭廊或者游廊；曲折的长廊称为曲廊或者回廊，另外还有画廊、展示廊及宣传廊等。

园林中的廊，除了作为通道和避风遮雨的设施外，还有组织园林空间、美化景观等作用。

如图 9-65所示为在中式园林中常见的长廊。

图9-65　长廊

9.4.1　实战——绘制长廊平面图

长廊平面图表现了长廊的走向、尺寸以及长廊各部分所使用的材料等，其绘制步骤为：首先绘制定位轴网，接着通过偏移轴线、更改线型来绘制长廊的轮廓线；因为标高标注需要绘制在长廊平面图图形之上，所以应在绘制填充图案之前便进行标注，这样在填充图案时，系统会自动避开标高图块。最后绘制图形标注便可完成长廊平面图的绘制。

01 将"轴线"图层置为当前图层。

02 绘制轴网。调用L（直线）命令、O（偏移）命令，绘制并偏移线段，如图 9-66所示。

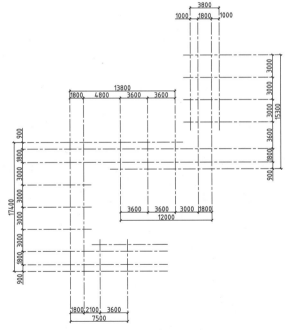

图9-66　绘制轴网

03 将"轮廓线"图层置为当前图层。

04 绘制圆形柱。调用C（圆）命令，绘制半径为150的圆形来表示标准柱轮廓线，如图 9-67所示。

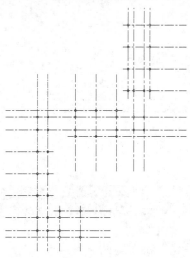

图9-67　绘制圆形柱

05 绘制20厚350×60木板条坐凳。调用O（偏移）命令、TR（修剪）命令，偏移并修剪轴线，并将轴线的线型更改为实线，如图9-68所示。

06 绘制20厚400×60木板条坐凳。调用O（偏移）命令、TR（修剪）命令来绘制坐凳的轮廓线，如图9-69所示。

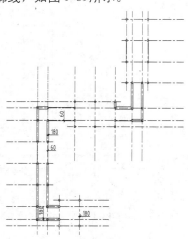

图9-68　绘制坐凳

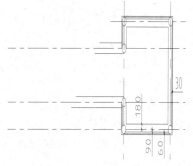

图9-69　绘制凳子轮廓线

07 重复上一步骤操作，继续绘制20厚400×60木板条坐凳轮廓线，结果如图9-70所示。

08 绘制踏步。调用L（直线）命令、O（偏移）命令，绘制踏步轮廓线的结果如图9-71所示。

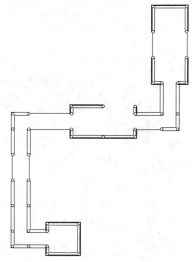

图9-70　操作结果

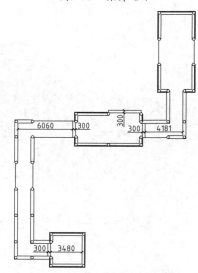

图9-71　绘制踏步

09 将"文字标注"图层置为当前图层。

10 绘制引线标注。调用PL（多段线）命令，绘制起点宽度为0，端点宽度为100的指示箭头；调用MT（多行文字）命令，绘制文字标注，如图9-72所示。

11 将"尺寸标注"图层置为当前图层。

12 标高标注。调用I（插入）命令，将标高图块调入至平面图中，并相应的更改标高参数值，操作结果如图9-73所示。

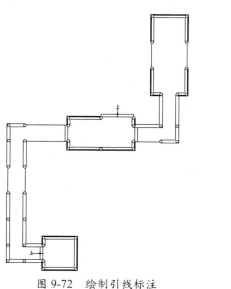

图 9-72　绘制引线标注

图 9-73　标高标注

13 将"填充"图层置为当前图层。

14 填充图案。调用H（图案填充）命令，选择DOLMIT图案，对圆形柱轮廓线执行图案填充操作。

15 然后再调出【图案填充和渐变色】对话框，在其中设置仿木纹砖图案的参数，然后对地板轮廓线执行填充操作，如图 9-74所示。

图 9-74　填充图案

16 将"尺寸标注"图层置为当前图层。

17 尺寸标注。调用DLI（线性标注）命令、DCO（连续标注）命令，绘制尺寸标注如图 9-75所示。

18 轴号标注。调用C（圆）命令，绘制半径为457的圆形；调用MT（多行文字）命令，绘制轴号标注，如图 9-76所示。

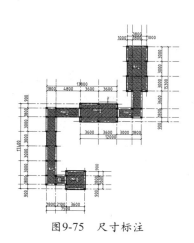

图9-75　尺寸标注

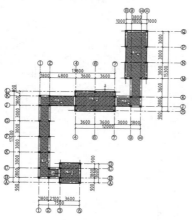

图9-76　轴号标注

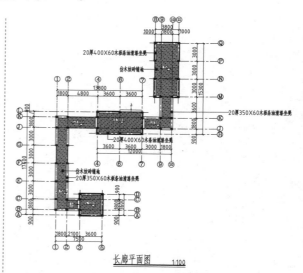

长廊平面图　　1:100

图9-77　文字标注

19　将"文字标注"图层置为当前图层。

20　文字标注。调用MLD（多重引线）命令、MT（多行文字）命令、PL（多段线）命令，绘制材料标注及图名标注，如图 9-77 所示。

长廊顶面图的绘制结果如图 9-78所示，附在本节末尾以供读者参考。

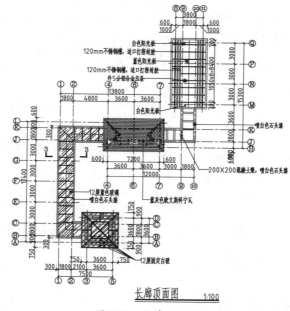

长廊顶面图　　1:100

图9-78　长廊顶面图

9.4.2　实战——绘制长廊3-3剖面图

3-3剖切符号位于长廊顶面图中，本节介绍3-3剖面图的绘制。3-3剖面图是在指定剖切方向上对长廊剖切截面的表示，显示了各部分的剖切效果，包含各部分图形的使用材料、具体尺寸等信息。

其绘制步骤为：首先绘制轴线，接着在轴线的基础上绘制各图形的轮廓线；然后调用"图案填充"命令，对剖面图执行填充操作；最后绘制图形标注便可完成剖面图的绘制。

01　将"轴线"图层置为当前图层。

02　绘制轴线。调用L（直线）命令、O（偏移）命令，绘制轴线如图9-79所示。

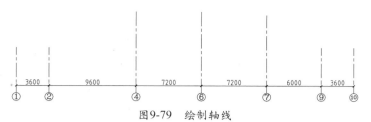

图9-79 绘制轴线

03 将"轮廓线"图层置为当前图层。

04 绘制柱子、梁等图形。调用O（偏移）命令、TR（修剪）命令，绘制柱、梁轮廓线，如图9-80所示。

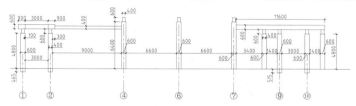

图9-80 绘制柱子、梁等图形

05 绘制屋顶。调用L（直线）、O（偏移）命令，绘制屋顶轮廓线，如图 9-81所示。

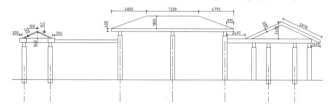

图9-81 绘制屋顶轮廓线

06 绘制V字缝。调用O（偏移）命令、TR（修剪）命令，绘制V字缝轮廓线，如图9-82所示。

07 绘制坐凳。调用REC（矩形）命令、O（偏移）命令，绘制坐凳轮廓线，如图9-83所示。

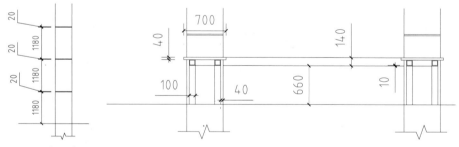

图9-82 绘制V字缝   图9-83 绘制坐凳

08 绘制梁截面。调用X（分解）命令来分解矩形；调用O（偏移）命令、TR（修剪）命令，偏移并修剪矩形边，如图9-84所示。

09 绘制塑钢骨架。调用L（直线）命令、O（偏移）命令，绘制骨架轮廓线如图9-85所示。

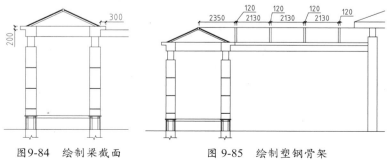

图9-84 绘制梁截面   图 9-85 绘制塑钢骨架

10 绘制方管。调用O（偏移）命令、TR（修剪）命令，绘制方管轮廓线如图9-86所示。

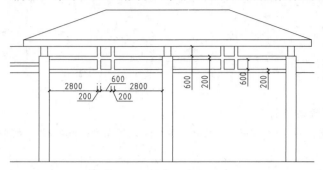

图9-86　绘制方管轮廓线

11 绘制V字缝。调用O（偏移）命令、TR（修剪）命令来绘制V字缝。

12 绘制坐凳靠背。调用L（直线）命令、O（偏移）命令，绘制坐凳靠背轮廓线，如图9-87所示。

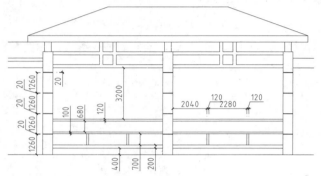

图9-87　绘制结果

13 绘制踏步。调用L（直线）命令，绘制踏步轮廓线，如图9-88所示。

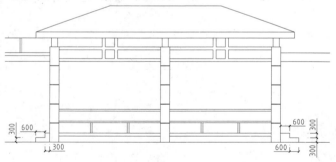

图9-88　绘制踏步轮廓线

14 绘制踏步及V字缝。调用O（偏移）命令、TR（修剪）命令，绘制图形轮廓线的结果如图9-89所示。

15 绘制靠背。调用L（直线）命令、O（偏移）命令，绘制靠背轮廓线，如图9-90所示。

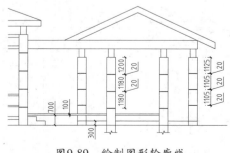

图9-89　绘制图形轮廓线

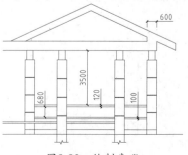

图9-90　绘制靠背

16 至此，长廊立面图图形绘制完成，如图 9-91所示。

图9-91 长廊立面图图形

17 将"填充"图层置为当前图层。

18 填充图案。调用H（图案填充）命令，参考表 9-1中所提供的信息，在【图案填充和渐变色】对话框中设置图案填充参数。

表9-1 填充参数列表

19 对长廊立面图执行填充操作的结果如图 9-92所示。

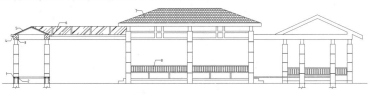

图9-92 填充图案

20 将"尺寸标注"图层置为当前图层。

21 尺寸标注。调用DLI（线性标注）命令、DCO（连续标注）命令，绘制尺寸标注的结果如图9-93所示。

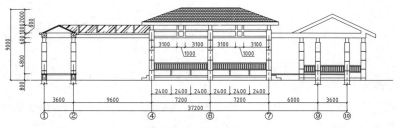

图9-93　绘制尺寸标注

22 因为立面图是以1:50的比例来表示，所以需要对标注文字进行修改，双击以修改尺寸标注文字的结果如图9-94所示。

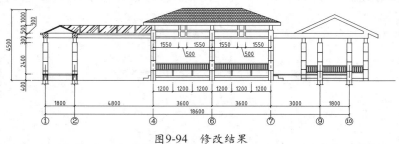

图9-94　修改结果

23 标高标注。调用L（直线）命令，绘制标高基准线；调用I（插入）命令，调入标高图块以完成标高标注，如图9-95所示。

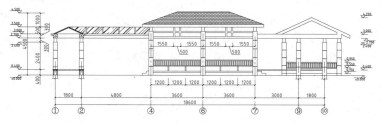

图9-95　标高标注

24 将"文字标注"图层置为当前图层。

25 文字标注。调用MLD（多重引线）命令，绘制材料标注；调用MT（多行文字）命令、PL（多段线）命令，绘制图名标注及下划线，最终效果如图9-96所示。

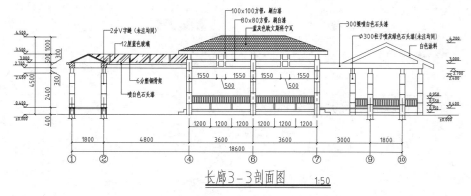

长廊3-3剖面图　　1:50

图9-96　文字标注

9.5 园桥绘制

园林中桥是悬空的道路，有组织游览路线和交通功能的作用，还可变换游人观景的视线角度。与此同时，桥起到分隔水面的作用，增加水景的层次，形成平面布局中的大小水面，立面上的远、中、近水景，赋予构筑景观的功能。如图9-97所示。

图9-97　园桥

9.5.1　实战——绘制园桥平面图

园桥平面图表现了园桥的平面形状、使用的材料、各部分的尺寸等信息，其绘制步骤为：首先绘制园桥的外轮廓线，接着绘制栏杆图形；然后为园桥填充图案，最后绘制尺寸标注及文字标注，完成平面图的绘制。

01 将"轮廓线"图层置为当前图层。

02 绘制园桥轮廓。调用PL（多段线）命令，绘制小桥外轮廓线，如图9-98所示。

03 绘制圆木栏杆柱。调用C（圆形）命令，绘制半径为200的圆形表示栏杆柱的外轮廓线，如图9-99所示。

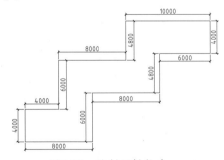
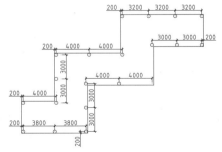

图9-98　绘制园桥轮廓　　　　　图9-99　绘制圆木栏杆柱

04 绘制木栏杆。调用L（直线）命令、O（偏移）命令，绘制栏杆轮廓线的结果如图9-100所示。

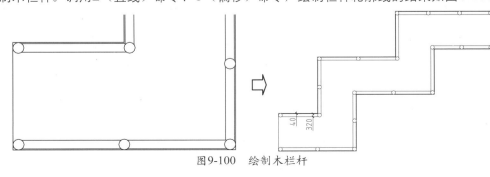

图9-100　绘制木栏杆

05 将"填充"图层置为当前图层。

06 填充图案。调用H（图案填充）命令，在【图案填充和渐变色】对话框中设置参数，对园桥平面图执行填充操作，如图9-101所示。

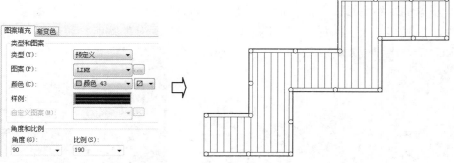

图9-101 填充图案

07 将"尺寸标注"图层置为当前图层。

08 尺寸标注。调用DLI（线性标注）命令、DCO（连续标注）命令，为园桥绘制尺寸标注，如图9-102所示。

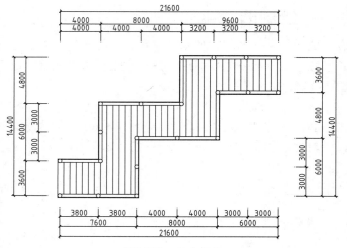

图9-102 尺寸标注

09 因为园桥平面图是以1:20的比例来表示，所以应双击修改标注文字，如图9-103所示。

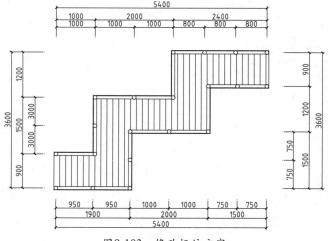

图9-103 修改标注文字

10 将"文字标注"图层置为当前图层。

11 文字标注。调用MLD（多重引线）命令，绘制引线标注；调用MT（多行文字）命令、PL（多段线）命令，绘制图名标注及下划线，如图9-104所示。

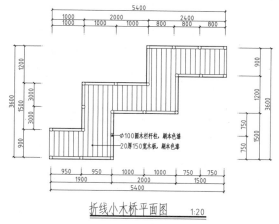

图9-104 文字标注

9.5.2 实战——绘制园桥立面图

园桥立面图表现了园桥展开后的样式，包含以下元素：栏杆桩、栏杆柱的尺寸及其连接形式，桥面与水面的距离等。其绘制步骤为：首先绘制栏杆的轮廓线，然后绘制水面线、填充水体图案，最后绘制图形标注便可完成立面图的绘制。

01 将"轮廓线"图层置为当前图层。

02 绘制圆木栏杆桩。调用L（直线）命令、REC（矩形）命令，绘制栏杆桩外轮廓，如图9-105所示。

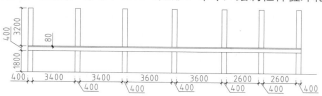

图9-105 绘制圆木栏杆桩

03 绘制木栏杆。调用X（分解）命令来分解矩形；调用O（偏移）命令、TR（修剪）命令，偏移并修剪矩形边，绘制栏杆图形结果如图9-106所示。

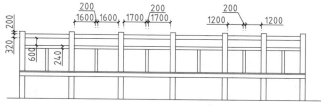

图9-106 绘制木栏杆

04 绘制水面线。调用O（偏移）命令、TR（修剪）命令，偏移并修剪线段，如图9-107所示。

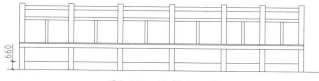

图9-107 绘制水面线

05 将"填充"图层置为当前图层。

06 填充图案。调用H（图案填充）命令，在【图案填充和渐变色】对话框中设置参数，填充水体图案的结果如图9-108所示。

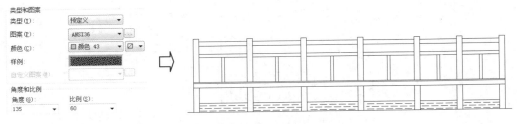

图9-108 填充图案

07 将"尺寸标注"图层置为当前图层。

08 尺寸标注。调用DLI（线性标注）命令、DCO（连续标注）命令，绘制尺寸标注，如图9-109所示。

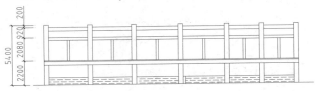

图9-109 尺寸标注

09 园桥立面图是以1:25的比例来表示，应修改标注文字以符合制图要求，如图9-110所示。

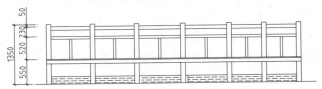

图9-110 修改标注文字

10 标高标注。调用L（直线）命令、I（插入）命令，绘制标高基准线并调入标高图块，标注结果如图9-111所示。

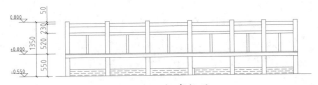

图9-111 标高标注

11 将"文字标注"图层置为当前图层。

12 文字标注。调用MLD（多重引线）命令、MT（多行文字）命令、PL（多重引线）命令，绘制材料标注及图名标注等图形，如图9-112所示。

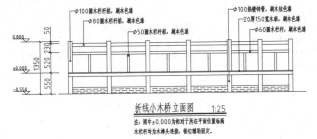

图9-112 文字标注

9.6 园门绘制

园林绿地、公园的出入口，通常称为园门。园门主要作为园林内外的出入口，为集散人流服务，此外还有装饰门面、题名点景和框景的作用。

园门的组成部分，一般为出入口、售票室、售票处、门卫值班室等，具体的组成内容应该由园林的功能要求来定，如图9-113所示。

图9-113 园门

9.6.1 实战——绘制园门平面图

园门平面图表现了园门及周围事物的平面形状，例如通过观察平面图可以得知以下信息：门口处有四根圆柱、大门口两侧分别设置了尺寸不一的红砖装饰边、门口中央铺砌花岗岩斜板、铁门安装了滑轨等。其绘制步骤为：首先绘制圆柱、围墙轮廓线，接着绘制斜板、滑轨等图形；然后绘制各类填充图案，最后绘制图形标注（尺寸标注、文字标注）便可完成平面图的绘制。

01 将"轮廓线"图层置为当前图层。

02 绘制柱子。调用C（圆）命令，绘制半径为350的圆形；调用O（偏移）命令，设置偏移距离为50，向内偏移圆形，绘制柱子轮廓线如图9-114所示。

03 绘制围墙。调用L（直线）命令、O（偏移）命令，绘制围墙轮廓线如图9-115所示。

04 绘制120宽红砖铺装轮廓线。调用L（直线）命令绘制直线，调用O（偏移）命令，偏移线段，绘制轮廓线如图9-116所示。

05 绘制红砖走边及地面红砖铺装轮廓线。调用O（偏移）命令、TR（修剪）命令，偏移并修剪线段，绘制轮廓线的结果如图9-117所示。

06 绘制花岗岩斜板。调用REC（矩形）命令、O（偏移）命令，绘制并偏移矩形，如图9-118所示。

07 调用O（偏移）命令、TR（修剪）命令，绘制斜板内部分割线，如图9-119所示。

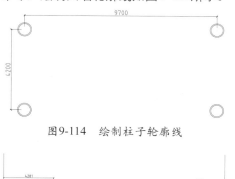

图9-114 绘制柱子轮廓线

图9-115 绘制围墙轮廓线

图9-116 绘制红砖铺装轮廓线

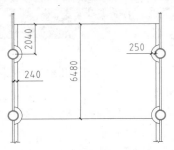

图9-117 绘制图形轮廓线

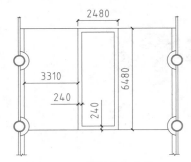

图9-118 绘制花岗岩斜板

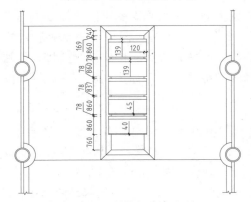

图9-119 绘制斜板内部分割线

08 绘制铁门。调用REC（矩形）命令、L（直线）命令，绘制铁门轮廓线，如图9-120所示。

09 绘制滑轨。调用A（圆弧）命令、O（偏移）命令，绘制轨道轮廓线，如图9-121所示。

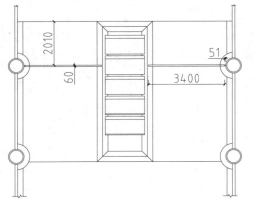

图9-120 绘制铁门

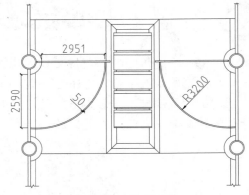

图9-121 绘制滑轨

10 将"图块"图层置为当前图层。

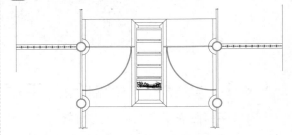

图9-122 调入图块

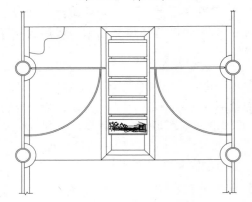

图9-123 绘制地面铺装示意范围

11 调入图块。按下Ctrl+O组合键，从配套光盘提供的"第9章/图块图例.dwg"文件中调入地面铺装图案、栏杆平面图块至平面图中，如图9-122所示。

12 将"填充"图层置为当前图层。

13 绘制地面铺装示意范围。调用SPL（样条曲线）命令，绘制地面铺装示意范围轮廓线，如图9-123所示。

14 填充图案。调用H（图案填充）命令，在调出的【图案填充和渐变色】对话框中设置图案填充参数，各项参数详细信息请参考表9-2。

表9-2 填充参数列表

编号	1	2	3
参数设置	**类型和图案** 类型(Y)：预定义 图案(P)：AR-CONC 颜色(C)：颜色 43 样例： 自定义图案(M)： **角度和比例** 角度(G)：0 比例(S)：1	**类型和图案** 类型(Y)：预定义 图案(P)：ANSI33 颜色(C)：颜色 43 样例： 自定义图案(M)： **角度和比例** 角度(G)：0 比例(S)：5	**类型和图案** 类型(Y)：预定义 图案(P)：LINE 颜色(C)：颜色 43 样例： 自定义图案(M)： **角度和比例** 角度(G)：0 比例(S)：25
编号	4	5	6
参数设置	**类型和图案** 类型(Y)：预定义 图案(P)：LINE 颜色(C)：颜色 43 样例： 自定义图案(M)： **角度和比例** 角度(G)：0 比例(S)：40	**类型和图案** 类型(Y)：预定义 图案(P)：AR-PARQ1 颜色(C)：颜色 43 样例： 自定义图案(M)： **角度和比例** 角度(G)：0 比例(S)：1	**类型和图案** 类型(Y)：预定义 图案(P)：LINE 颜色(C)：颜色 43 样例： 自定义图案(M)： **角度和比例** 角度(G)：90 比例(S)：40

15 对平面图执行图案填充的操作结果如图 9-124 所示。

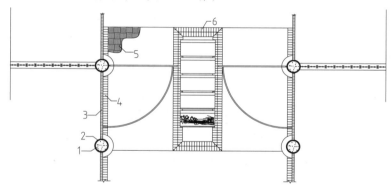

图9-124 图案填充

16 将"尺寸标注"图层置为当前图层。

17 尺寸标注。调用DLI（线性标注）命令、DCO（连续标注）命令，绘制尺寸标注，如图 9-125所示。

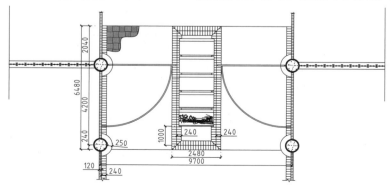

图9-125 绘制尺寸标注

18　将"文字标注"图层置为当前图层。

19　文字标注。调用MLD（多重引线）命令，绘制材料标注；调用MT（多行文字）命令，绘制图名标注；调用PL（多段线）命令，绘制下划线，如图9-126所示。

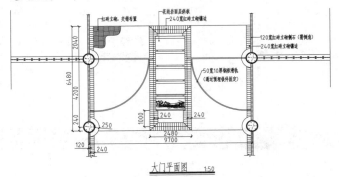

图9-126　绘制文字标注

9.6.2　实战——绘制园门立面图

园门立面图表现了公园大门的效果，包含了以下信息：如门口的大小、柱子的形状及尺寸、大门的样式、门口与围墙、民宅的衔接等。其绘制步骤为：首先绘制柱子图形，接着绘制铁门；然后绘制两扇铁门中间的花岗岩浮雕矮墙，接着对立面图填充各类图案；最后绘制标高标注、尺寸标注及图名标注便可完成立面图的绘制。

01　将"轮廓线"图层置为当前图层。

02　绘制立柱等的轮廓线。调用L（直线）命令、REC（矩形）命令，绘制立柱、地坪线等图形，如图9-127所示。

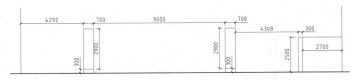

图9-127　绘制立柱等图形

03　绘制柱头。调用REC（矩形）命令、TR（修剪）命令，绘制柱头轮廓线，如图9-128所示。

图9-128　绘制柱头

04　绘制柱面装饰。调用REC（矩形）命令、L（直线）命令等，绘制装饰图形，如图9-129所示。

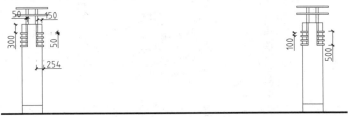

图9-129　绘制柱面装饰

05 绘制铁门。调用REC（矩形）命令、O（偏移）命令，绘制铁门轮廓线，如图9-130所示。

06 绘制门立面装饰。调用REC（矩形）命令绘制矩形；调用C（圆）命令，绘制半径为73的圆形；调用O（偏移）命令，设置偏移距离为172，选择圆形向内偏移，如图9-131所示。

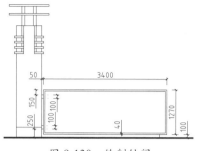

图 9-130　绘制铁门

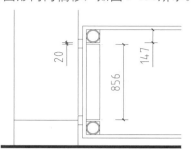

图 9-131　绘制门立面装饰

07 单击"修改"工具栏上的"矩形阵列"按钮，命令行提示如下：

```
命令: _arrayrect
选择对象: 指定对角点: 找到 4 个
类型 = 矩形   关联 = 是
选择夹点以编辑阵列或 ［关联(AS)/基点(B)/计数(COU)/间距(S)/列数(COL)/行数(R)/层数(L)/退出(X)］    <退出>: COU
输入列数数或 ［表达式(E)］ <4>: 20
输入行数数或 ［表达式(E)］ <3>: 1
选择夹点以编辑阵列或 ［关联(AS)/基点(B)/计数(COU)/间距(S)/列数(COL)/行数(R)/层数(L)/退出(X)］    <退出>: S
指定列之间的距离或 ［单位单元(U)］ <221>: 167
指定行之间的距离 <1785>: *取消*                           //按下Enter键;
选择夹点以编辑阵列或 ［关联(AS)/基点(B)/计数(COU)/间距(S)/列数(COL)/行数(R)/层数(L)/退出(X)］    <退出>:           //按下Esc键退出命令，阵列复制的结果如图9-132所示。
```

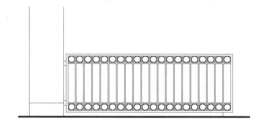

图9-132　矩形阵列

08 调用MI（镜像）命令，将左边的铁门镜像复制到右边，如图9-133所示。

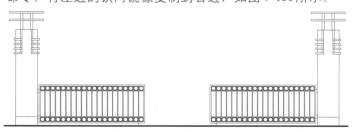

图9-133　镜像复制

09 绘制花岗岩浮雕矮墙。调用REC（矩形）命令、L（直线）命令，绘制矮墙轮廓线，如图9-134所示。

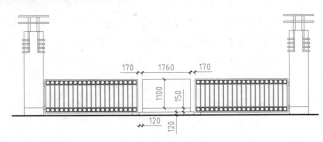

图9-134　绘制花岗岩浮雕矮墙

10 绘制围墙墙脚。调用O（偏移）命令、TR（修剪）命令，绘制墙脚轮廓线，如图 9-135所示。

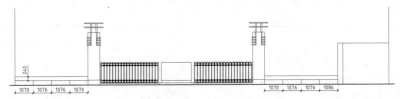

图9-135　绘制围墙墙脚

11 将"图块"图层置为当前图层。

12 调入图块。按下Ctrl+O组合键，从配套光盘提供的"第9章/图块图例.dwg"文件中调入浮雕、栏杆图块至立面图中，如图 9-136所示。

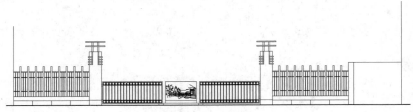

图9-136　调入图块

13 将"填充"图层置为当前图层。

14 填充图案。调用H（图案填充）命令，依据表 9-3中的信息在【图案填充和渐变色】对话框中设置图案填充参数。

表9-3　填充参数列表

编号	1	2	3
参数设置	类型和图案 类型(Y)：预定义 图案(P)：LINE 颜色(C)：颜色 43 样例： 自定义图案(M)： 角度和比例 角度(G)：90　比例(S)：22	类型和图案 类型(Y)：预定义 图案(P)：AR-SAND 颜色(C)：颜色 43 样例： 自定义图案(M)： 角度和比例 角度(G)：0　比例(S)：2	类型和图案 类型(Y)：预定义 图案(P)：AR-RROOF 颜色(C)：颜色 43 样例： 自定义图案(M)： 角度和比例 角度(G)：45　比例(S)：20

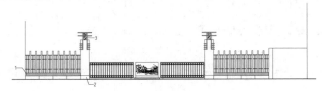

图9-137　填充图案

15 对立面图执行填充操作的结果如图 9-137所示。

16 将"尺寸标注"图层置为当前图层。

17 标高标注。调用I（插入）命令，调入标高图块并设置其标高参数值。

18 尺寸标注。调用DLI（线性标注）命令、DCO（连续标注）命令，为立面图绘制尺寸标注，如图 9-138所示。

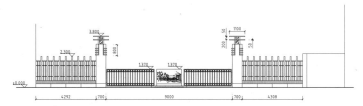

图9-138 绘制图形标注

19 双击尺寸标注文字以修改其参数值，结果如图 9-139所示。

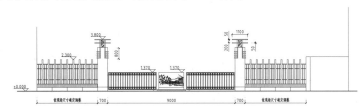

图9-139 修改结果

20 将"文字标注"图层置为当前图层。

21 文字标注。调用MLD（多重引线）命令，绘制材料标注；调用MT（多行文字）命令、PL（多段线）命令，绘制图名标注及下划线，如图 9-140所示。

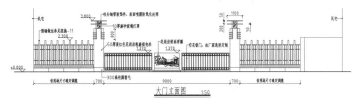

图9-140 文字标注

9.7 围墙绘制

围墙既有隔断、划分组织空间的作用，也具有围合、标示、衬景的功能；此外本身也具有装饰、美化环境、成为景点景物等功能，如图 9-141所示。

围墙的类型很多，可以以其构成的材料、结构形式等方面分为砌体围墙、金属围墙、竹木围墙等。

图9-141 围墙

▊ 9.7.1 实战——绘制围墙平面图

围墙的平面图表现了灯柱、墙体在俯视角度下的形状、尺寸，其绘制步骤为：首先绘制灯柱、灯图形，然后绘制墙线、栏杆轮廓线，最后绘制图形标注，包括尺寸标注及文字标注便可完成围墙平面图的绘制。

01 将"轮廓线"图层置为当前图层。

02 绘制灯柱。调用REC（矩形）命令、O（偏移）命令，绘制并偏移矩形，如图9-142所示。

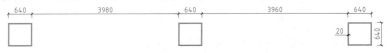

图9-142　绘制灯柱

03 绘制灯。调用C（圆）命令，绘制半径为120的圆形；调用L（直线）命令，过圆心绘制交叉直线，如图9-143所示。

图9-143　绘制灯

04 绘制墙线、栏杆。调用L（直线）命令、O（偏移）命令，绘制墙线及栏杆图形，如图9-144所示。

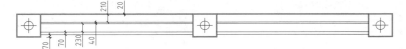

图9-144　绘制墙线及栏杆图形

05 将"尺寸标注"图层置为当前图层。

06 尺寸标注。调用DLI（线性标注）命令、DCO（连续标注）命令，绘制尺寸标注，如图9-145所示。

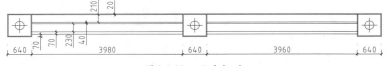

图9-145　尺寸标注

07 将"文字标注"图层置为当前图层。

08 文字标注。调用MLD（多重引线）命令、MT（多行文字）命令，分别绘制引线标注及图名标注，如图9-146所示。

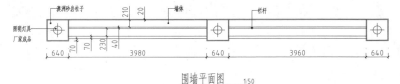

图9-146　文字标注

▊ 9.7.2 实战——绘制围墙立面图

围墙立面图表现了围墙的尺寸、用料、装饰配件等，其绘制步骤为：首先绘制柱子、墙体的外轮廓线，接着深化柱子及墙体，如柱子的装饰线、墙面装饰线；然后调入栏杆、麻石造型图块，最后绘制尺寸标注、材料标注以及图名标注，完成立面图的绘制。

01 将"轮廓线"图层置为当前图层。

02 绘制地坪线。调用PL（多段线）命令，设置线宽为60，通过指定多段线的起点及端点来绘制地坪线。

03 绘制柱子、墙体。调用REC（矩形）命令、L（直线）命令，绘制柱子、墙体轮廓线，如图9-147所示。

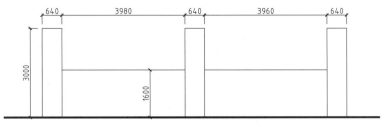

图9-147 绘制图形

04 调用O（偏移）命令、TR（修剪）命令，绘制柱子装饰层，如图9-148所示。

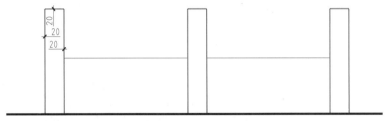

图9-148 绘制柱子装饰层

05 绘制20宽的勾缝。调用L（直线）命令、O（偏移）命令，绘制勾缝，如图9-149所示。

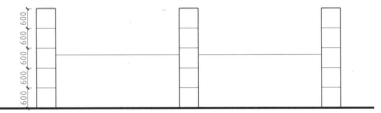

图9-149 绘制20宽的勾缝

06 绘制墙面装饰线。调用O（偏移）命令、TR（修剪）命令，绘制装饰轮廓线，如图9-150所示。

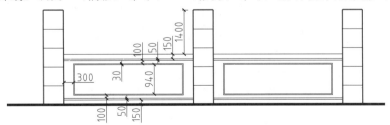

图9-150 绘制墙面装饰线

07 绘制排水口。调用C（圆）命令，绘制半径为25的圆形，如图9-151所示。

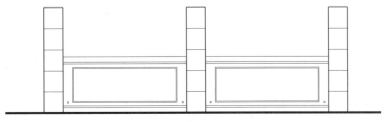

图9-151 绘制排水口

08 将"图块"图层置为当前图层。

09 调入图块。按下Ctrl+O组合键，从配套光盘提供的"第9章/图块图例.dwg"文件中调入灯具、栏杆等图块至立面图中，如图 9-152所示。

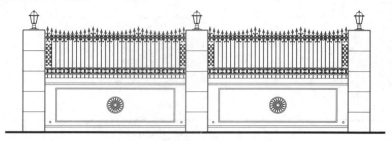

图9-152　调入图块

10 将"尺寸标注"图层置为当前图层。

11 尺寸标注。调用DLI（线性标注）命令、DCO（连续标注）命令，为立面图绘制尺寸标注，如图 9-153所示。

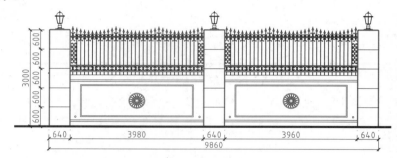

图9-153　尺寸标注

12 将"文字标注"图层置为当前图层。

13 文字标注。调用MLD（多重引线）命令、MT（多行文字）命令、PL（多段线）命令，绘制文字标注及下划线，如图 9-154所示。

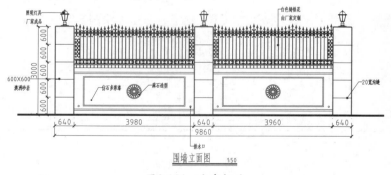

图9-154　文字标注

第10章
园路设计与制图

园路是园林工程的重要组成部分，有多种类型，例如汀步、礓磜、台阶、蹬道等。应根据不同的园林环境来确定园路的类型，本章介绍各类园路铺装的绘制。

10.1 园路设计概述

园路的种类。

本节介绍园路的相关知识，包括园路的功能、类型以及特殊

10.1.1 园路的功能

园路的功能分为两种，即实用功能及美学功能，具体表现在：

1. 划分、组织园林空间

在园林设计中，常常利用水体、地形、植物、建筑和园路划分园林的功能区域。对于地形起伏不大，建筑体量小的园林绿地，常采用道路围合和分离不同的景点或景区，以形成不同的园林空间，如图 10-1所示。

图10-1 利用道路划分园林空间

同时，借助于道路自身的路况（线形、断面、外观形状、路面材料、色彩等）的变化，以显示空间的性质、景观的特点，适应观赏内容的转换和活动方式的改变，从而起到组织园林空间的作用。

2. 组织交通和导游

第一，园路应满足各种园务运输和游人行走观赏的功能要求；第二，游人在道路上行走前进，园路可以为游人欣赏园景提供不同的连续性视点，取得步移景异的效果；第三，园林各景点之间的道路联系，为动态景观序列的展开指明了前进的方向，有序地引导游人从一个景点进入另一个景点。

3. 造景

园路作为空间环境设施的一个方面而存

在，自始至终伴随着游览者，密切地影响着景观效果。应用园路优美的线形、精美的路面铺装、丰富的材质色彩（如图 10-2所示）与周围的山水、道路、建筑、小品等景物有机结合，共同构成丰富而精美的园林景观景物。

图10-2 路面丰富的材质

4. 提供活动和休息场所

在园路的某些部位，如水旁、树下、与建筑的交接处、小品的周围、花台花坛旁等处，扩大园路的平面面积，或者辟为场地，增设座椅等设施，作为游人活动和休息的场所。

5. 组织排水

通过道路的布设，借助其坡度、路的边缘或者边沟来组织排水。

10.1.2 园路的类型

园路的类型有礓碴、无障碍园路、步石与汀步、台阶与蹬道。

1. 礓碴

在地形起伏变化较大的地段，道路的纵向坡度超过15%，为了便于车辆通行又能避免

行车打滑现象的出现，将路面表面层做成小锯齿状的坡道，称为礓磙。

礓磙中的凹痕深度一般为15mm，其间距为70～80mm，或者是220～240mm。如图10-3所示为纵向坡度较大的园路，如图10-4所示为纵向坡度较为平缓的园路。

图10-3 纵向坡度较大

图10-4 纵向坡度较为平缓

2. 无障碍园路

无障碍园路是专门为残疾人的行走通行来设置的道路。在设置无障碍园路时，应尽可能减少道路的横向坡度，排水沟篦子、雨水井盖等，不得突出地面，并注意不得卡住车轮或者盲人的拐杖。

如图10-5所示为无障碍坡道设计，如图10-6所示为盲人道的设计效果。

图10-5 无障碍坡道

图10-6 盲人道

3. 步石和汀步

步石是置于陆地上的采用天然或者人工整块形的材料铺设成的散点状的道路，多用于草坪、林间、岸边或假山与庭园之处，如图10-7所示。

汀步是设置于水面中的散点状的道路，常布置于溪间、滩地或者浅池之中，如图10-8所示。

图10-7 步石

图10-8 汀步

4．台阶和蹬道

当道路的纵向坡度过大，且超过12%时，应设置梯道而实现不同标高地面的交通联系，在园林设计中将这种设施称为台阶，如图 10-9所示。同时，台阶也可用于建筑物的出入口或者有高差变化的广场。

当路段坡度超过173%（坡角60°，坡值1:0.58）时，需要在山石或者建筑体上开凿坑穴以形成台阶，并在两侧加设栏杆铁索，以便于攀登，如图 10-10所示。这种特殊形式的台阶，在园林工程设计中称之为蹬道。蹬道的坑穴可错开成左右布置台阶，以方便游人相互搀扶。

图10-9　台阶

图10-10　蹬道

10.2 园路绘制

在确定了园路的位置后，常常需要对其进行图案填充操作。通过使用各种图案对园路轮廓线执行填充操作，可以丰富画面，也可大致表现园路的铺装效果，但是其实际的铺装效果还是要看最终的施工结果。

本节介绍各种园路铺装的绘制。

10.2.1 实战——绘制卵石小道

卵石小道的绘制步骤为，首先绘制道路轮廓线，然后在轮廓线内划分各种路面材料的填充区域，接着绘制各类图案来代表不同的材料，最后绘制文字标注，完成小道的绘制。

如图 10-11所示为卵石小道的铺装结果。

图10-11　卵石小道

01 绘制外轮廓线。调用L（直线）命令、PL（多段线）命令，绘制轮廓线如图 10-12所示。

02 绘制填充轮廓线。调用O（偏移）命令，偏移线段，如图10-13所示。

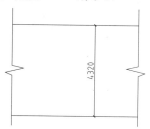

图10-12 绘制外轮廓线

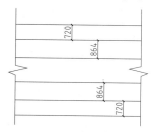

图10-13 绘制填充轮廓线

03 绘制石板。调用L（直线）命令、O（偏移）命令，绘制并偏移直线如图10-14所示。

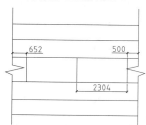

图10-14 绘制石板

04 填充块石图案。调用H（图案填充）命令，在【图案填充和渐变色】对话框中设置填充参数，如图10-15所示。

图10-15 填充参数

05 点取填充区域，绘制填充图案的结果如图10-16所示。

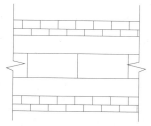

图10-16 填充块石图案

06 绘制卵石图案。按下Enter键，重复调用H（图案填充）命令，在【图案填充和渐变色】对话框中修改填充参数，如图10-17所示。

图10-17 修改填充参数

07 图案填充的结果如图10-18所示。

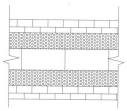

图10-18 绘制卵石图案

08 调用MLD（多重引线）命令，绘制道路铺装材料的文字标注，如图10-19所示。

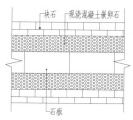

图10-19 绘制材料标注

10.2.2 实战——绘制水池汀步

汀步是位于水中的散点状的道路，常布置于溪间、滩地或者浅池中。汀步的绘制步骤为：首先调用水池平面图形，接着在水池上绘制青石板，最后绘制文字标注，完成水池中汀步的绘制。

如图 10-20所示为汀步的制作效果。

图10-20 汀步

01 打开素材。按下Ctrl+O组合键，打开配套光盘提供的"10.2.2 绘制水池汀步.dwg"文件，如图 10-21所示。

02 绘制石板。调用REC（矩形）命令，绘制尺寸为900×300的矩形；调用CO（复制）命令，移动复制矩形，如图 10-22所示。

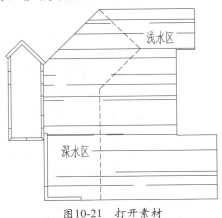

图10-21 打开素材

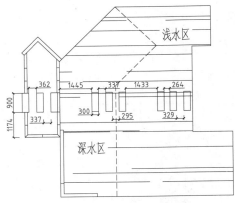

图10-22 绘制石板

03 重复调用REC（矩形）命令，绘制尺寸为901×927的矩形，如图 10-23所示。

04 调用MLD（多重引线）命令，绘制引线标注，如图 10-24所示。

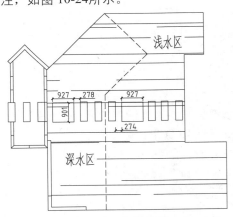

图10-23 绘制矩形

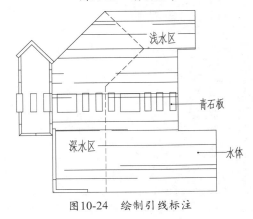

图10-24 绘制引线标注

10.2.3 实战——绘制嵌草步石

步石是置于陆地上的采用天然或者人工整块形的材料铺设成的散点状道路，弧形步石的绘制步骤为：首先调用圆弧命令来绘制道路轮廓线，接着在道路轮廓线内绘制步石图形；然后在步石与步石之间的缝隙填充青草图案，最后绘制材料标注，完成嵌草步石的绘制。

如图 10-25所示为嵌草步石的铺装效果。

图10-25 嵌草步石

01 绘制道路轮廓线。调用C（圆）命令、O（偏移）命令，绘制并偏移圆形。

02 调用L（直线）命令、TR（修剪）命令，绘制直线并修剪圆形，结果如图 10-26所示。

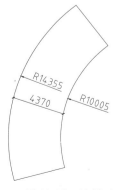

图10-26 绘制道路轮廓线

03 调用L（直线）命令，在圆弧所划定的范围内绘制步石轮廓线，如图 10-27所示。

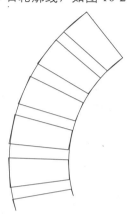

图10-27 绘制步石轮廓线

04 填充草地图案。调用H（图案填充）命令，在【图案填充和渐变色】对话框中设置草地的填充图案，如图 10-28所示。

图10-28 设置草地的填充图案

05 在平面图中点取草地种植范围，填充图案后，调用E（删除）命令，删除圆弧，结果如图 10-29所示。

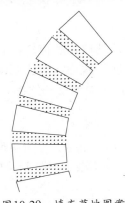

注，如图 10-30 所示。

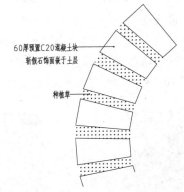

60厚预置C20混凝土块
斩假石饰面嵌于土层

种植草

图10-29　填充草地图案

图10-30　绘制材料标注

06 调用MLD（多重引线）命令，绘制材料标

■ 10.2.4 实战——绘制铺装小道

铺装小道是最常见的园路类型之一，由各种材料自由组合成多种图案，有施工方便与美观大方的优点。绘制铺装小道的步骤为：首先确定道路范围，需要在道路轮廓线的两侧绘制折断线，表示为截取路面中的某段来表示其铺装效果；接着定义材料的铺装范围、绘制铺装图案，最后绘制文字标注，便可完成铺装小道的绘制。

小道的铺装效果如图 10-31 所示。

图10-31　小道的铺装效果

01 绘制道路轮廓线。调用L（直线）命令、O（偏移）命令，绘制并偏移直线；调用PL（多段线）命令，绘制折断线，如图 10-32 所示。

02 绘制铺装轮廓线。调用O（偏移）命令，偏移道路轮廓线，如图 10-33 所示。

12322
7200

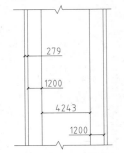

279
1200
4243
1200

图10-32　绘制道路轮廓线

图10-33　绘制铺装轮廓线

03 绘制石板铺装图案。调用L（直线）命令，绘制石板铺装图案，如图 10-34 所示。

04 绘制青石板铺装图案。调用H（图案填充）命令，在【图案填充和渐变色】对话框中设置石板填充参数，如图10-35所示。

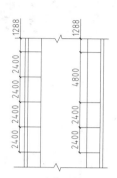

图10-34 绘制石板铺装图案

图10-35 设置参数

05 在平面图中拾取填充区域，绘制青石板图案如图10-36所示。

06 调用MLD（多重引线）命令，绘制地面铺装材料标注，如图10-37所示。

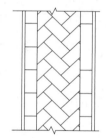

图10-36 绘制青石板图案

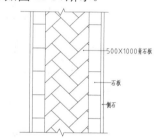

图10-37 绘制地面铺装材料标注

第11章
园林铺装设计与制图

园林铺装是指用各种材料进行的地面铺砌装饰，其中包括园路、广场、活动场地、建筑地坪等。园林铺装，不仅具有组织交通和引导游览的功能，还为人们提供了良好的休息、活动场地，同时还直接创造优美的地面景观，给人以美的享受，增强了园林的艺术效果。

本章介绍园林铺装设计图形的绘制。

11.1 园林铺装设计概述

园林铺装设计涉及铺装的尺度、铺装的色彩，铺装的质感以及铺装的图案纹样等，应将其中的各项因素综合起来，以使铺装效果最优化。

11.1.1 铺装的尺度

铺装图案的不同尺度能取得不一样的空间效果。铺装图案大小对外部空间能产生一定的影响，形体较大、较开展则会使空间产生一种宽敞的尺度感，而较小、紧缩的形状，则使空间具有压缩感和私密感。

如图 11-1所示为广场地面的铺装，如图 11-2所示为室内过道的地面铺装。

图11-1 广场地面的铺装

图11-2 室内过道的地面铺装

通过不同尺寸的图案以及合理采用与周围不同色彩、质感的材料，能影响空间的比例关系，可构造出与环境相协调的布局。通常大尺寸的花岗岩、抛光砖等材料适宜大空间，而中、小尺寸的地砖和小尺寸的马赛克，更适用于一些中小型空间。

如图 11-3所示为鸟巢广场的花岗岩地面

铺装效果。

有时小尺寸材料铺装形成的肌理效果或拼缝图案往往能产生出较好的形式趣味，或者利用小尺寸的铺装材料组合而成大的图案，也可以与大空间取得比例上的协调。

如图 11-4所示为使用小块尺寸的砖来铺砌广场地面的效果。

图11-3 鸟巢广场地面

图11-4 广场地面

11.1.2 铺装的色彩

铺装的色彩在园林中一般是衬托景点的背景，除特殊的情况外，少数情况会成为主景，所以要与周围环境的色调相协调。

假如色彩过于鲜亮，可能喧宾夺主，甚至造成园林景观的杂乱无章。色彩的选择还要充分考虑人的心理感受。色彩具有鲜明的个性,暖色调热烈,冷色调优雅,明色调轻快,暗色调宁静。

色彩的应用应追求统一中求变化,即铺装的色彩要与整个园林景观相协调,同时运用园林艺术的基本原理,用视觉上的冷暖节奏变化以及轻重缓急节奏的变化,打破色彩千篇一律的沉闷感,最重要的是做到稳重而不沉闷,鲜明而不俗气。

在具体的应用中,例如在活动区尤其是在儿童游戏场,可使用色彩鲜艳的铺装,造成活泼、明快的气氛,如图11-5所示。

在公园绿色草坪中间镶嵌浅色素雅的石板路,宾主分明,色彩协调融洽,如图11-6所示。

候,我们要充分考虑空间的大小。

大空间要做的粗犷些,应该选用质地粗大、厚实,线条较为明显的材料,因为粗糙往往使人感到稳重;另外,在烈日下面,粗糙的铺装可以较好的吸收光线,不显得耀眼。

小空间则应该采用较细小、圆滑、精细的材料,细致感给人轻巧、精致、柔和的感觉。因此,大面积的铺装宜选用粗质感的铺装材料,细微处、重点之处宜选用细质感的材料。

麻面石料和灰色仿花岗岩铺面的园林小径,追求的是一种粗犷、稳定的感觉,如图11-7所示;而卵石的小道则让人感到舒畅、亲切,如图11-8所示。

不同的素材创造了不同的美的效应。不同质地的材料在同一景观中出现,必须注意其调和性,恰当地运用相似及对比原理,组成统一和谐的园林铺装景观。

图11-5　儿童游戏场地面

图11-7　花岗岩铺面

图11-6　石板路

图11-8　卵石小道

11.1.3　铺装的质感

铺装质感在很大程度上依靠材料的质地给人们传输各种感受。在进行铺装设计的时

11.2 绘制园林铺装

园林景观中的铺装有园路的铺装、广场的铺装等。在对地面铺装进行规划设计时，涉及材料的选择、样式的种类等。使用相同的或者不同的材料来制作各种拼花图案，可丰富园路或者地面的装饰效果。

本节介绍地面铺装图形的绘制。

11.2.1 实战——绘制铺装地花

铺装地花的绘制步骤为：首先绘制地花，地花看似复杂，仔细研究就会发现，其实是由一个个大小不一的椭圆组成的。因此，通过绘制、复制椭圆可得到地花图形，再填充各种类型的图案来丰富图形，可完成地花的绘制。接着绘制卵石铺装图案、材料标注，完成铺装地花的绘制。

如图 11-9 所示为地花的铺装效果。

图11-9 铺装地花

01 绘制地花图形。调用C（圆）命令，绘制半径为4的圆形，如图 11-10所示。

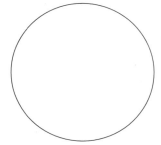

图11-10 绘制圆形

02 调用EL（椭圆）命令，绘制长轴为8，短轴为1.5的椭圆，如图 11-11所示。

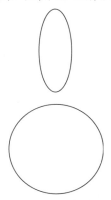

图11-11 绘制椭圆

03 执行"修改"|"阵列"|"环形阵列"命令，指定圆心为阵列中心点，设置阵列项目为12，阵列复制椭圆，如图 11-12所示。

04 执行"椭圆"命令，绘制长轴为15，短轴为3的椭圆，如图 11-13所示。

图11-12 复制椭圆 图11-13 绘制椭圆

05 调用"环形阵列"命令，设置阵列项目数为16，阵列复制椭圆，如图 11-14所示。

06 调用EL（椭圆）命令，继续绘制长轴为

15，短轴为3的椭圆；然后调用"环形阵列"命令，设置阵列项目数为23，复制椭圆，如图11-15所示。

图11-14　路径阵列

图11-15　绘制并复制椭圆

07 绘制长轴为19，短轴为4的椭圆，如图11-16所示。

08 设置阵列项目数为30，阵列复制椭圆，如图11-17所示。

图11-16　绘制图形

图11-17　复制图形

09 调用EL（椭圆）命令，绘制长轴为38，短轴为8的椭圆；设置阵列项目数为30，阵列复制椭圆，如图11-18所示。

10 绘制长轴为76，短轴为17的椭圆，然后设置阵列项目数为21，对其执行复制操作的结果如图11-19所示。

图11-18　操作结果

图11-19　阵列复制椭圆

11 填充图案。调用H（图案填充）命令，参考表 11-1中的信息，在【图案填充和渐变色】对话框中设置图案填充参数，对地花图形执行填充操作的结果如图 11-20所示。

表11-1 参数设置列表

编号	1	2	3
参数设置	类型和图案 类型(Y)：预定义 图案(P)：ANSI33 颜色(C)：ByLayer 样例： 自定义图案(M)： 角度和比例 角度(G)：135 比例(S)：2	类型和图案 类型(Y)：预定义 图案(P)：AR-SAND 颜色(C)：ByLayer 样例： 自定义图案(M)： 角度和比例 角度(G)：0 比例(S)：0.2	类型和图案 类型(Y)：预定义 图案(P)：ANSI35 颜色(C)：ByLayer 样例： 自定义图案(M)： 角度和比例 角度(G)：0 比例(S)：1
编号	4	5	6
参数设置	类型和图案 类型(Y)：预定义 图案(P)：DOTS 颜色(C)：ByLayer 样例： 自定义图案(M)： 角度和比例 角度(G)：0 比例(S)：1	类型和图案 类型(Y)：预定义 图案(P)：ANSI33 颜色(C)：ByLayer 样例： 自定义图案(M)： 角度和比例 角度(G)：135 比例(S)：1	

12 调用REC（矩形）命令，绘制尺寸为2000×1500的矩形。

调用CO（复制）命令，将地花移动复制到矩形内；调用SC（缩放）命令，调整地花的大小，如图 11-21所示。

图11-20 填充图案

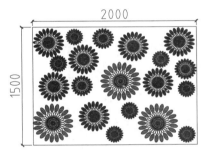

图11-21 复制图形

13 绘制卵石铺装。调用EL（椭圆）命令，绘制椭圆表示卵石图形；调用CO（复制）命令、RO（旋转）命令及SC（缩放）命令，复制并调整卵石的角度及大小。

14 调用MLD（多重引线）命令，绘制材料标注，如图 11-22所示。

成品拼花

卵石铺装

图11-22 绘制卵石铺装

▌11.2.2 实战——绘制广场中心铺装图案

广场中心图案的绘制步骤为：首先绘制圆形及正六边形铺装轮廓线，接着绘制位于广场上的休息座椅，然后填充各种铺装图案，最后绘制材料标注，便可完成广场中心铺装的绘制。

如图11-23所示为广场中心地面铺装效果。

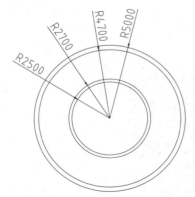

图11-23 广场中心地面铺装效果

01 绘制铺装外轮廓线。调用C（圆）命令、O（偏移）命令，绘制并偏移圆形，如图11-24所示。

图11-24 绘制并偏移圆形

02 绘制内部铺装轮廓线。执行"绘图"|"正多边形"命令，设置边数为6，半径为1860，绘制外切于圆的正六边形。

03 调用O（偏移）命令，设置偏移距离为300，

选择正多边形向内偏移，如图11-25所示。

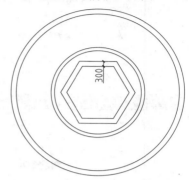

图11-25 绘制并偏移正多边形

04 绘制照明灯。调用C（圆）命令，绘制半径为120的圆形表示灯的外轮廓线，如图11-26所示。

05 绘制休息座椅。调用REC（矩形）命令，绘制座椅椅背如图11-27所示。

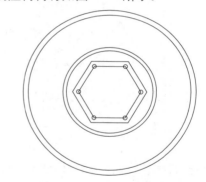

图11-26 绘制圆形

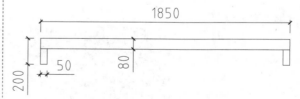

图11-27 绘制座椅椅背

06 调用REC（矩形）命令、X（分解）命令，绘制并分解矩形；调用O（偏移）命令，偏移矩形边线，如图11-28所示。

07 调用O（偏移）命令、TR（修剪）命令，偏移并修剪线段，完成座椅的绘制，结果如图11-29所示。

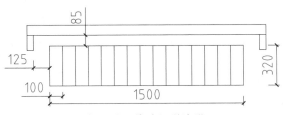

图11-28 偏移矩形边线

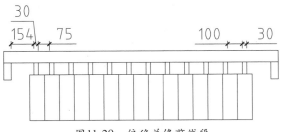

图11-29 偏移并修剪线段

08 调用M（移动）命令，将座椅图形移动至六边形上；调用TR（修剪）命令，修剪多余线段，如图11-30所示。

09 调用RO（旋转）命令，设置角度为120°，调整座椅的角度。

10 调用M（移动）命令、TR（修剪）命令，移动座椅至多边形上后修剪线段，如图11-31所示。

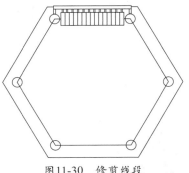

图11-30 修剪线段

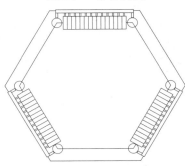

图11-31 复制图形

11 填充图案。调用H（图案填充）命令，参考表11-2中的参数信息，对地面铺装轮廓线执行填充操作，如图11-32所示。

表11-2 参数设置列表

编号	1	2	3	4
参数设置	类型和图案 类型(Y)：预定义 图案(P)：AR-PARQ1 颜色(C)：ByLayer 样例： 自定义图案(M)： 角度和比例 角度(G)：45 比例(S)：2	类型和图案 类型(Y)：预定义 图案(P)：AR-B816 颜色(C)：ByLayer 样例： 自定义图案(M)： 角度和比例 角度(G)：135 比例(S)：2	类型和图案 类型(Y)：预定义 图案(P)：HONEY 颜色(C)：ByLayer 样例： 自定义图案(M)： 角度和比例 角度(G)：0 比例(S)：60	类型和图案 类型(Y)：预定义 图案(P)：SOLID 颜色(C)：ByLayer 样例： 自定义图案(M)：

12 调用MLD（多重引线）命令，绘制地面铺装的材料标注，如图11-33所示。

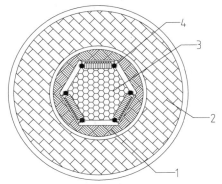

图11-32 图案填充

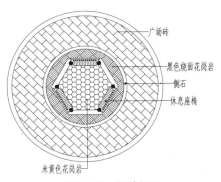

图11-33 材料标注

广场砖

黑色烧面花岗岩

侧石

休息座椅

米黄色花岗岩

11.2.3 实战——绘制方形地砖铺装

方形地砖铺装是最常见的铺装类型之一,其绘制步骤为:首先绘制铺装辅助线,可使所绘制的铺装图形整齐美观;接着绘制在水平方向及垂直方向上铺装的美力砖,然后删除辅助线,绘制材料标注,完成方形地砖铺装的绘制。

如图 11-34所示为方形地砖铺装的效果。

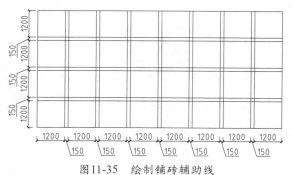

图11-34 方形地砖铺装效果

01 绘制铺砖辅助线。调用L(直线)命令、O(偏移)命令,绘制并偏移直线,如图 11-35所示。

图11-35 绘制铺砖辅助线

02 绘制美力砖。调用REC(矩形)命令,绘制

尺寸为1200×300的矩形;调用CO(复制)命令,移动复制矩形,如图11-36所示。

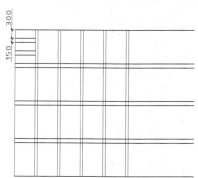

图 11-36 绘制矩形

03 调用CO(复制)命令,选择上一步骤所绘制的砖图形,在铺装范围内移动复制,如图 11-37所示。

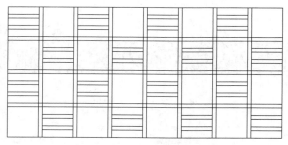

图11-37 复制矩形

04 选择砖图形,调用RO(旋转)命令,设置旋转角度为90°,调整砖的角度后,调用CO(复制)命令,在铺装范围内移动复制砖图形的结果如图 11-38所示。

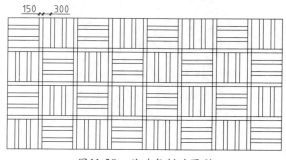

图11-38 移动复制砖图形

05 调用E（删除）命令，删除铺砖辅助线，如图11-39所示。

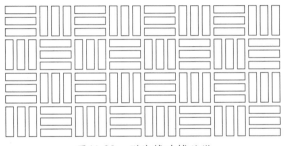

图11-39 删除铺砖辅助线

06 调用MLD（多重引线）命令，绘制引线标注，如图11-40所示。

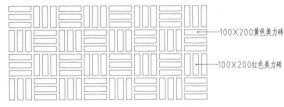

100×200黄色美力砖

100×200红色美力砖

图11-40 绘制引线标注

11.3 绘制其他类型的园路铺装

在园林设计工程中，随处可见各种样式的园路铺装，除了前面所讲述的几种常见的铺装方式之外，还有很多铺装方式在园林设计中经常被使用，本节来介绍它们的绘制方法。

11.3.1 绘制嵌草铺装

嵌草路是常见的园路之一，可以在砖内植草，也可在砖与砖之间的缝隙植草，如图11-41所示。嵌草路可以增加草地的种植区域，还可提供除绿化之外的步行、停车等作用，是较为常用的铺装方式之一。

本节介绍嵌草铺装的平面图及剖面图的绘制。

图11-41 嵌草路

1. 绘制嵌草铺装平面图

嵌草铺装平面图的绘制步骤为，首先绘制嵌草砖图形，可以在矩形的基础上执行倒角、偏移、修剪等操作，在得到嵌草砖图形后，对其填充草图案，接着镜像复制嵌草砖图形，可以完成嵌草铺装的绘制。

01 绘制铺装块轮廓线。调用REC（矩形）命令，绘制如图11-42所示的矩形。

02 调用CHA（倒角）命令，设置第一个、第二个倒角距离为200，对矩形执行倒角操作，如图11-43所示。

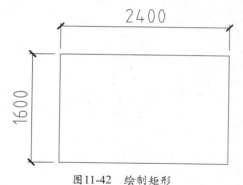

图11-42　绘制矩形

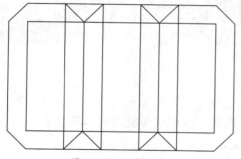

图11-43　倒角操作

03 调用X（分解）命令分解矩形；调用O（偏移）命令，偏移矩形边线，如图11-44所示。

04 调用L（直线）命令，绘制如图 11-45 所示的线段。

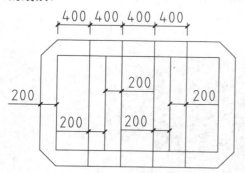

图11-44　偏移矩形边线

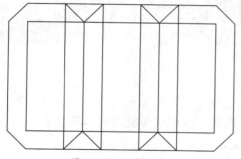

图11-45　绘制线段

05 调用TR（修剪）命令，修剪线段如图11-46所示。

06 调用O（偏移）命令来偏移矩形边线，调用L（直线）命令，绘制如图11-47所示的直线。

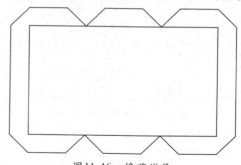

图11-46　修剪线段

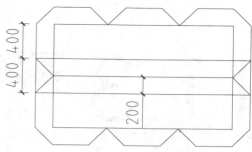

图11-47　绘制直线

07 调用TR（修剪）命令修剪线段，调用E（删除）命令，删除多余线段如图11-48所示。

08 调用L（直线）命令，绘制如图 11-49 所示的连接直线。

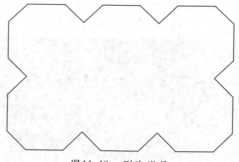

图11-48　删除线段

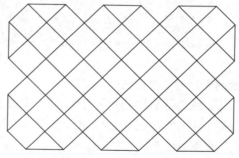

图11-49　绘制连接直线

09 调用TR（修剪）命令，修剪线段，如图11-50所示。

10 填充图案。调用H（图案填充）命令，在【图案填充和渐变色】对话框中选择名称为GARSS的图案，设置填充比例为2，对图形执行填充操作的结果如图11-51所示。

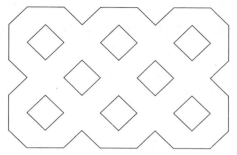

图11-50 修剪线段

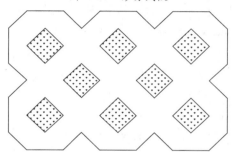

图11-51 填充图案

11 调用MI（镜像）命令，镜像复制嵌草铺装块；调用H（图案填充）命令，对图形填充GARSS图案，如图11-52所示。

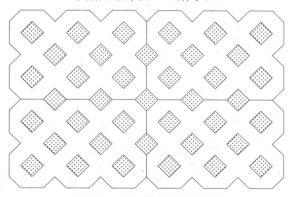

图11-52 镜像复制嵌草铺装块

2. 绘制嵌草铺装地剖面图

嵌草铺装剖面图的绘制步骤为，首先需要定义铺装地的分层线，可以通过绘制并偏移直线来得到，接着填充各种图案来代表各种分层，如素土夯实、片石铺底等，最后绘制材料标注，完成铺装剖面图的绘制。

01 绘制铺装地分层轮廓线。调用L（直线）命令、O（偏移）命令，绘制并偏移直线，如图11-53所示。

02 调用PL（多段线）命令，绘制折断线如图11-54所示。

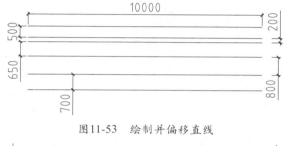

图11-53 绘制并偏移直线

图11-54 绘制折断线

03 调用L（直线）命令、O（偏移）命令，绘制并偏移直线，完成嵌草砖轮廓线的绘制，如图11-55所示。

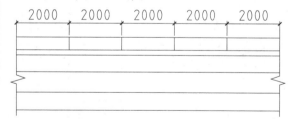

图11-55 绘制嵌草砖轮廓线

04 填充图案。调用H（图案填充）命令，在【图案填充和渐变色】对话框中设置图案填充参数，参数设置请参考表11-3。

表11-3 参数设置

编号	1		2		3	
参数设置	类型和图案 类型(Y): 预定义 图案(P): AR-PARQ1 颜色(C): ByLayer 样例: 自定义图案(M): 角度和比例 角度(G): 45　比例(S): 4		类型和图案 类型(Y): 预定义 图案(P): ANSI38 颜色(C): ByLayer 样例: 自定义图案(M): 角度和比例 角度(G): 0　比例(S): 60		类型和图案 类型(Y): 预定义 图案(P): AR-CONC 颜色(C): ByLayer 样例: 自定义图案(M): 角度和比例 角度(G): 0　比例(S): 3	
编号	4		5			
参数设置	类型和图案 类型(Y): 预定义 图案(P): AR-SAND 颜色(C): ByLayer 样例: 自定义图案(M): 角度和比例 角度(G): 0　比例(S): 3		类型和图案 类型(Y): 预定义 图案(P): GRASS 颜色(C): ByLayer 样例: 自定义图案(M): 角度和比例 角度(G): 0　比例(S): 8			

05 对图形执行填充操作的结果如图 11-56所示。

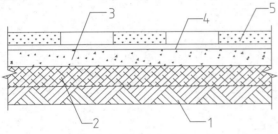

图11-56 填充图案

06 调用E（删除）命令，删除下侧轮廓线，如图 11-57所示。

07 调用MLD（多重引线）命令，绘制材料标注，如图 11-58所示。

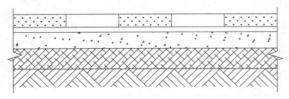

图11-57 删除下侧轮廓线

100厚嵌草铺装块内植草
30厚黄砂
100厚塘渣或矿渣
200厚片石铺底
素土夯实

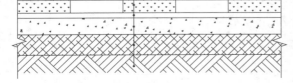

图11-58 绘制材料标注

11.3.2 绘制停车场铺装

停车场的铺装依具体情况而有所不同，室外停车场的车流量较大，所选用的铺装材料需要耐磨、耐腐蚀；而室内停车场因为可以避免室外的风吹日晒，因此主要选用耐磨、易清洗的铺装材料。

如图 11-59所示分别为室外停车场及室内停车场的铺装效果。

图11-59 停车场铺装

1.绘制停车场铺装平面图

停车场铺装平面图的步骤为，首先绘制矩形来表示砖轮廓线，接着绘制直线来定义花岗岩铺装范围；然后绘制内部的铺装轮廓线，填充各类图案，绘制材料文字说明，可以完成铺装平面图的绘制。

01 绘制砖的轮廓线。调用REC（矩形）命令、CO（复制）命令，绘制并复制矩形，如图11-60所示。

02 绘制花岗岩铺装轮廓线。调用L（直线）命令，绘制如图11-61所示的线段。

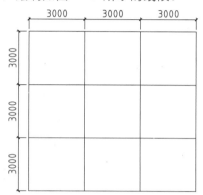

图11-60　绘制矩形

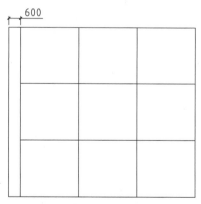

图11-61　绘制线段

03 绘制铺装轮廓线。调用X（分解）命令分解矩形，调用O（偏移）命令，偏移矩形边线，如图11-62所示。

04 调用E（删除）命令删除矩形边线，调用PL（多段线）命令，绘制折断线，如图11-63所示。

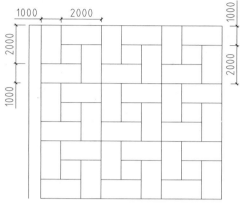

图11-62　绘制铺装轮廓线

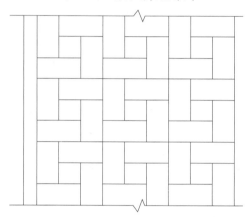

图11-63　绘制折断线

05 填充图案。调用H（图案填充）命令，调出【图案填充和渐变色】对话框，设置参数如表11-4所示。

表11-4　参数设置

编号	1	2	3
参数设置	类型和图案 类型(T)：预定义 图案(P)：AR-SAND 颜色(C)：ByLayer 样例： 自定义图案(U)： 角度和比例 角度(G)：0　比例(S)：4	类型和图案 类型(T)：预定义 图案(P)：AR-HBONE 颜色(C)：ByLayer 样例： 自定义图案(U)： 角度和比例 角度(G)：0　比例(S)：2	类型和图案 类型(T)：预定义 图案(P)：AR-B816 颜色(C)：ByLayer 样例： 自定义图案(U)： 角度和比例 角度(G)：0　比例(S)：7

06 对平面图执行填充操作的结果如图 11-64所示。

07 调用MLD（多重引线）命令，绘制材料标注，如图 11-65所示。

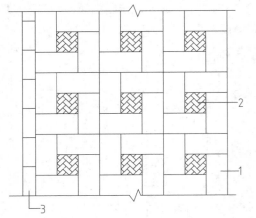

图11-64　填充铺装图案

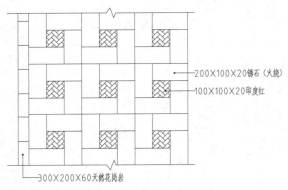

图11-65　绘制材料标注

2．绘制停车场铺装剖面图

　　停车场铺装剖面图的绘制步骤为，首先绘制及偏移线段来得到铺装分层轮廓线，接着绘制代表各分层的图案，最后绘制材料说明文字，完成铺装剖面图的绘制。

01 绘制铺装分层轮廓线。调用L（直线）命令、O（偏移）命令、TR（修剪）命令，绘制如图 11-66所示的轮廓线。

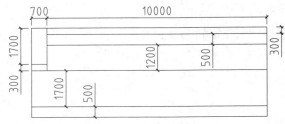

图11-66　绘制铺装分层轮廓线

02 绘制勾缝。调用O（偏移）命令、TR（修剪）命令，绘制勾缝，如图 11-67所示。

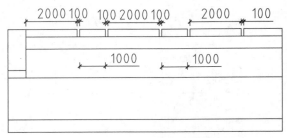

图11-67　绘制勾缝

03 填充铺装图案。调用H（图案填充）命令，在【图案填充和渐变色】对话框中设置填充参数，如表 11-5所示。

表11-5　参数设置

编号	1	2	3	4
参数设置	类型和图案 类型(T)：预定义 图案(P)：AR-PARQ1 颜色(C)：ByLayer 样例： 自定义图案： 角度和比例 角度(G)：45　比例(S)：4	类型和图案 类型(T)：预定义 图案(P)：AR-SAND 颜色(C)：ByLayer 样例： 自定义图案： 角度和比例 角度(G)：45　比例(S)：7	类型和图案 类型(T)：预定义 图案(P)：AR-CONC 颜色(C)：ByLayer 样例： 自定义图案： 角度和比例 角度(G)：45　比例(S)：4	类型和图案 类型(T)：预定义 图案(P)：MUDST 颜色(C)：ByLayer 样例： 自定义图案： 角度和比例 角度(G)：45　比例(S)：15

04 在剖面图中拾取填充区域来绘制图案填充，调用E（删除）命令删除轮廓线，结果如图 11-68所示。

05 调用MLD（多重引线）命令，绘制铺装材料说明文字，如图 11-69所示。

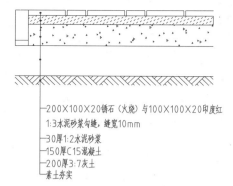

200×100×20锈石（火烧）与100×100×20印度红
1:3水泥砂浆勾缝，缝宽10mm
30厚1:2水泥砂浆
150厚C15混凝土
200厚3:7灰土
素土夯实

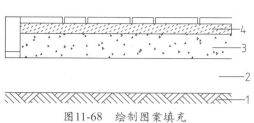

图11-68 绘制图案填充　　　　图11-69 绘制材料标注

11.3.3 绘制入户处铺装

入户铺装在别墅园林设计中是一个重要的环节，在设计时需要考虑美观性及实用性。例如通过车库道路铺装的选材与通往居室道路的选材是不同的。往车库的道路需要保证车辆行驶的要求，受压较大，多使用石材等来铺砌；往居室的道路主要是满足人们平时的通行，可选择多种铺装样式或者铺装材料，例如汀步、卵石小道等，这主要是根据园林设计的风格来定。

如图 11-70所示分别为别墅车库道路及入户道路的铺装效果。

图11-70 入户铺装

1. 绘制入户处铺装平面图

入户铺装平面图的绘制步骤为，先将素材文件打开，接着在文件上绘制铺装轮廓

线、铺装图案便可以完成铺装平面图的绘制，最后不要忘记绘制剖切符号以及铺装材料标注文字。

01 调入素材。打开配套光盘提供的"11.3.3 绘制入户铺装平面图.dwg"文件，如图 11-71所示。

02 绘制铺装轮廓线。调用L（直线）命令，绘制如图 11-72所示的直线。

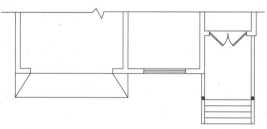

图11-71 调入素材文件

图11-72 绘制铺装轮廓线

03 绘制汀步。调用REC（矩形）命令，绘制汀步图形，如图11-73所示。

04 填充铺装图案。调用H（图案填充）命令，在【图案填充和渐变色】对话框中分别设置铺石路面及草皮的填充图案，如图11-74所示。

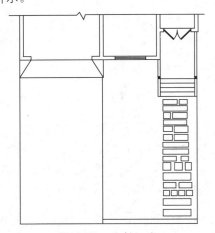

图11-73 绘制汀步

图11-74 设置填充参数

05 在平面图中拾取填充区域，绘制填充图案的结果如图11-75所示。

06 调用PL（多段线）命令、MT（多行文字）命令，绘制剖切符号，如图11-76所示。

07 调用MLD（多重引线）命令，绘制铺装材料文字标注，如图11-77所示。

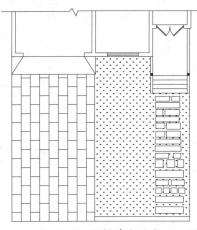

图11-75 绘制填充图案

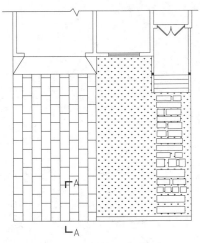

图11-76 绘制剖切符号

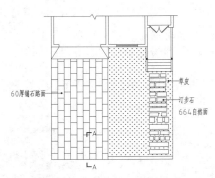

图11-77 绘制文字标注

2. 绘制A-A剖面图

A-A剖面图的绘制步骤为，首先绘制各铺装层次轮廓线，然后填充各铺装材料图案，最后绘制材料文字标注，即可完成剖面图的绘制。

01 绘制铺装层次轮廓线。调用L（直线）命令、O（偏移）命令，绘制并偏移直线，如图11-78所示。

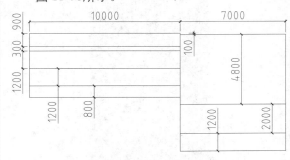

图11-78 绘制并偏移直线

02 调用O（偏移）命令、TR（修剪）命令，偏移并修剪线段，如图11-79所示。

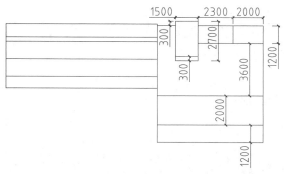

图11-79 偏移并修剪线段

03 调用CHA（倒角）命令，设置第一个、第二个倒角，距离均为200，对线段执行倒角处理。

04 调用L（直线）命令来绘制直线，调用TR（修剪）命令，修剪线段，如图11-80所示。

05 绘制石材缝隙。调用O（偏移）命令，偏移线段，如图11-81所示。

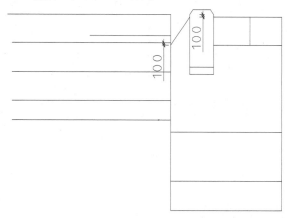

图11-80 修剪线段

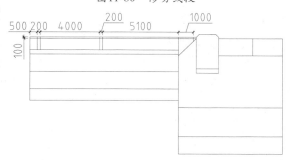

图11-81 偏移线段

06 调用TR（修剪）命令，修剪线段，如图11-82所示。

07 调用L（直线）命令，绘制如图11-83所示的直线。

08 调用TR（修剪）命令来修剪线段，调用E（删除）命令删除线段，如图11-84所示。

09 调用E（删除）命令来删除边界线，调用PL（多段线）命令，绘制折断线如图11-85所示。

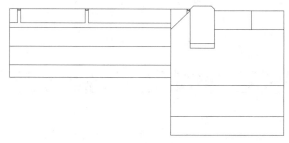

图11-82 修剪线段

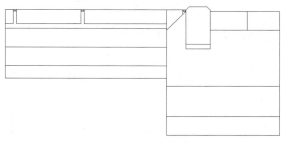

图11-83 绘制直线

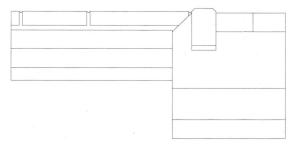

图11-84 删除线段

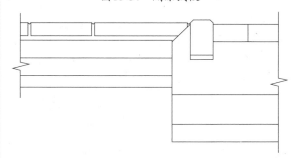

图11-85 绘制折断线

10 填充图案。调用H（图案填充）命令，在调出的【图案填充和渐变色】对话框中设置参数，如表11-6所示。

表11-6　参数设置

编号	1	2	3
参数设置	**类型和图案** 类型(T): 预定义 图案(P): AR-PARQ1 颜色(C): ByLayer 样例: 自定义图案(M): **角度和比例** 角度(G): 45　比例(S): 10	**类型和图案** 类型(T): 预定义 图案(P): GRAVEL 颜色(C): ByLayer 样例: 自定义图案(M): **角度和比例** 角度(G): 0　比例(S): 65	**类型和图案** 类型(T): 预定义 图案(P): AR-CONC 颜色(C): ByLayer 样例: 自定义图案(M): **角度和比例** 角度(G): 0　比例(S): 5
编号	4	5	6
参数设置	**类型和图案** 类型(T): 预定义 图案(P): AR-SAND 颜色(C): ByLayer 样例: 自定义图案(M): **角度和比例** 角度(G): 0　比例(S): 5	**类型和图案** 类型(T): 预定义 图案(P): ANSI31 颜色(C): ByLayer 样例: 自定义图案(M): **角度和比例** 角度(G): 0　比例(S): 70	**类型和图案** 类型(T): 预定义 图案(P): BRASS 颜色(C): ByLayer 样例: 自定义图案(M): **角度和比例** 角度(G): 45　比例(S): 60

11　在剖面图中拾取填充区域来绘制填充图案，调用E（删除）命令，删除轮廓线，结果如图 11-86 所示。

12　坡度标注。调用PL（多段线）命令，绘制起点宽度为0，端点宽度为150的箭头；调用MT（多行文字）命令，绘制坡度标注，如图 11-87所示。

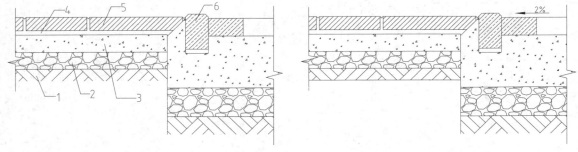

图11-86　填充图案　　　　　　　　　　　　图11-87　绘制坡度标注

13　调用MLD（多重引线）命令，绘制铺装材料文字说明，如图 11-88所示。

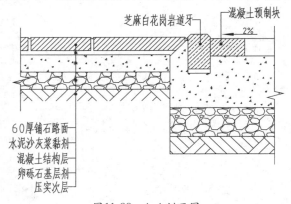

图11-88　A-A剖面图

11.3.4　绘制古亭地面铺装

依据亭子的建造方式不同，亭子地面的铺装也会有很大的差异。如图 11-89所示的亭子为木质结构，所以地面多使用木板来铺装；如图 11-90所示的亭子为钢筋混凝土结构，所以地面多使用石板或者砖来铺砌。

图11-89 地板铺装   图11-90 石材铺装

1. 绘制古亭地面铺装平面图

铺装平面图的绘制次序为，首先绘制地面轮廓线，然后在此基础上绘制座椅、柱子，接着绘制各类材料图案，最后绘制尺寸标注、文字标注便可以完成图形的绘制。

01 绘制古亭地面轮廓线。调用L（直线）命令，绘制如图 11-91所示的轮廓线。

02 调用O（偏移）命令，向内偏移直线；调用TR（修剪）命令，修剪线段如图 11-92所示。

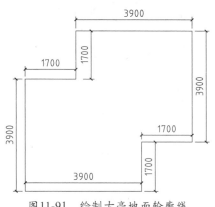

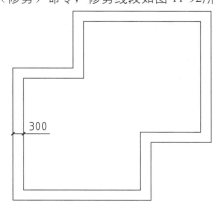

图11-91 绘制古亭地面轮廓线   图11-92 修剪线段

03 绘制休息座椅轮廓线。调用O（偏移）命令、TR（修剪）命令，偏移并修剪线段，如图 11-93所示。

04 绘制混凝土柱。调用O（偏移）命令，选择坐凳轮廓线向内偏移；调用F（圆角）命令，设置圆角半径为0，对线段执行圆角操作，如图 11-94所示。

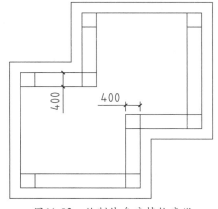

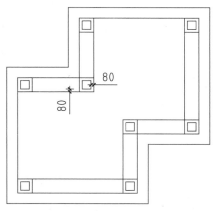

图11-93 绘制休息座椅轮廓线   图11-94 绘制混凝土柱

05 填充图案。调用H（图案填充）命令，调出【图案填充和渐变色】对话框，设置参数如表 11-7 所示。

表11-7 参数设置

编号	1	2	3	4
参数设置	类型和图案 类型(Y)：预定义 图案(P)：GOST_WOOD 颜色(C)：颜色 8 样例： 角度和比例 角度(G)：90 比例(S)：20	类型和图案 类型(Y)：预定义 图案(P)：SOLID 颜色(C)：颜色 253 样例： 自定义图案(M)：	类型和图案 类型(Y)：预定义 图案(P)：FLEX 颜色(C)：颜色 253 样例： 自定义图案(M)： 角度和比例 角度(G)：0 比例(S)：7	类型和图案 类型(Y)：预定义 图案(P)：AR-B816 颜色(C)：ByLayer 样例： 自定义图案(M)： 角度和比例 角度(G)：0 比例(S)：1

06 在平面图中拾取填充区域来绘制各填充图案，结果如图 11-95所示。

07 调用DLI（线性标注）命令、DCO（连续标注）命令，绘制尺寸标注，如图 11-96所示。

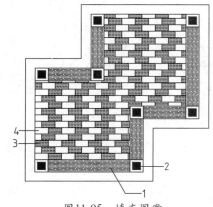

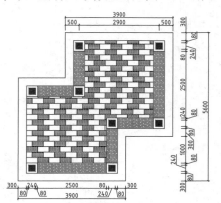

图11-95 填充图案　　　　　　　图11-96 绘制尺寸标注

08 调用MLD（多重引线）命令，绘制材料标注文字，如图 11-97所示。

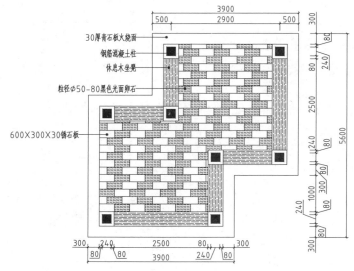

图11-97 绘制材料标注文字

2. 绘制古亭地面铺装构造大样图

铺装构造大样图的绘制次序依次为，首先绘制铺装轮廓线，然后调出【图案填充和渐变色】对话框，对各铺装区域绘制图案，最后绘制标高标注以及材料标注，完成大样图的绘制。

01 绘制铺装层次轮廓线。调用L（直线）命令、O（偏移）命令，绘制并偏移直线，如图 11-98所示。

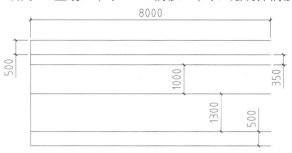

图11-98 绘制并偏移直线

02 重复执行上述操作，完成铺装层次轮廓线的绘制如图 11-99所示。

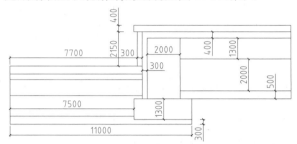

图11-99 绘制铺装层次轮廓线

03 填充材料图案。调用H（图案填充）命令，在【图案填充和渐变色】对话框中设置图案填充的各类参数，如表 11-8所示。

表11-8 参数设置

编号	1	2	3
参数设置	类型和图案 类型(Y)：预定义 图案(P)：AR-PARQ1 颜色(C)：颜色 8 样例： 自定义图案(M)： 角度和比例 角度(G)：45 比例(S)：3	类型和图案 类型(Y)：预定义 图案(P)：HONEY 颜色(C)：颜色 8 样例： 自定义图案(M)： 角度和比例 角度(G)：0 比例(S)：100	类型和图案 类型(Y)：预定义 图案(P)：AR-CONC 颜色(C)：颜色 8 样例： 自定义图案(M)： 角度和比例 角度(G)：0 比例(S)：3
编号	4	5	6
参数设置	类型和图案 类型(Y)：预定义 图案(P)：AR-SAND 颜色(C)：颜色 8 样例： 自定义图案(M)： 角度和比例 角度(G)：0 比例(S)：4	类型和图案 类型(Y)：预定义 图案(P)：ANSI36 颜色(C)：颜色 8 样例： 自定义图案(M)： 角度和比例 角度(G)：0 比例(S)：40	类型和图案 类型(Y)：预定义 图案(P)：ANSI37 颜色(C)：颜色 8 样例： 自定义图案(M)： 角度和比例 角度(G)：0 比例(S)：50
编号	7	8	
参数设置	类型和图案 类型(Y)：预定义 图案(P)：ANSI31 颜色(C)：颜色 8 样例： 自定义图案(M)： 角度和比例 角度(G)：0 比例(S)：65	类型和图案 类型(Y)：预定义 图案(P)：AR-B816C 颜色(C)：颜色 8 样例： 自定义图案(M)： 角度和比例 角度(G)：0 比例(S)：2	

04 在剖面图中拾取填充区域来绘制各填充图案，调用E（删除）命令，删除轮廓线如图11-100所示。

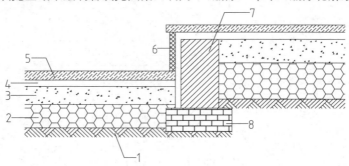

图11-100　绘制图案填充

05 调用PL（多段线）命令，绘制折断线，如图11-101所示。

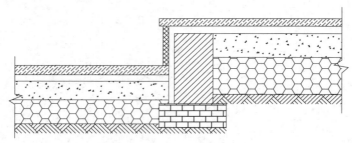

图11-101　绘制折断线

06 标高标注。调用I（插入）命令，调入标高标注图块，双击修改其标高参数值，如图11-102所示。

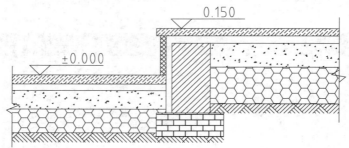

图11-102　标高标注

07 调用MLD（多重引线）命令，绘制各铺装层次的材料标注文字，如图11-103所示。

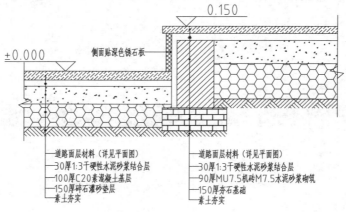

图11-103　材料标注

第12章
园林植物设计与制图

植物是园林景观设计中一个主要的造景元素，在配置植物时，要按照植物生态习性、生态学原理、园林空间与造园原理、环境保护要求等，进行合理的植物配置，以创造优美、实用的景观空间环境。

本章介绍各类园林植物图形的绘制。

12.1 园林植物设计概述

在对不同类型的景观设计工程进行植物配置时，需要综合考虑当地的气候条件、园林的面积以及景观工程的风格等，才能在此基础上对植物进行合理的配置，以创造宜人的景观环境。

本节介绍关于园林植物设计的相关知识。

12.1.1 植物配置的基本形式

植物配置的基本形式有自然式、规则式及混合式，本节分别介绍这三种配置形式。

1. 自然式

自然式的植物配置，指植物的种植位置较为自由、植物品种因地制宜的选择；如图12-1所示为苏州园林中的一景，采用的就是自然式的植物配置方式。

图12-1 自然式的植物配置

这种配置方式使得景观效果灵活自由，自然气息比较浓厚，适合一些小型园林来使用。

2. 规则式

规则式的植物配置，是指植物种植位置具有一定的几何规律，植物的品种也是按照一定的规律来分布，如图12-2所示为广场植物的配置效果。

这种配置方式使得景观效果比例整齐，有明显的轴线与中心，广泛应用于现代园林景观设计中。

图12-2 规则式的植物配置

3. 混合式

混合式植物配置方式综合了自然式及规则式的优点，假如同时出现在同一设置地，会起到相互补充的作用，如图12-3所示为居住区绿地植物的配置效果，通过整合自然式与规则式两种配置方式，可以起到丰富景观设计效果的目的。

图12-3 混合式的植物配置

图12-4 庭院的植物配置

12.1.2　园林植物种植设计的基本原则

植物种植设计的基本原则如下：

1．应符合设置地的性质和功能要求

在进行园林植物的种植设计时，应符合园林的性质，满足相应景区、景点的使用功能。如工厂的厂区要以保证生态生产为主，并兼顾防护、观赏及休息等，医院庭院则应注意环境的卫生防护及噪音隔离，如图12-4所示；综合性的园林绿地则需要因各功能区的活动内容不同而种植相应的植物。

2．合理应用种植造园的手法

中国园林设计的历史源远流长，以苏州园林为代表，其中各种设计手法至今仍然为广大从事园林设计的人士所津津乐道，例如"效法自然，小中见大、创造咫尺山林"的手法便是其中之一。

应把植物材料的生态特性和形态特征作性格化的比拟与联想而创造意境，根据人们的生活情趣和园林植物的观赏特性进行配置；根据园林环境特点结合植物生态习性和风韵美进行植物配置，结合传统的节日节气来配置植物等，都是对"效法自然，小中见大、创造咫尺山林"手法的运用。

3．选择合适的植物种类，并满足植物的生态要求

应该按照园林景区、景线、景点的功能要求和艺术构思来选择植物的种类，例如行道树应选择生长迅速、树冠大、耐修剪的树种，如图12-5所示；而纪念性公园的绿化需要选择具有象征意义的树种，如图12-6所示。

图12-5　行道树的栽植　　　　　　　　　图12-6　中山公园的植物配置

应满足植物的生态要求，以使所配置的植物能正常生长。一方面要求因地制宜，使种植植物的生态习性和栽植地点的生态条件基本上得到统一，另一方面是为植物正常生长创造合适的生态条件，否则，就有可能出现所栽植的植物无法成活的结果。

12.1.3　景观植物的品种

大自然中植物的类型不胜枚举，而在园林景观设计中的植物也很多，表12-1列举了一些常见的景观植物。

表12-1 景观植物品种

植物名称	植物特点	植物名称	植物特点
丁香	落叶灌木或小乔木。喜光，喜温暖、湿润及阳光充足。稍耐阴，阴处或半阴处生长衰弱，开花稀少。具有一定耐寒性和较强的耐旱力。	红瑞木	伞形目山茱萸科落叶灌木。红瑞木喜欢潮湿温暖的生长环境，适宜的生长温度是22~30摄氏度，光照充足。园林中多丛植草坪上或与常绿乔木相间种植，得红绿相映之效果。
植物名称	植物特点	植物名称	植物特点
珍珠梅	灌木类、落叶阔叶灌木类植物，性喜阳光并具有很强的耐阴性。耐寒、耐湿又耐旱。生长较快，萌蘖力强，耐修剪。	木槿	锦葵科木槿属落叶灌木。在园林中可做花篱式绿篱，孤植，丛植均可。木槿喜光而稍耐阴，喜温暖、湿润气候，较耐寒，萌蘖性强，耐修剪。
植物名称	植物特点	植物名称	植物特点
榆叶梅	灌木稀小乔木。喜光，稍耐阴，耐寒，能在-35℃下越冬。对土壤要求不严，以中性至微碱性而肥沃土壤为佳。根系发达，耐旱力强。不耐涝。抗病力强。生于低至中海拔的坡地或沟旁乔、灌木林下或林缘。	金叶女贞	木犀科女贞属半常绿小灌木。性喜光，耐阴性较差，耐寒力中等，适应性强，以疏松肥沃、通透性良好的沙壤土为最好。用于绿地广场的组字或图案，还可以用于小庭院装饰。
植物名称	植物特点	植物名称	植物特点
连翘	落叶灌木，香港俗称一串金，是木犀科连翘属植物。连翘早春先叶开花，花开香气淡雅，满枝金黄，艳丽可爱，是早春优良观花灌木。喜光，耐阴；喜温暖、湿润气候；耐寒、耐干旱瘠薄	紫叶小檗	别名为红叶小檗，小檗科、小檗属。紫叶小檗的适应性强，喜光，耐半阴，但在光线稍差或密度过大时部分叶片会变绿。耐寒，但不畏炎热高温，耐修剪。园林常用与常绿树种作块面色彩布置，可用来布置花坛、花镜。

植物名称	植物特点	植物名称	植物特点
 砂地柏	圆柏属柏科匍匐灌木。具有适应性强，护坡固沙，岸边防护，城区净化空气等用途。	 金山绣线菊	属落叶小灌木。适应性强，栽植范围广，对土壤要求不严，但以深厚，疏松、肥沃的壤土为佳。喜光，不耐阴。较耐旱，不耐水湿，抗高温。
植物名称	植物特点	植物名称	植物特点
 鸢尾	属天门冬目，鸢尾科多年生草本。生于沼泽土壤或浅水层中。喜阳光充足，气候凉爽，耐寒力强，亦耐半阴环境。可供观赏，花香气淡雅，可以调制香水，其根状茎可作中药，全年可采，具有消炎作用。	 马莲	是鸢尾科多年生草本植物，为多年生宿根草本花卉。根茎短粗，肥壮。叶呈长条形，十分坚韧，难以折断。花大新奇，花色绚丽，鲜艳夺目。花有蓝、白、黄、雪青等色。
植物名称	植物特点	植物名称	植物特点
 丰花月季	又称聚花月季，为现代月季种类之一。扩张型长势，花头成聚集状，耐寒、耐高温、抗旱、抗涝、抗病，对环境的适应性极强。广泛用于城市环境绿化、布置园林花坛、高速公路等。	 福禄考	一年生草本植物。不耐寒，喜温暖，忌酷热。花期较长，种子繁殖。花色繁多，着花密，花期长，管理较为粗放，故为基础花坛的主栽品种，盆栽效果也很好。
植物名称	植物特点	植物名称	植物特点
 八宝景天	景天科、景天属多年生肉质草本植物。性喜强光和干燥、通风良好的环境，能耐−20℃的低温；喜排水良好的土壤，耐贫瘠和干旱，忌雨涝积水。植株强健，管理粗放。	 大花萱草	百合科、萱草属多年草本植物。生于海拔较低的林下、湿地、草甸或草地上。耐寒性强，耐光线充足，又耐半阴，以腐殖质含量高、排水良好的通透性土壤为好。

植物名称	植物特点	植物名称	植物特点
油松	松科针叶常绿乔木。为阳性树种，浅根性，喜光、抗瘠薄、抗风。材质较硬，耐久用。可供建筑、电杆、矿柱、造船、器具、家具及木纤维工业等用材。	云杉	别名茂县云杉、茂县杉等，为乔木。云杉耐阴、耐寒、喜欢凉爽湿润的气候和肥沃深厚、排水良好的微酸性沙质土壤，生长缓慢，属浅根性树种。
植物名称	植物特点	植物名称	植物特点
毛白杨	杨柳科、杨属落叶大乔木。深根性，耐旱力较强，黏土、壤土、沙壤上或低湿轻度盐碱土均能生长。是速生用材林，防护林和行道河渠绿化的好树种。	臭椿	苦木科臭椿属落叶乔木。喜光，不耐阴。适应性强，除黏土外，各种土壤和中性、酸性及钙质土都能生长。耐寒，耐旱，不耐水湿。常植为行道树。
植物名称	植物特点	植物名称	植物特点
华山松	松科中的著名常绿乔木品种之一。喜温凉湿润气候，不耐寒及湿热，稍耐干燥瘠薄。可供建筑、家具及木纤维工业原料等用材。	国槐	乔木。喜光而稍耐阴，抗风，也耐干旱、瘠薄，尤其能适应城市土壤板结等不良环境条件。对二氧化硫和烟尘等污染的抗性较强。
植物名称	植物特点	植物名称	植物特点
桧柏	常绿乔木。喜光树种，较耐阴，喜温凉、温暖气候及湿润土壤。对多种有害气体有一定抗性，对氯气和氟化氢抗性较强。对二氧化硫的抗性显著胜过油松。能吸收一定数量的硫和汞，防尘和隔音效果良好。	梓树	紫葳科梓属乔木植物。适应性较强，喜温暖，也能耐寒。土壤以深厚、湿润、肥沃的夹沙土较好。不耐干旱瘠薄。可作行道树、绿化树种。

植物名称	植物特点	植物名称	植物特点
香花槐	蝶形花科落叶乔木。喜光、耐寒，耐干旱瘠薄，耐盐碱，能吸声，病虫害少，抗病力强。具有较高的观赏价值，又是营造速生丰产林的优良树种。	京桃	亚乔木。耐旱不耐涝，耐岗不耐洼，多萌枝耐修剪，种子萌发常隔年。
植物名称	植物特点	植物名称	植物特点
碧桃	观赏桃花类的半重瓣及重瓣品种。性喜阳光，耐旱，不耐潮湿的环境。喜欢气候温暖的环境，耐寒性好。在园林绿化中被广泛用于湖滨、溪流、道路两侧和公园等等。	紫薇	千屈菜科落叶乔木。喜温暖、湿润和充足的阳光。忌根部积水和排水不良。紫薇具有较强的抗污染的能力，能抗二氧化硫、氟化氢、氯气等有毒气体，故又是工矿区、住宅区美化环境的理想花卉。
植物名称	植物特点	植物名称	植物特点
紫叶李	蔷薇科李属落叶小乔木。叶常年紫红色，著名观叶树种，孤植群植皆宜，能衬托背景。	金叶榆	榆科榆属，系白榆变种。寒冷、干旱气候具有极强的适应性，抗逆性强，可耐-36℃的低温，同时有很强的抗盐碱性。
植物名称	植物特点	植物名称	植物特点
山杏	蔷薇目、蔷薇科、杏属植物。适应性强，喜光，根系发达，深入地下，具有耐寒、耐旱、耐瘠薄的特点。可绿化荒山、保持水土，也可作沙荒防护林的伴生树种。	美洲槭树	是槭树科槭属树种的泛称，其中一些种俗称为枫树。可作庇荫树、行道树或风景园林中的伴生树，与其他秋色叶树或常绿树配置，彼此衬托掩映，增加秋景色彩之美。

12.2 园林植物的表现

园林植物是最重要的造园材料，可单独成景，也是园林其他景观不可缺少的衬托。根据园林植物在园林中的表现要求，可以将其分为乔木、灌木、攀缘植物、竹类、绿篱、花卉和草地等。

由于园林植物种类不同、形态相差较大，所以画法也不同。在绘图时，多是根据不同植物的特征，抽取其本质，使用约定俗成的图例来表现园林植物。

如表12-2所示为常见的园林植物图例的绘制结果。

表12-2　植物图例

图例	名称	图例	名称	图例	名称
	鸡爪槭		垂丝海棠		紫薇+樱花
	含笑		龙爪槐		茶梅+茶花
	桂花		红枫		四季竹
	白（紫）玉兰		广玉兰		香樟
	南天竹		杜英		龙柏
	银杏		鹅掌楸		珊瑚树
	雪松		小花月季球		小花月季
	杜鹃		红花继木		龟甲冬青
	常绿草		水杉		垂丝海棠
	棕榈		雀舌黄杨		黄仔花
	剑麻		无患子		龙柏球

为了准确地表达图纸中的图例所指代的植物种类，应该绘制植物图例表，以表示图例所代表的植物名称。

12.2.1 树木的平面表现方法

树木的平面表现方法如下。

1. 树木平面的基本类型

树木平面图可采用以下的表现方法。

★ 轮廓型

树木平面只是用线条勾勒出轮廓，线条可粗可细，轮廓可以是光滑的，也可以带有缺口和突尖，如图12-7所示。

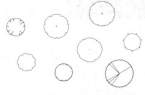

图12-7　轮廓型

★ 枝干型

在树木平面图中使用线条的组合来表现树枝或者枝干，如图12-8所示。

图12-8　枝干型

★ 枝叶型

在树木平面图既表现分枝又表现冠叶，树冠可以使用轮廓来表现，也可以使用质感较强的线条加以体现。这种类型又称为是轮廓型和枝干型的组合，如图12-9所示。

图12-9　枝叶型

★ 质感型

在树木平面图中仅使用线条的组合或者排列来表示树冠的质感，如图12-10所示。

图12-10　质感型

在表现树木时，假如对树冠的大小没有特别的要求，可以从以下几个方面来确定树冠的大小。

1）假如要表现工程施工后的平面效果，树木大小按照苗木出圃时的规格来绘制，一般情况下，取干径1cm—4cm，树冠径1m—2m。

2）在表现现状时，应该根据树木的实际现状按照所需要的比例来绘制。

3）本来就有的大树及孤立树，可以根据图纸的表现要求将树冠直径画的大一些。

除去上述情况之外，树木一般按照施工若干年后的实际成型效果绘制，例如树木从苗圃移栽六年后，胸径12cm，冠径5m。

成龄树的树冠大小如表12-3所示。

表12-3　树冠直径（m）

树种	孤立树	高大乔木	中小乔木	常绿乔木	锥形幼树	花灌木	绿篱
冠径	10—15	5—10	3—7	4—8	2—3	1—3	0.5—1.5

2. 树木落影的平面表现

树木的平面落影可以增加图面的对比效果，使得图面明快、有生气。在园林制图中，树木的落影经常使用落影圆来表示，但是有时候也根据树木的形状稍作调整。

如图12-11所示为树木落影平面表现的绘制结果。

图12-11　树木落影的平面表现

12.2.2　丛植灌木、竹类、花丛、花镜的平面表现

灌木丛、竹类、花卉多以丛植和群植为主，其平面画法多使用曲线较自由地勾画出其种植范围，并且在曲线内绘制能反映其形状特征的叶子或者图案加以装饰。

灌木没有明显的主干，所以在绘制丛植灌木时，有时候可以完全不用顾及树种的外部形态而以图案进行表现。在较小的灌木没有多少表现空间时，可以使用圆圈进行表现，如图12-12所示。

因为花丛和花镜在实际中并无特别明确的种植边缘，所以其平面中的外部边缘没有树群、树丛那样的严格，通常情况下使用曲线绘制种植的大致范围，接着在曲线内绘制图形符号即可，如图12-14所示。

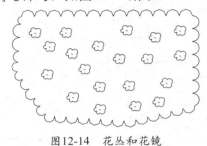

图12-14 花丛和花镜

12.2.3 绿篱的平面表现

在园林设计中，为了分隔、保护以及装饰周围的环境，经常将耐修剪、耐整形、生长较慢的植物，例如紫叶小檗、雀舌黄杨、金叶女贞、红王子锦带、绣线菊、水蜡、珊瑚树、卫矛、茶树等植物成行密植成绿篱，以此代替篱笆、栏杆和墙垣。

因为绿篱是成行密植，枝多叶密，所以一般不使用精确的写生法来描绘，多使用图案法来表现。

绿篱按照其所选用的树种可以分为针叶绿篱、阔叶绿篱和花篱，并有常绿与落叶、修剪与不修剪之分。常绿绿篱一般使用斜线或者弧线交叉来表示，落叶绿篱则较多使用绿篱外轮廓线或者加上种植位置的黑点来表现。修剪绿篱的外轮廓较整齐，因此一般使用带有豁口的直线绘制，而不修剪绿篱则较多地使用自然曲线来绘制。

图12-12 灌木丛的平面表现

而竹子与其他木本、被子植物有明显不同的形态特征，小枝上的叶子排列类似"个"字，所以在平面图中可以充分利用该特点来绘制竹子图形，如图12-13所示。

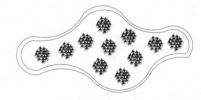

图12-13 竹子

如图12-15所示为各类绿篱的绘制结果。

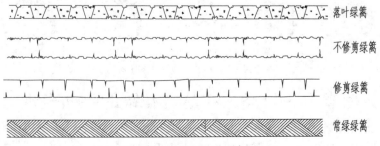

图12-15 绿篱的平面表现

12.2.4 草坪（地）的平面表现

在邻近建筑物、树木、道路和草坪边缘的地方，绘制较为密集的点来表示草坪或草地，空旷处应该比较稀疏，但是疏密过渡应渐次自然，疏密之间不能太突然，如图 12-16 所示。

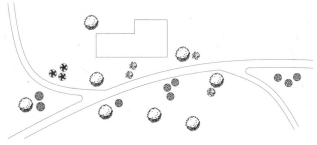

图12-16 草坪（地）的平面表现

12.3 园林植物绘制

本节介绍各类园林植物图形的绘制，包括乔木、灌木、草坪与绿篱。在植物图块绘制完成后，可以将其创建成图块，方便以后调用。

12.3.1 实战——绘制枫树平面图（乔木）

乔木是指树身高大的树木，由根部发生独立的主干，树干和树冠有明显区分。有一个直立主干，且树高通常在六米至数十米的木本植物称为乔木。

通常见到的高大树木都是乔木，如木棉、松树、玉兰、白桦、枫树、香樟等，如图 12-17 和图 12-18 所示。

枫树为高大乔木，本例介绍枫树平面图的绘制。

枫树树冠逐渐敞开呈圆形。枝条棕红色到棕色，有小孔，冬季枝条是黑棕色或灰色。枫叶色泽绚烂、形态别致优美，可制作书签、标本等，在秋天则变成火红色，落在地上时变成深红。

图12-18 香樟树

01 绘制树枝。调用PL（多段线）命令，绘制起点宽度为80，端点宽度为0的多段线来表示枫树树枝，如图 12-19 所示。

02 继续调用PL（多段线）命令，分别绘制起点宽度为60，端点宽度为0的分枝，与起点

图12-17 枫树

宽度与端点宽度均为80的主枝，如图12-20所示。

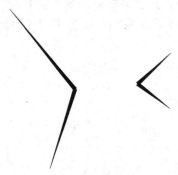

图12-19　绘制树枝

图12-20　绘制分枝与主枝

03 绘制枫叶。调用L（直线）命令，绘制等边三角形来表示枫叶图形，如图12-21所示。

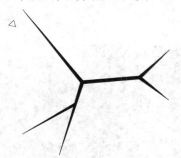

图12-21　绘制枫叶

04 调用CO（复制）命令，移动复制等边三角形，完成枫树图例的绘制，如图12-22所示。

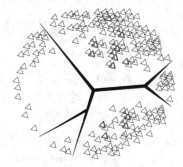

图12-22　复制枫叶

05 选择枫树图块，调用B（写块）命令，在【块定义】对话框中设置图块的名称为"枫树"，单击"确定"按钮关闭对话框，便可完成写块操作，在以后的制图工作中可随时调用植物图块。

▌12.3.2　实战——绘制构骨球平面图（灌木）

灌木，是指那些没有明显的主干、呈丛生状态比较矮小的树木，一般可分为观花、观果、观枝干等几类，是多年生矮小而丛生的木本植物。

常见灌木有玫瑰、杜鹃、牡丹、构骨球、黄杨、沙地柏、铺地柏、连翘、迎春、月季、荆、茉莉、沙柳等，如图12-23和图12-24所示。

图12-23　构骨球

图12-24　连翘

构骨球属常绿灌木或小乔木，本例介绍构骨球平面图的绘制方法。

构骨球枝叶稠密，叶形奇特，深绿光亮，入秋红果累累，经冬不凋，鲜艳美丽，是良好的观叶、观果树种。宜作基础种植及岩石园材料，也可孤植于花坛中心、对植于前庭、路口，或丛植于草坪边缘。

01 调用C（圆）命令，绘制半径为1129的圆形，如图 12-25所示。

02 调用L（直线）命令，在圆形内绘制直线，如图 12-26所示。

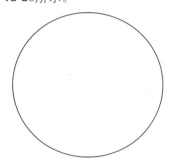

图12-25 绘制圆形

图12-26 绘制直线

03 执行"修改"|"阵列"|"环形阵列"命令，选择直线为阵列源对象，单击圆形为阵列中心点，设置阵列项目数为30，阵列复制直线，如图 12-27所示。

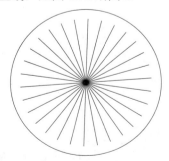

图12-27 阵列复制直线

04 选择阵列得到的直线图形，调用M（移动）命令，将其往下移动，但是图形不要超出圆形。

05 调用X（分解）命令，分解图形；选择直线以激活其夹点，通过控制夹点来调整直线

的长度及位置，最后完成构骨球的绘制，结果如图 12-28所示。

06 调用B（写块）命令，将构骨球图形创建成块。

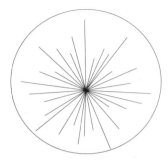

图12-28 调整直线的结果

12.3.3 实战——绘制草坪

草坪是由人工建植或人工养护管理，起绿化美化作用的草地；指以禾本科草等质地纤细的植物为覆盖并以它的根和匍匐茎充满土壤表层的地被，如图 12-29所示。适用于美化环境、园林景观、净化空气、保持水土、提供户外活动和体育运动场所。

图12-29 草坪

01 调用素材文件。按下Ctrl+O组合键，打开配套光盘提供的"12.3.3 绘制草坪.dwg"文件，如图 12-30所示。

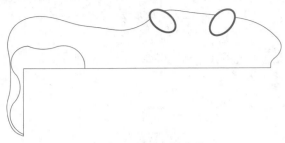

图12-30 调用素材文件

02 调入图块。按下Ctrl+O组合键，打开配套光盘提供的"第12章/图块图例.dwg"文件，将其中的植物图块复制粘贴至当前图形中，如图 12-31所示。

03 由于靠近植物、花坛边缘等地的草坪较为密集，所以要为密集处绘制填充轮廓线。

04 调用PL（多段线）命令、O（偏移）命令，绘制如图 12-32所示的轮廓线。

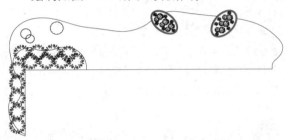

图12-31 调入图块

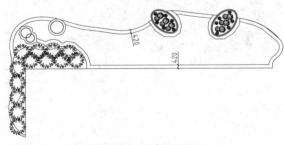

图12-32 绘制轮廓线

05 填充草坪图案。调用H（图案填充）命令，在【图案填充和渐变色】对话框中设置草坪填充参数如图 12-33所示。

图12-33 设置草坪填充参数

06 拾取填充区域，绘制草坪图案的结果如图 12-34所示。

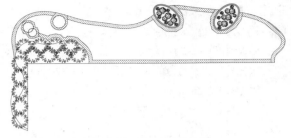

图12-34 绘制草坪图案

07 按下Enter键重新调出【图案填充和渐变色】对话框，将填充比例修改为12，绘制空旷处草坪图案的结果如图 12-35所示。

图12-35 填充结果

12.3.4 实战——绘制绿篱

绿篱是指由灌木或小乔木以近距离的株行距密植，栽种成单行或双行，紧密结合的规则的种植形式，也称植篱、生篱。因其选择树种可修剪成各种造型，并能相互组合，从而提高了观赏效果和艺术价值。

如图 12-36所示为在园林景观设计中常见的绿篱造型。

绿篱按照其所选用的树种可分为针叶绿篱、阔叶绿篱及花篱，又有常绿与落叶、修剪与不修剪之分，本节介绍各种绿篱平面图的绘制。

图12-36　绿篱

01 绘制常绿绿篱。调用REC（矩形）命令，绘制如图 12-37所示的绿篱轮廓线。

图12-37　绘制矩形

02 填充绿篱图案。调用H（图案填充）命令，在【图案填充和渐变色】对话框中设置填充参数如图 12-38所示。

03 拾取绿篱轮廓线，填充图案的结果如图 12-39所示。

图 12-38　【图案填充和渐变色】对话框

图 12-39　填充图案

04 绘制修剪绿篱。调用PL（多段线）命令，绘制如图 12-40所示的绿篱轮廓线。

图 12-40　绘制绿篱轮廓线

05 按下Enter键重复调用PL（多段线）命令，继续绘制绿篱的另一侧轮廓线，完成修剪绿篱平面图形的绘制结果如图 12-41所示。

06 绘制不修剪绿篱。调用PL（多段线）命令，绘制不规则曲线，如图 12-42所示。

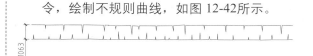

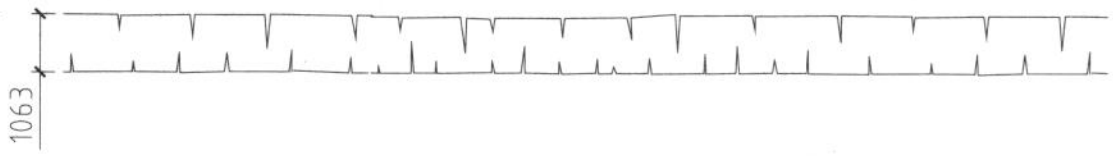

图12-41　绘制修剪绿篱

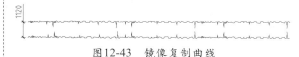

图12-42　绘制不规则曲线

07 调用MI（镜像）命令，将曲线向下镜像复制，如图 12-43所示。

图12-43　镜像复制曲线

08 绘制落叶绿篱。调用L（直线）命令、O（偏移）命令，绘制并偏移直线，如图 12-44所示。

图12-44　绘制并偏移直线

09 调用A（圆弧）命令，绘制绿篱的豁口如图 12-45所示。

图12-45　绘制绿篱的豁口

10 调用PL（多段线）命令，继续绘制绿篱的豁口，如图 12-46所示。

图12-46　绘制豁口

11 按下Enter键，重新调用PL（多段线）命令，设置线宽为5，绘制带阴影的豁口，如图 12-47所示。

图12-47　绘制带阴影的豁口

12 调用TR（修剪）命令，修剪线段如图 12-48所示。

图12-48　修剪线段

13 调用L（直线）命令，绘制如图 12-49所示的直线。

图12-49　绘制直线

14 选择绘制完成的绿篱图形，向右移动复制两次，完成落叶绿篱的绘制结果如图 12-50所示。

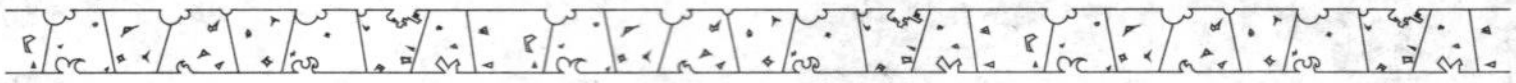

图12-50　绘制落叶绿篱

第13章
园林小品设计与制图

园林小品是景观设计工程中必不可少的元素之一，经过设计者的加工处理后便具有了独特的观赏和使用功能，又被称为建筑小品。小品的类型很多，例如花架、园墙、雕塑、喷泉等这些也是常见的园林小品。

本章介绍各类小品图形的绘制方法。

13.1 园林小品设计概述

本节介绍关于园林小品设计的一些基础知识，包括小品的分类以及小品的创作要求等。

13.1.1 园林小品的特点

园林小品的特点主要有：

1. 体量较小、结构简单、功能较为单纯

园林小品的使用功能较为单纯，有时候仅作为一个观赏物而设置。因此，小品的体量较小，自身的结构也较为简单，施工也很方便。有时候是购买来成品直接安装即可。

2. 造型个性鲜明

小品在景观设计中往往起到吸引游人视线和画龙点睛的作用。但是在关于小品的造型设计中，需要综合考虑园林景观的环境条件，以创造合理的造型形式。太过出挑的造型有时候会起到适得其反的效果，如图 13-1 所示。

图13-1　造型奇特的小品

3. 装饰性强

小品经常需要与游人近距离接触，因此其装饰性要求较高，所以在设计中往往会采用较为细致的加工制作方法，以形成较强的装饰效果，起到增添园林情趣的作用，如图13-2所示。

图13-2　富含寓意的小品

13.1.2 园林小品的作用

小品在园林组景中是一个重要的元素，其主要作用有：

1. 满足相应的使用功能

不同的园林小品有不同的功能，例如栏杆具有安全防护性功能，花架同时具有观赏及休憩的功能，如图 13-3所示；花台可以提供较好的种植小环境，容易控制土质的组成成分和肥水情况；坐凳具有休息的功能等。

图13-3　花架

2．造景作用

在苏州园林中，各种形式的门洞、窗洞比比皆是；通过这些门洞、窗洞可以将园林中的景色组织到画面中，这是框景的手法。该手法可使景观更集中、层次更深远。

小品有时会作为配景来烘托主景的完美景象，有时候也可作为主景以形成引人注目的景象，例如主题雕塑、大型喷泉等，如图13-4所示。

图13-4 大型喷泉

13.1.3 园林小品的设计要求

园林小品的设计要求如下：

1．注重园林小品的立意和布局

小品的立意及布局设计可同时进行，且两者之间相互影响，以使小品具有一定的含义，可表达一定的意境及情趣。特别是在小品作为主题景物时，更应注重其思想内涵，精心构筑意境，以形成较为强烈的艺术感染力。

2．重视小品的空间作用

园林小品虽然体量较小、结构简单，但是其空间感也不能完全忽略。在园林景观设计中，以漏窗、门洞渗透空间的方式、以栏杆或园墙划分和整合空间的方式、以灯柱导向空间转换的方式等，都得到了广泛的应用。

3．注重园林小品的造型

在小品作为某个主题景物的陪衬时，在体积上应该力求精巧得体，避免喧宾夺主。而对于同类的小品物件，在不同大小的园林空间中，也应该有相应的体积要求及尺度要求。

4．加强园林小品的装饰性能

在设计园林小品时应注重其装饰性，所以对小品的整体形象、材料的选用、质感的处理、色彩的应用等方面都应精心考虑，以提升小品的装饰性能，营造良好的小品景观形象。

13.1.4 小品的设计步骤及内容

园林小品的设计内容较为简单，且设计创作的自由度也较大，其设计步骤如下。

1．了解设计要求

通过阅读园林规划设计文件以及设计任务书等相关资料，了解园林小品设计的基本要求；设计师通过到实地勘察，详细掌握小品设置处的环境条件，并且要做好相应的资料准备工作。

2．小品的立意与布局设计

确定小品的类别，进行小品的立意与布局设计，设定小品的造型、大小、布置位置及朝向，配置相应的道路、植物、山石等。还需要绘制相应的图样，编制相关的预算书，形成整个园林小品方案设计文件，并递交有关部门审批。

3．施工图设计

在施工图中必须明确园林小品的具体位置，解决园林小品的结构形式及构造中的各个问题，明确使用的材料和施工要求，以方便施工人员按图施工。

因为不同种类的园林小品其各自的构造体系差异性也较大，所以具体的设计内容也不完全相同；这要求设计师必须结合实际，因地制宜的解决设计过程中的各个问题；只有这样，才能设计出较好的园林小品。

13.2 园林小品绘制 ————————————○

在绘制园林施工图纸时，园林小品经常以图块的形式出现，有时候也会根据所绘景观工程的类型来自行绘制小品图形。无论是以调入图块的方式，还是通过自行绘制的方式得到小品图形，都应该掌握绘制小品图形的方法。

本节介绍各类小品图形的绘制。

13.2.1 实战——绘制园灯 ————————————○

园灯的主要功能是照明，尤其是夜间，柔和的灯光可以充分发挥其指示和引导游人的作用，也可丰富园林的夜景；在白天的时候还可点缀装饰景区与景线，以增添观景的情趣。

如图 13-5 所示为各种类型的园灯。

图13-5 园灯

本节介绍园灯立面图的绘制方法。

01 绘制灯柱。调用REC（矩形）命令，绘制矩形来表示灯柱外轮廓如图 13-6 所示。

02 调用X（分解）命令来分解矩形，调用O（偏移）命令，偏移矩形边线，如图 13-7 所示。

03 绘制灯罩。调用SPL（样条曲线）命令，绘制曲线表示灯罩图形；调用O（偏移）曲线以完成灯罩的绘制，如图 13-8 所示。

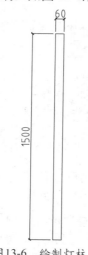

图13-6 绘制灯柱

图13-7 偏移矩形边

图13-8 绘制灯罩

04 调用PL（多段线）命令，设置线宽为2，绘制多段线以连接灯柱及灯罩，如图 13-9所示。

05 沿用上述方法，绘制园灯另一立面图的结果如图 13-10所示。

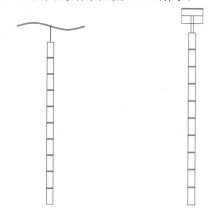

图13-9　绘制多段线　　图 13-10　园灯另一立面图

13.2.2　绘制指示牌

指示牌，顾名思义就是指示方向的牌子，比如厕所指向牌、路牌之类的都可以叫做指示牌。在园林中常见的指示牌就有方向指示牌、厕所指示牌等，如图 13-11所示。

图13-11　指示牌

本节介绍指示牌立面图的绘制方法。

01 绘制指示牌支架。调用L（直线）命令、O（偏移）命令，绘制并偏移直线，支架绘制结果如图 13-12所示。

02 绘制指示牌。调用REC（矩形）命令，绘制矩形，如图 13-13所示。

03 绘制指示牌内容的划分区域。调用X（分解）命令来分解矩形，调用O（偏移）命令，偏移矩形边线，如图 13-14所示。

04 绘制文字。调用REC（矩形）命令，绘制尺寸为33×36的矩形来表示文字，如图 13-15所示。

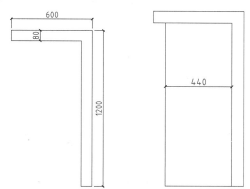
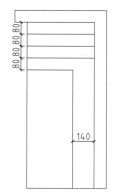
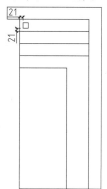

图13-12　绘制指示牌支架　　图 13-13　绘制指示牌　　图 13-14　偏移矩形边线　　图 13-15　绘制矩形

247

05 执行"修改"|"阵列"|"矩形阵列"命令，命令行提示如下：

```
命令: _arrayrect
选择对象: 找到 1 个                                    //选择矩形:
类型 = 矩形  关联 = 是
选择夹点以编辑阵列或 [关联(AS)/基点(B)/计数(COU)/间距(S)/列数(COL)/行数(R)/层数(L)/退出(X)]    <退
出>: COU
输入列数数或 [表达式(E)] <4>: 5
输入行数数或 [表达式(E)] <3>: 4
选择夹点以编辑阵列或 [关联(AS)/基点(B)/计数(COU)/间距(S)/列数(COL)/行数(R)/层数(L)/退出(X)]    <退
出>: S
指定列之间的距离或 [单位单元(U)] <49>: 46
指定行之间的距离 <54>: -79
选择夹点以编辑阵列或 [关联(AS)/基点(B)/计数(COU)/间距(S)/列数(COL)/行数(R)/层数(L)/退出(X)]    <退
出>:          //按下Enter键退出命令，阵列复制的结果如图 13-16所示。
```

06 调用PL（多段线）命令，设置线宽为5，绘制指示箭头，如图 13-17所示。

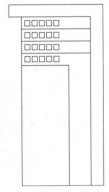 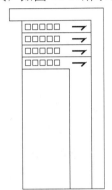

图13-16 阵列复制   图13-17 绘制指示箭头

07 填充花岗岩图案。调用H（图案填充）命令，调出【图案填充和渐变色】对话框，设置参数如图 13-18所示。

08 在立面图中拾取填充区域，填充花岗岩图案的结果如图 13-19所示。

 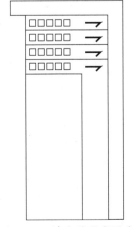

图13-18 【图案填充和渐变色】对话框   图13-19 填充花岗岩图案

09 调用DLI（线性标注）命令、DCO（连续标注）命令，绘制尺寸标注，如图 13-20所示。

10 调用MLD（多重引线）命令、MT（多行文字）命令，绘制引线标注及图名标注如图 13-21所示。

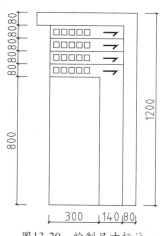

图13-20 绘制尺寸标注

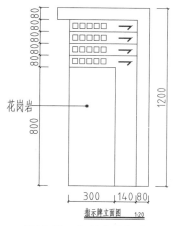

图13-21 绘制文字标注

指示牌的平面图、轴测图及另一立面图的绘制结果如图 13-22所示。

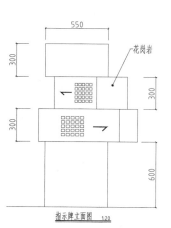

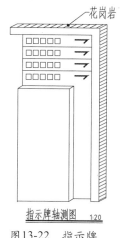

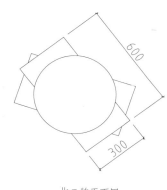

图13-22 指示牌

13.2.3 绘制树池平面图

当在有铺装的地面上栽种树木时，应在树木的周围保留一块没有铺装的土地，通常把它叫树池或树穴。树池的形状可根据园林景观的风格进行设置，通常为方形或者圆形，也有一些其他的形状，例如花型、多边形等。

树池的材料有砖砌、也有木制的，如图 13-23所示为常见的树池。

图13-23 树池

本节介绍树池平面图的绘制方法。

01 绘制树池外轮廓线。调用REC（矩形）命令、O（偏移）命令，绘制并向内偏移矩形，如图13-24所示。

02 调用L（直线）命令，绘制对角线，如图13-25所示。

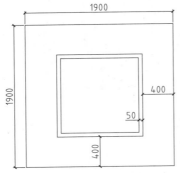

图13-24 绘制树池外轮廓线

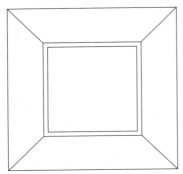

图13-25 绘制对角线

03 绘制防腐木图案。执行"修改"|"阵列"|"矩形阵列"命令，设置列数为20，列距为100，阵列复制矩形的左侧边；设置行数为20，行距为-100，阵列复制矩形的上侧边，如图13-26所示。

04 调用X（分解）命令，分解阵列复制得到的线段；调用TR（修剪）命令，修剪线段，如图13-27所示。

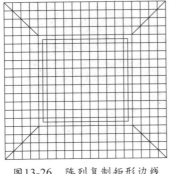

图13-26 阵列复制矩形边线

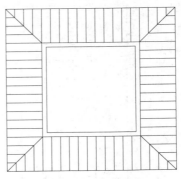

图13-27 修剪线段

05 调用MT（多行文字）命令、PL（多段线）命令，绘制图名标注及下划线。

06 调用DLI（线性标注）命令、DCO（连续标注）命令，绘制尺寸标注，如图13-28所示。

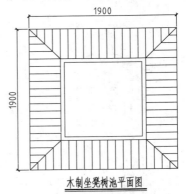

木制坐凳树池平面图

图13-28 树池平面图

13.2.4 绘制树池立面图

本节介绍树池立面图的绘制，其绘制步骤为，首先绘制地坪线及树池底部轮廓线；接着绘制防腐木，然后绘制尺寸标注及图名标注，完成树池立面图的绘制。

01 绘制树池轮廓线。调用PL（多段线）命令，设置线宽为10，绘制多段线来表示地坪线。

02 调用REC（矩形）命令，绘制矩形，如图13-29所示。

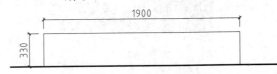

图13-29 绘制树池轮廓线

03 绘制装饰轮廓线。调用X（分解）命令，分解矩形；调用O（偏移）命令，向内偏移矩形边线，如图 13-30所示。

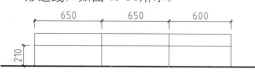

图13-30 绘制装饰轮廓线

04 绘制防腐木。调用REC（矩形）命令，绘制如图 13-31所示的矩形。

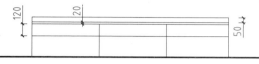

图13-31 绘制矩形

05 调用X（分解）命令、O（偏移）命令，偏移矩形边线，如图 13-32所示。

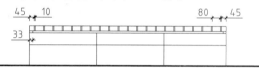

图13-32 偏移矩形边

06 调用TR（修剪）命令，修剪线段，如图 13-33所示。

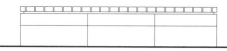

图13-33 修剪线段

07 调用DLI（线性标注）命令、DCO（连续标注）命令，为立面图绘制尺寸标注。

08 调用MT（多行文字）命令、PL（多段线）命令，绘制图名标注以及下划线，如图 13-34所示。

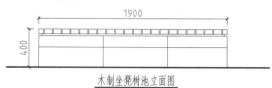

木制坐凳树池立面图

图13-34 树池立面图

树池剖面图的绘制结果如图 13-35所示。

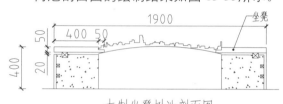

木制坐凳树池剖面图

图13-35 树池剖面图

13.2.5 绘制木制垃圾桶平面图

垃圾桶是公共场所必不可少的设施之一，有固定的，也有可移动的。其形式千奇百怪，特别是在园林景观设计中，可以做成各种造型，如树桩形状的垃圾桶就在公园或者景区中较为常见。

如图 13-36所示为常见的垃圾桶。

图13-36 垃圾桶

本节介绍垃圾桶平面图的绘制方法。

01 绘制垃圾桶。调用REC（矩形）命令、O（偏移）命令，绘制并向内偏移矩形，如图 13-37所示。

02 绘制垃圾桶外部装饰木板。调用X（分解）命令，分解外部矩形；调用O（偏移）命令，选择矩形的左侧边向右偏移，如图 13-38所示。

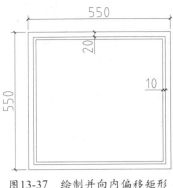

图13-37 绘制并向内偏移矩形

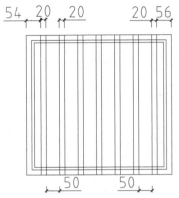

图13-38 偏移矩形边线

03 调用TR（修剪）命令，修剪线段，如图13-39所示。

04 调用O（偏移）命令，选择矩形的上边向下偏移，如图 13-40所示。

图13-39 修剪线段

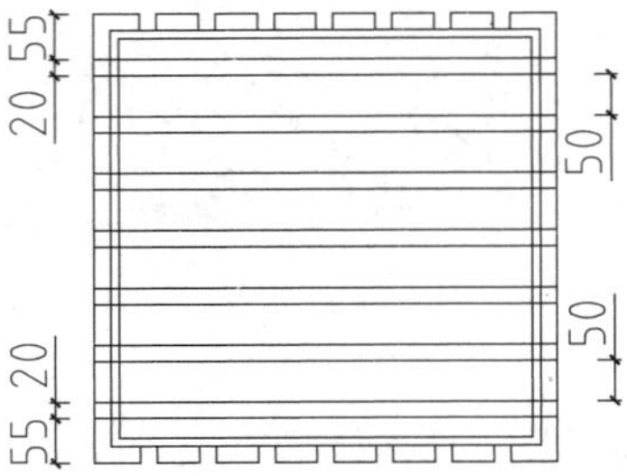

图13-40 偏移矩形边线

05 调用TR（修剪）命令，修剪线段如图 13-41

所示。

06 调用F（圆角）命令，设置圆角半径为30，对线段执行圆角操作，如图13-42所示。

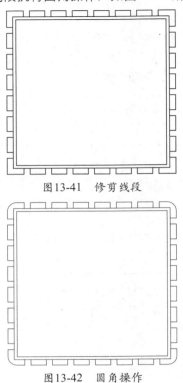

图13-41 修剪线段

图13-42 圆角操作

07 调用MT（多行文字）命令，绘制图名标注及比例；调用PL（多段线）命令，在图名及比例标注下方绘制下划线。

08 调用DLI（线性标注）命令、DCO（连续标注）命令，绘制尺寸标注，如图13-43所示。

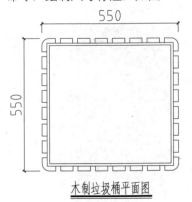

木制垃圾桶平面图

图13-43 垃圾桶平面图

13.2.6 绘制垃圾桶立面图

本节介绍垃圾桶立面图的绘制，其绘制步骤为，首先绘制矩形来表示木制饰面，然后绘制固定构件，填充木材图案，绘制尺寸标注、文字标注，就可以完成垃圾桶立面图的绘制。

01 绘制垃圾桶木制饰面。调用REC（矩形）命令，绘制如图 13-44所示的矩形来表示垃圾桶外围木材装饰。

02 按下Enter键，继续绘制如图 13-45所示的矩形。

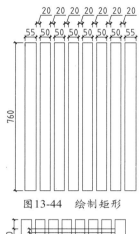

图13-44 绘制矩形

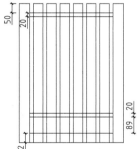

图13-45 绘制结果

03 调用TR（修剪）命令，修剪线段，如图 13-46所示。

04 调用C（圆）命令，绘制半径为6的圆形表示固定构件，如图 13-47所示。

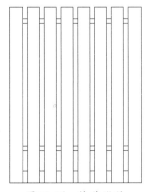

图13-46 修剪线段

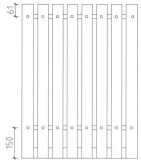

图13-47 绘制固定构件

05 填充木材图案。调用H（图案填充）命令，在【图案填充和渐变色】对话框中设置参数如图 13-48所示。

06 在立面图中拾取填充区域，绘制填充图案，如图 13-49所示。

图13-48 【图案填充和渐变色】对话框

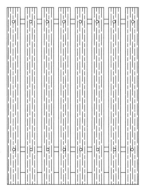

图13-49 填充图案

07 尺寸标注。调用DLI（线性标注）命令、DCO（连续标注）命令，为垃圾桶立面图绘制尺寸标注。

08 图名标注。调用MT（多行文字）命令，绘制图名、比例标注；调用PL（多段线）命令，在图名、比例标注下方绘制宽度分别为5、0的下划线，如图13-50所示。

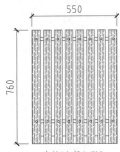

图13-50　垃圾桶立面图

13.2.7　绘制公交车候车亭

公交车候车亭是指公共交通线路上供乘客上下车或兼办运营业务的处所，在城市主干道上随处可见。

如图13-51所示为经常可以见到的公交车站。

图13-51　公交车站

本节介绍公交车站立面图的绘制方法。

01 绘制候车亭地面。调用L（直线）命令、PL（多段线）命令，绘制地面轮廓线，如图13-52所示。

图13-52　绘制地面轮廓线

02 绘制顶棚及钢管。调用REC（矩形）命令、L（直线）命令，绘制如图13-53所示的图形。

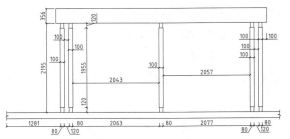

图13-53　绘制顶棚及钢管

03 绘制候车亭立面装饰线。调用X（分解）命令来分解矩形；调用O（偏移）命令，向内偏移矩形边线，如图13-54所示。

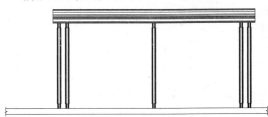

图13-54　向内偏移矩形边线

04 绘制发光广告牌。调用REC（矩形）命令、O（偏移）命令，绘制并向内偏移矩形。

05 调用L（直线）命令，绘制对角线，如图13-55所示。

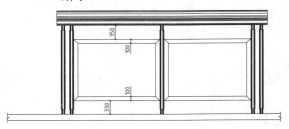

图13-55　绘制发光广告牌

06 绘制站牌。调用REC（矩形）命令，绘制站牌轮廓线，如图13-56所示。

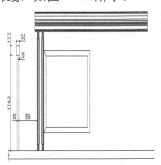

图13-56　绘制站牌轮廓线

07 调用REC（矩形）命令，绘制站牌，如图 13-57所示。

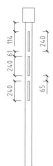

图13-57 绘制站牌内容板

08 调用X（分解）命令来分解矩形；调用X（偏移）命令，向内偏移矩形边线，如图 13-58所示。

09 绘制垃圾桶。调用L（直线）命令、O（偏移）命令，绘制垃圾桶轮廓线，如图 13-59所示。

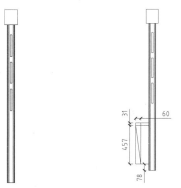

图13-58 向内偏移矩形边线　图13-59 绘制轮廓线

10 调用TR（修剪）命令，修剪线段，如图 13-60所示。

11 调用MI（镜像）命令，向右镜像复制垃圾桶图形，如图 13-61所示。

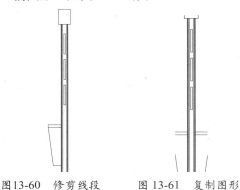

图13-60 修剪线段　图 13-61 复制图形

12 绘制广告牌图案。调用SPL（样条曲线）命令，绘制装饰轮廓线，如图 13-62所示。

13 调用H（图案填充）命令，在【图案填充和渐变色】对话框中选择名称为AR-SAND图案，设置填充比例为3，对广告牌执行填充操作的结果如图 13-63所示。

14 调用MLD（多重引线）命令，绘制材料标注；调用MT（多行文字）命令，绘制图名及比例标注，最后调用PL（多段线）命令绘制下划线。

15 调用DLI（线性标注）命令、DCO（连续标注）命令，绘制尺寸标注可完成候车亭立面图的绘制，如图 13-64所示。

候车亭侧立面图的绘制结果如图13-65所示。

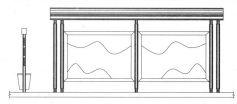

图13-62 绘制装饰轮廓线

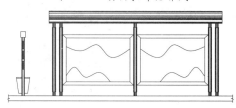

图13-63 图案填充

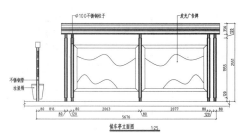

图13-64 候车亭立面图

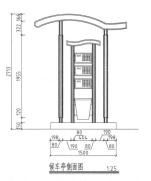

图13-65 候车亭侧立面图

13.2.8 绘制花坛

花坛是在一定范围的畦地上，按照整形式或半整形式的图案栽植观赏植物，以表现花卉群体美的园林设施。在街边、公园、景区等人流量众多的地方，经常会设置花坛及栽种各种绿色植物，以供人们欣赏或者美化城市环境。

如图13-66所示为常见的花坛。

图13-66　花坛

本节介绍花坛平面图的绘制方法。

01 绘制花坛轮廓线。调用REC（矩形）命令来绘制矩形，调用F（圆角）命令，设置圆角半径为10，对矩形执行圆角操作的结果如图13-67所示。

02 重复执行REC（矩形）命令、F（圆角）命令，绘制如图13-68所示的矩形。

图13-67　绘制花坛轮廓线

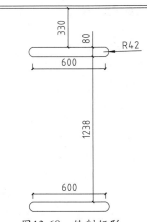

图13-68　绘制矩形

03 调用A（圆弧）命令，绘制圆弧；调用L（直线）命令，绘制直线，如图13-69所示。

04 调用A（圆弧）命令，在中心基准线的左侧绘制圆弧；调用MI（镜像）命令，以中心基准线为镜像线，将左侧的圆弧镜像复制到右侧，如图13-70所示。

图13-69　绘制结果

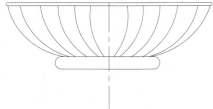

图13-70　绘制圆弧

05 调用O（偏移）命令，选择花坛坛口轮廓线向下偏移；调用A（圆弧）命令，绘制圆弧，如图13-71所示。

06 调用E（删除）命令，删除花坛坛口轮廓线，调用TR（修剪）命令，修剪图形，如图13-72所示。

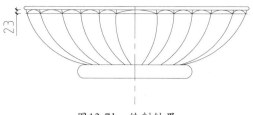

图13-71 绘制结果

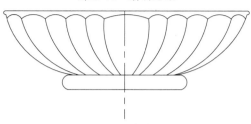

图13-72 修剪图形

07 调用CO（复制）命令，移动复制圆弧如图13-73所示。

08 调用O（偏移）命令，向内偏移垂直轮廓线，如图 13-74所示。

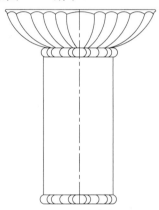

图13-73 移动复制圆弧

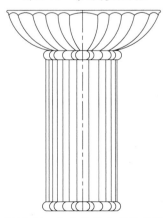

图13-74 向内偏移垂直轮廓线

09 调用图块。按下Ctrl+O组合键，打开配套光盘提供的"第14章/图块图例.dwg"文件，将其中的植物图块复制粘贴至当前图形

中，如图 13-75所示。

10 调用MLD（多重引线）命令、MT（多行文字）命令，绘制图名标注及材料标注。

11 调用DLI（线性标注）命令、DC（连续标注）命令，绘制尺寸标注，如图13-76所示。
花坛平面图的绘制结果如图13-77所示。

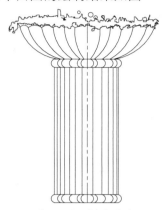

图13-75 调用图块

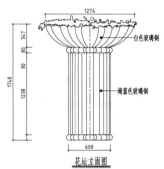

花坛立面图

图13-76 花坛立面图

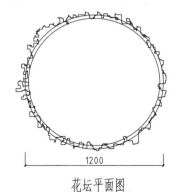

花坛平面图

图13-77 花坛平面图

13.2.9 绘制景墙平面图

景墙是指园内划分空间、组织景色、安排导游而布置的围墙，能够反映文化，兼有美观、隔断、通透的作用的景观墙体。

景墙的形式不拘一格，功能因需要而设置，所使用的材料丰富多样。除去人们常见的园林中作为障景、漏景及背景的景墙之外，许多城市也把景墙作为城市文化建设、改善市容市貌的重要方式。

如图13-78所示为在公共场所中经常会见到的景墙。

本节介绍景墙平面图的绘制方法。

图13-78　景墙

01 绘制柱子和墙。调用REC（矩形）命令，绘制如图13-79所示的矩形作为柱子和墙的轮廓线。

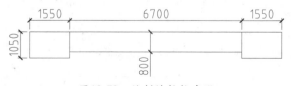

图13-79　绘制墙柱轮廓线

02 按下Enter键，重复调用REC（矩形）命令，绘制矩形，如图13-80所示。

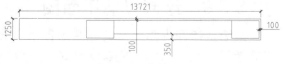

图13-80　绘制矩形

03 绘制固定贴片及方管。调用REC（矩形）命令、L（直线）命令，绘制如图13-81所示的轮廓线。

04 完善贴片图形。调用REC（矩形）命令，绘制尺寸为375×250的矩形；调用EX（延伸）命令，延伸方管轮廓线使其与矩形相接。

05 调用C（圆）命令，绘制半径为50的圆形，如图13-82所示。

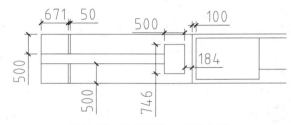

图13-81　绘制固定贴片及方管

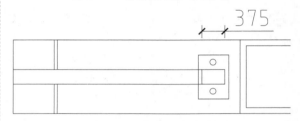

图13-82　完善贴片圆形

06 绘制镀锌铁方管。调用REC（矩形）命令，绘制尺寸为80×80的矩形；调用CO（复制）命令，移动复制矩形，如图13-83所示。

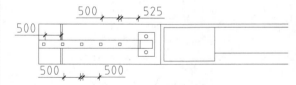

图13-83　绘制镀锌铁方管

07 调用X（分解）命令，分解矩形；调用O（偏移）命令、TR（修剪）命令，偏移并修剪矩形边线，如图13-84所示。

图13-84　偏移并修剪矩形边线

08 填充图案。调用H（图案填充）命令，调出【图案填充和渐变色】对话框，在其中设置图案填充参数，参数设置请参考表13-1。

表13-1 参数设置

编号	1	2	3
参数设置	类型和图案 类型(Y)：预定义 图案(P)：ANSI31 颜色(C)：颜色 8 样例： 自定义图案(M)： 角度和比例 角度(G)：0　比例(S)：40	类型和图案 类型(Y)：预定义 图案(P)：AR-CONC 颜色(C)：颜色 8 样例： 自定义图案(M)： 角度和比例 角度(G)：0　比例(S)：3	类型和图案 类型(Y)：预定义 图案(P)：ANSI32 颜色(C)：颜色 8 样例： 自定义图案(M)： 角度和比例 角度(G)：0　比例(S)：50

09 在绘图区中点取填充区域，绘制填充图案的结果如图13-85所示。

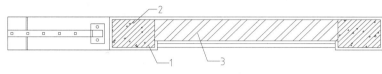

图13-85 填充图案

10 调用L（直线）命令，绘制如图13-86所示的直线。

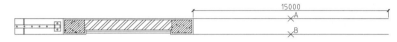

图13-86 绘制直线

11 调用MI（镜像）命令，分别指定A点、B点以确定镜像线，将左侧的图形镜像复制至右侧，如图13-87所示。

图13-87 镜像复制图形

12 调用CO（复制）命令，移动复制固定贴片图形，如图13-88所示。

图13-88 移动复制图形

13 绘制方管。调用L（直线）命令，绘制方管轮廓线，如图13-89所示。

图13-89 绘制方管

14 绘制接缝。调用L（直线）命令、O（偏移）命令，绘制接缝，如图13-90所示。

图13-90 绘制接缝

15 调用CO（复制）命令，移动复制镀锌铁方管图形，如图13-91所示。

图13-91 移动复制镀锌铁方管

16 绘制种植隔墙。调用REC（矩形）命令，绘制如图13-92所示的矩形。

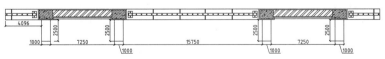

图13-92 绘制种植隔墙

17 调用O（偏移）命令、TR（修剪）命令，绘制种植墙体轮廓线，如图13-93所示。

18 绘制接缝。调用O（偏移）命令、TR（修剪）命令，偏移并修剪线段，如图13-94所示。

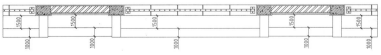

图13-93 绘制种植墙体轮廓线

19 调用E（删除）命令，删除图形边界；调用PL（多段线）命令，绘制折断线，如图13-95所示。

图13-94　绘制接缝

20 调入图块。打开"第13章/图块图例.dwg"文件，将其中植物平面图例复制粘贴至当前图形中，如图13-96所示。

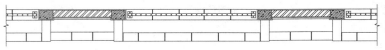

图13-95　绘制折断线

21 尺寸标注。调用DLI（线性标注）命令、DCO（连续标注）命令，绘制尺寸标注，如图13-97所示。

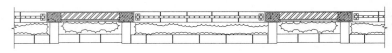

图13-96　调入图块

22 景墙平面图以1:20的比例来绘制，因此需要双击修改尺寸标注文字，结果如图13-98所示。

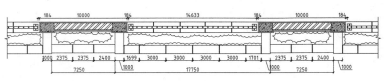

图13-97　绘制尺寸标注

23 文字标注。调用MLD（多重引线）命令，绘制材料标注；调用MT（多行文字）命令、PL（多段线）命令，绘制下划线以完成图名标注，最终效果如图13-99所示。

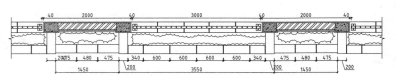

图13-98　修改尺寸标注文字

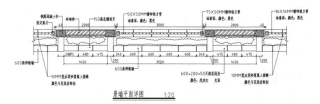

图13-99　文字标注

13.2.10　绘制景墙立面图

景墙立面图表现了景墙的立面组成，其绘制步骤为，首先绘制墙角轮廓线，然后绘制墙体；再绘制墙体上的凹槽和墙灯图形，接着调入图块，绘制尺寸标注以及文字标注，便可以完成景墙立面图的绘制。

01 绘制墙脚。调用PL（多段线）命令，绘制宽度为70的地坪线；调用REC（矩形）命令，绘制如图13-100所示为墙脚轮廓线。

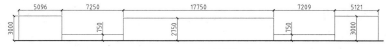

图13-100　绘制墙脚轮廓线

02 绘制花岗岩石。调用X（分解）命令，分解矩形；调用O（偏移）命令，偏移矩形边线，如图13-101所示。

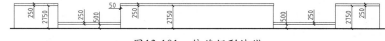

图13-101　偏移矩形边线

03 绘制接缝。调用O（偏移）命令、TR（修剪）命令，偏移并修剪直线，如图13-102所示。

图13-102 绘制接缝

04 绘制墙体。调用L（直线）命令、O（偏移）命令，绘制并偏移直线，绘制墙体轮廓线，如图13-103所示。

05 绘制凹槽。调用O（偏移）命令、TR（修剪）命令，偏移并修剪直线，如图13-104所示。

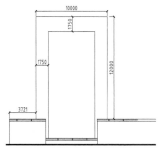

图13-103 绘制墙体轮廓线

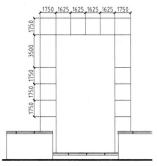

图13-104 绘制凹槽

06 绘制墙灯包边。调用REC（矩形）命令来绘制矩形，调用TR（修剪）命令，修剪线段，如图13-105所示。

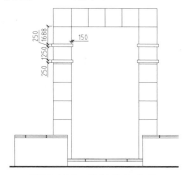

图13-105 绘制墙灯包边

07 绘制墙灯。调用REC（矩形）命令，绘制尺寸为1550×600的矩形；调用O（偏移）命令，选择矩形向内偏移；调用C（圆）命令，绘制半径为32的圆形，墙灯的绘制结果如图13-106所示。

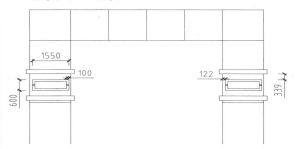

图13-106 绘制墙灯

08 调用MI（镜像）命令，将左侧的图形镜像复制到右侧，如图13-107所示。

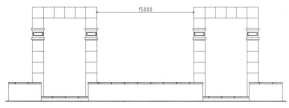

图13-107 镜像复制

09 调入图块。打开"第13章/图块图例.dwg"文件，将其中植物、镀锌方管等立面图例复制粘贴至当前图形中，如图13-108所示。

图13-108 调入图块

10 填充花岗岩图案。调用H（图案填充）命令，在【图案填充和渐变色】对话框中选择名称为GRAVEL的图案，设置填充比例为50，对立面图执行填充操作的结果如图13-109所示。

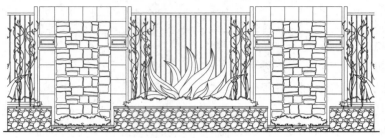

图13-109 填充花岗岩图案

11 调用PL（多段线）命令，绘制折断线，如图13-110所示。

图13-110 绘制折断线

12 尺寸标注。调用DLI（线性标注）命令、DCO（连续标注）命令，绘制尺寸标注，如图13-111所示。

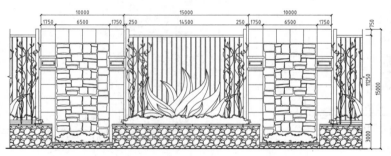

图13-111 绘制尺寸标注

13 由于景墙立面图是以1:20的比例来绘制，所以应对其进行修改，双击并修改尺寸标注文字的结果如图13-112所示。

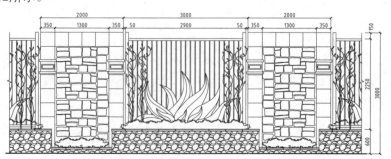

图13-112 修改尺寸标注文字

14 文字标注。调用MLD（多重引线）命令，绘制立面图材料标注。

15 调用MT（多行文字）命令，绘制图名及比例标注；调用PL（多段线）命令，分别绘制宽度为

150、0的下划线，如图 13-113所示。

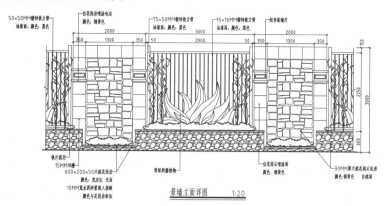

图13-113 绘制文字标注

如图 13-114所示为景墙轴测图的绘制结果，通过该图，读者可更详细的了解景墙的构成。

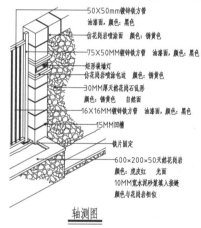

图13-114 轴测图

13.2.11 绘制木栈道组景图

本例所绘制的木栈道修建于水边，在木栈道上还修建了亲水平台，平台上有景墙及休息座椅，满足游人休憩及游玩的目的。组景图的绘制步骤为，首先是确定组景图将表示的范围，可以使用矩形命令来绘制范围轮廓线；接着在所定义的轮廓线内绘制各类图形，例如亲水平台、休息座椅、鲜花柱等；最后绘制标高标注、尺寸标注以及图名和比例标注，便可以完成组景图的绘制。

如图 13-115所示为我们在公园等地常见到的木栈道。

图13-115 木栈道

01 绘制组景图范围轮廓线。调用REC（矩形）命令、X（分解）命令，绘制并分解矩形；调用O（偏移）命令，向内偏移矩形边线，如图 13-116所示。

02 绘制亲水平台。调用O（偏移）命令、TR（修剪）命令，偏移并修剪线段，如图 13-117所示。

03 绘制休息坐凳。调用REC（矩形）命令，绘制尺寸为1400×400的矩形，如图 13-118所示。

04 绘制花池。调用REC（矩形）命令，绘制尺寸为1000×1000的矩形来作为花池的外轮廓线，如图 13-119所示。

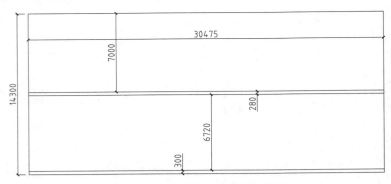

图13-116 绘制组景图范围轮廓线

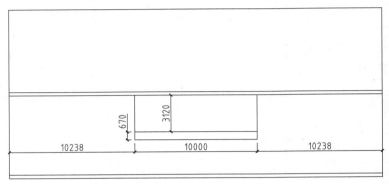

图13-117 绘制亲水平台

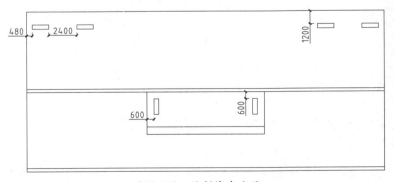

图13-118 绘制休息坐凳

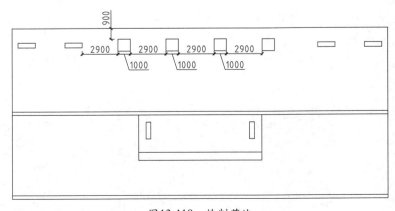

图13-119 绘制花池

05 绘制鲜花柱。调用C（圆）命令，绘制半径为250的圆形表示鲜花柱轮廓线，如图13-120所示。

06 绘制灯架。调用L（直线）命令，绘制灯架轮廓线，如图13-121所示。

07 调入图块。打开"第13章/图块图例.dwg"文件，将其中的灯架平面图例复制粘贴至当前图形中，如图13-122所示。

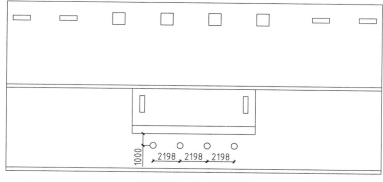

图13-120　绘制鲜花柱

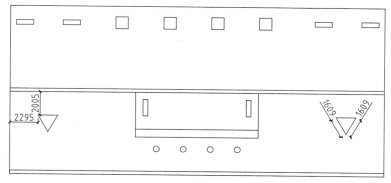

图13-121　绘制灯架

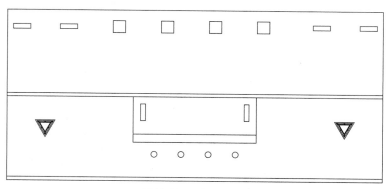

图13-122　调入图块

08 填充图案。调用H（图案填充）命令，在调出的【图案填充和渐变色】对话框中设置填充参数，如图13-123所示。

图13-123　设置填充参数

09 在平面图中拾取填充区域，绘制填充图案的结果如图13-124所示。

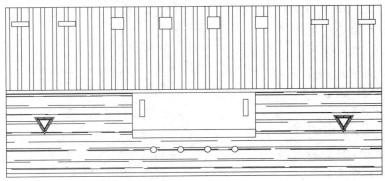

图13-124 填充图案

10 尺寸标注。调用DLI（线性标注）命令及DCO（连续标注）命令，绘制线性标注，如图13-125所示。

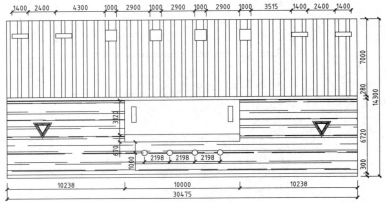

图13-125 尺寸标注

11 标高标注。调用MT（文字标注）命令，绘制标高文字标注；调用I（插入）命令，在【插入】对话框中选择"标高"图块，将其调入平面图中后双击修改标高参数值，如图13-126所示。

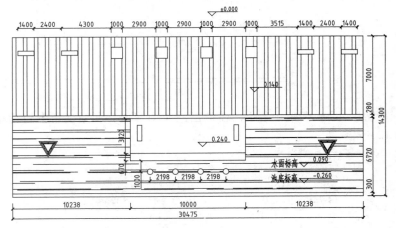

图13-126 标高标注

12 材料标注。调用MLD（多重引线）命令，为组景图绘制材料标注。

13 图名标注。调用MT（多行文字）命令，绘制图名及比例标注；调用PL（多段线）命令，在图名及比例标注下方绘制下划线，如图13-127所示。

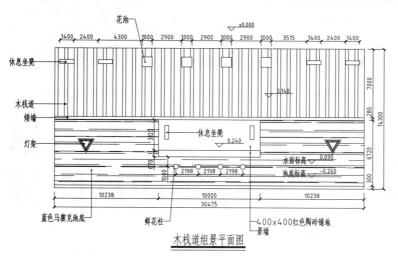

图13-127　文字标注

木栈道组景立面图的绘制结果如图 13-128所示。

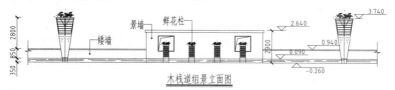

图13-128　木栈道组景立面图

第14章
住宅小区园林设计

居住区园林设计是居住区规划设计的重要组成部分，指结合居住区范围内的功能布局、建筑环境和用地条件，在居住区绿地中进行以绿化为主的环境设计过程。

本章介绍住宅小区园林景观设计图纸的绘制。

14.1 住宅小区景观设计概述

居住区园林设计是指在小区居住范围内，在除住宅建筑、公建设施和道路用地以外布置绿植、园林建筑和园林小品，为居民提供游憩活动场地的用地。

14.1.1 居住区内园林绿化的功能

居住区内的园林绿化对居住区内的环境起着十分重要的作用，其主要功能有：

1. 生态功能

园林多以各类植物为主体，具有净化空气、减少尘埃以及吸收噪声等作用。此外，园林还可调节居住区的环境气候，如遮阳降温、防止日晒、调节气温、降低风速等。还可在炎热的夏日下，促进由辐射温差产生的微风环流的形成。

2. 景观效果

富有生机的植物是居住区园林的主要组成材料，可以绿化、美化居住区的环境，以使居住建筑群更加生动活泼、和谐统一。此外，居住区绿化还是形成居住区建筑通风、日照、采光、防护隔离、视觉景观空间等的环境基础。

如图14-1所示为居住区植物配置的结果。

3. 服务功能

园林通常具有优美的环境，方便舒适的休憩场所以及游戏设施，因此往往会吸引居民在附近的绿地中休憩观赏和进行社会交往活动，可满足居民在日常生活中对户外活动的要求，利于人们身心健康及邻里交往。

如图14-2所示为居住区亲水平台的设置。

图14-1 居住区植物配置

图14-2 居住区亲水平台

14.1.2 居住区园林设计的要求

居住区园林设计的基本要求有：

1）园林设计要以人为本，把人与自然和谐统一作为前提；以满足居民的休憩娱乐及日常活动为根本原则，要符合居民游憩心理及行为规律的要求，应以住户的精神生活需求为设计重点，来创造优美舒适的居住环境。

2）以城市生态环境系统作为重点基础，应把生态效益放在第一位，以提高居民小区的环境质量，维护与保护城市的生态平衡。

3）居住环境需要绿色植物的平衡和调节，要根据居住区内外的环境特征、立地条件，结合景观规划、防护功能等，按照适地适树的原则进行植物的规划，强调植物分布的地域性和地方特色。

14.1.3　住宅小区园林设计概述

小区的人行步道采用石板材料来铺装，两侧以桂花和构骨球等植物与建筑物形成隔离带，形成自然、多变的步行景观。整栋住宅楼间以及庭院等人行步道，通过小径营造悠闲、私密的居住环境，而且绿化成本较低。

儿童乐园与幼儿园相邻，在设计时首先需要考虑安全性。从孩子的角度出发，要注意使用尺度，地面铺装应选用软胶、沙土等；避免选择有毒植物和慎重配置影响视觉的灌木，景观设施具体细部多考虑弧线设计，避免撞到孩子。第二应注意舒适，大人与孩子的互动很重要，坐的地方及停留的地方要有一定的遮阳等等。

在居住区，楼与楼之间会有一定面积的空地，在保证道路功能顺畅的前提下，在道路两边多以种植植物为主，一般栽植耐修剪的灌木。可适当种植花卉，营造一种温馨和谐的气氛。此外，在楼间活动场地内设计及布局景观小品，既不破坏整体景观设计特点，又丰富了小区公共空间景观。

如图14-3所示为住宅小区园林设计平面图的效果。

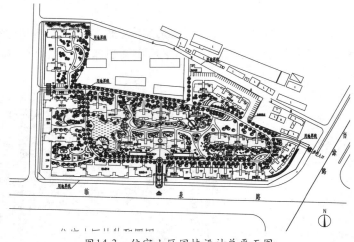

图14-3　住宅小区园林设计总平面图

14.2 住宅小区总平面图设施的绘制

住宅小区的园林景观内嵌于各住宅楼之间，因此与人们有着密切的关系；所以景观设计不仅要考虑人们的使用需求，也要考虑景观设计与住宅楼之间的协调。

本例小区园林由多个部分组成，分别有弧形花架、亲水平台，儿童乐园及健身区等；此外，各种类型的花坛、树池等遍布小区，乔木、灌木与草坪的种植层次分明，共同构成了丰富多彩的园林景观。

14.2.1　设置绘制环境

沿用第七章所介绍的方法，设置绘图环境的各项参数，如图形单位、尺寸标注样式、文字样式、引线样式等。

调用LA（图层特性管理器）命令，在【图层特性管理器】对话框中创建各类图层，如图14-4所示。

图14-4 【图层特性管理器】对话框

14.2.2 绘制园路

园路的功能主要有划分、组织园林空间、造景或者提供活动及休息场所等，园路是各类园林设计工程的重点项目之一。

本例所选的住宅小区，其园路的类型按照功能来分，可以分为主干道及次干道；按照铺装类型来分，可以分为整体路、块料路及碎料路。

主干道宽度为5米，不仅连接小区与外部环境、小区内的各类建筑物也通过主干道来连接。在小区总平面上，主干道都绘制道路中心线以示区别。

主干道一般由水泥混凝土或者沥青混凝土铺筑而成，又称为整体路，具有强度高、结实耐用等特点。

次干道可以连接建筑物与主干道，而且各园林场地、园林建筑也是通过次干道来连接。次干道通常都不是横平竖直，之所以将其设置成弯曲的样式，一是为了增加游人行走的趣味性，二是通过变换沿途的景观，有移步换景的效果，提高园林观赏性。

次干道一般有两种类型，一是使用大块砖、石块或者各种预制板铺装而成的路面，又称为块料路，例如在住宅11#和住宅12#之间的汀步即属于块料路；二是用各种碎石、瓦片、卵石等碎状材料组成的路面，又称为碎料路，例如在住宅7#附近的卵石健身步道即属于碎料路。

不同类型的园路在满足人们的交通需求后，也作为重要的园林景观发挥美化环境的作用。

按下Ctrl+O组合键，打开配套光盘提供的"第14章/总平面图.dwg"文件，如图14-5所示。鉴于园区范围较大，因此本节仅介绍圆角矩形范围内园路图形的绘制，读者可沿用所学习到的方法来绘制其他区域的园路图形。

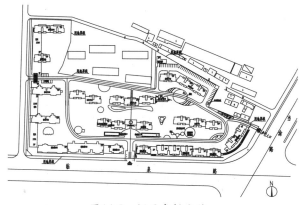

图14-5 调用素材文件

01 将"园路"图层置为当前图层。

02 下面介绍次干道的绘制，主要是指连接建筑物与主干道之间的道路。

03 绘制园路轮廓线。调用L（直线）命令、O（偏移）命令，绘制并偏移直线，如图14-6所示。

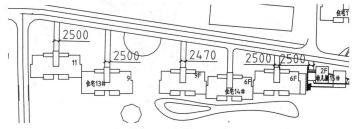

图14-6 绘制并偏移直线

04 调用F（圆角）命令，设置圆角半径为1500，对园路轮廓线执行圆角操作，如图14-7所示。

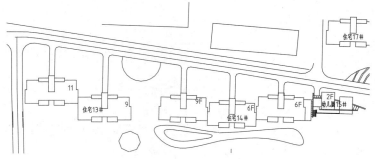

图14-7 圆角操作

05 调用SPL（样条曲线）命令、O（偏移）命令，绘制弯曲园路，如图14-8所示。

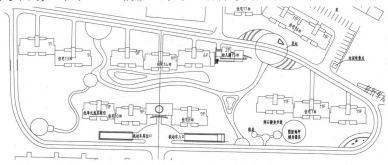

图14-8 绘制弯曲园路

06 沿用上述所介绍的绘制方法，继续绘制10#楼、8#楼通往主园路的园路轮廓线，如图14-9所示。

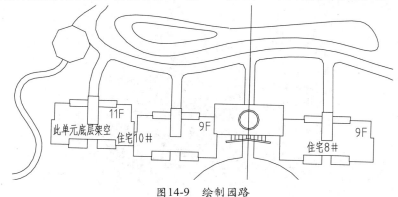

图14-9 绘制园路

07 卵石健身步道围绕住宅7#铺设，材料主要为卵石，为人们提供健身的作用。

08 调用SPL（样条曲线）命令，绘制卵石健身步道，如图14-10所示。

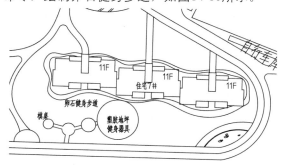

图14-10 绘制卵石健身步道

09 将"汀步"图层置为当前图层。

10 下面介绍汀步的绘制，是指由花岗岩铺设，连通两个园林场地之间的道路。

11 调用PL（多段线）命令来绘制样式各异的花岗岩石，绘制由塑胶地坪通往其他园路的汀步，如图14-11所示。

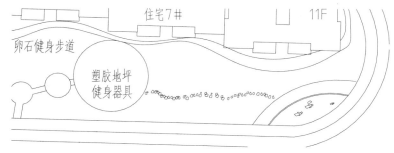

图14-11 绘制汀步

12 沿用上述所介绍的绘制方法，绘制其他区域的园路，如图14-12所示。

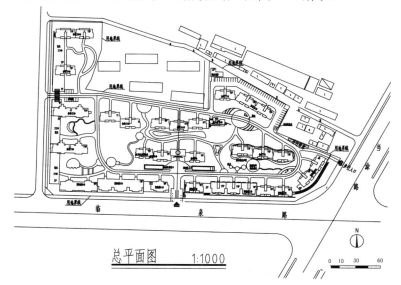

图14-12 绘制其他区域的园路

14.2.3 绘制小区主入口景观

小区主入口景观主要有花坛、入口标识、景观矮墙及叠级喷泉等，景观两边为进入小区的车道，车道两边为商住楼4#及商住楼1#。

其绘制步骤为首先绘制景观的外部轮廓线，然后分别绘制各景观图形，如花坛、树池、喷泉等，接着绘制坐凳的填充图案及台阶的引线标注便可完成入口景观平面图的绘制。

01 整理图形。在"总平面.dwg"文件中框选主入口区域，调用CO（复制）命令，将其复制到一旁，整理结果如图14-13所示。

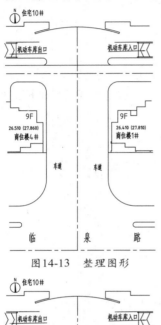

图14-13　整理图形

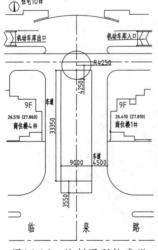

图14-14　绘制图形轮廓线

02 将"轮廓线"图层置为当前图层。

03 绘制叠水池轮廓线。调用REC（矩形）命令、C（圆形）命令，绘制轮廓线，如图14-14所示。

04 调用F（圆角）命令，对轮廓线执行圆角操作，如图14-15所示。

05 调用O（偏移）命令，向内偏移轮廓线；调

用TR（修剪）命令，修剪线段，如图14-16所示。

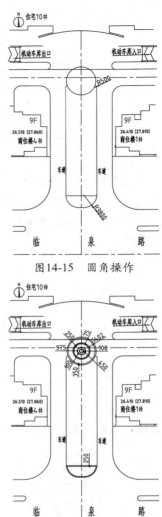

图14-15　圆角操作

图14-16　偏移和修剪线段

06 将"小品"图层置为当前图层。

07 绘制树池及坐凳。调用REC（矩形）命令、L（直线）命令及O（偏移）命令，绘制图形轮廓线，如图14-17所示。

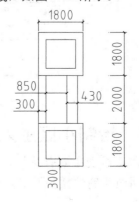

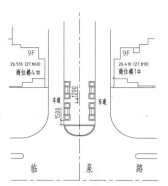

图14-17 绘制树池及坐凳

08 绘制花钵。调用REC（矩形）命令、C（圆形）命令、O（偏移）命令来绘制图形轮廓线；调用TR（修剪）命令，修剪轮廓线，如图14-18所示。

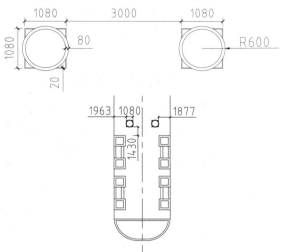

图14-18 绘制花钵

09 绘制景观矮墙。调用REC（矩形）命令、TR（修剪）命令，绘制图形轮廓线，如图14-19所示。

10 绘制花坛。调用REC（矩形）命令、C（圆形）命令绘制轮廓线，如图14-20所示。

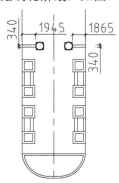

图14-19 绘制景观矮墙

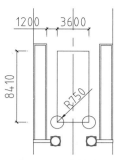

图14-20 绘制花坛

11 调用O（偏移）命令，偏移轮廓线，调用TR（修剪）命令来修剪轮廓线，如图14-21所示。

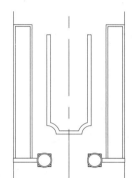

图14-21 偏移和修剪轮廓线

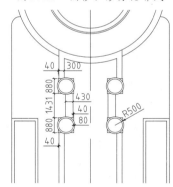

图14-22 绘制花钵、坐凳

12 绘制花钵、坐凳。调用REC（矩形）命令、C（圆）命令及L（直线）命令，绘制图形轮廓线；调用O（偏移）命令向内偏移圆形，如图14-22所示。

13 绘制踏步轮廓线。调用L（直线）命令，在树池之间绘制直线以表示踏步线，如图14-23所示。

14 将"填充"图层置为当前图层。

15 填充图案。调用H（图案填充）命令，在【图案填充和渐变色】对话框中选择名称为LINE的图案，设置角度为90°，比例

35，填充操作的结果如图14-24所示。

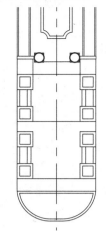

图14-23　绘制踏步轮廓线

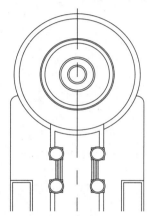

图14-24　填充图案

16　将"文字标注"图层置为当前图层。

17　绘制指示箭头。调用PL（多段线）命令、MT（多行文字）命令，绘制指示箭头及文字标注，如图14-25所示。

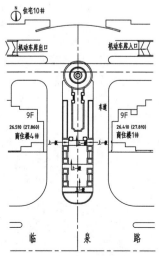

图14-25　绘制指示箭头

18　将"植物"图层置为当前图层。

19　调用SPL（样条曲线）命令，绘制植物轮廓线，如图 14-26所示。

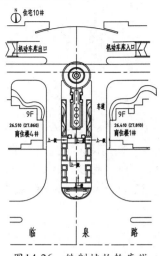

图14-26　绘制植物轮廓线

14.2.4　绘制弧形花架

本例花架为双柱弧形花架，在绘制的时候，应先确定其弧形轮廓。通过偏移圆形轮廓线，并绘制及旋转直线可定义花架的轮廓形状；接着对图形执行修剪操作，可得到花架外轮廓线。然后绘制柱子，可调用矩形命令及填充命令来绘制，而檩条则可执行阵列复制命令来绘制。

01　整理图形。调用CO（复制）命令，选择总平面图左下角的住宅11#楼与商住楼6#之间的园地图形，将其复制至一旁，整理图形如图14-27所示。

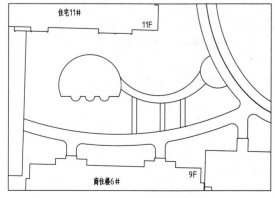

图14-27　整理图形

02　将"轮廓线"图层置为当前图层。

03　绘制园地轮廓线。调用O（偏移）命令、TR

（修剪）命令，偏移并修剪轮廓线，如图14-28所示。

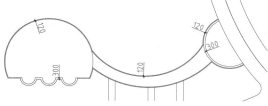

图14-28 绘制园地轮廓线

04 绘制园地铺装轮廓线。调用C（圆）命令、TR（修剪）命令、L（直线）命令，绘制轮廓线，如图14-29所示。

05 调用TR（修剪）命令、O（偏移）命令，修剪并偏移线段，如图14-30所示。

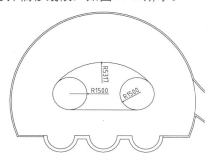

图14-29 绘制园地铺装轮廓线

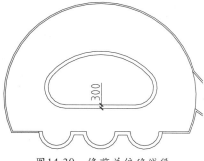

图14-30 修剪并偏移线段

06 重复操作，绘制另一铺装轮廓线如图14-31所示。

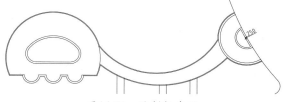

图14-31 绘制轮廓线

07 将"花架"图层置为当前图层。

08 绘制花架轮廓线。调用O（偏移）命令，偏移线段，如图14-32所示。

09 调用L（直线）命令、RO（旋转）命令，绘制并旋转复制直线，如图14-33所示。

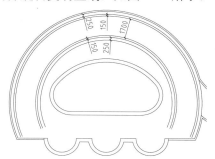

图14-32 绘制花架轮廓线

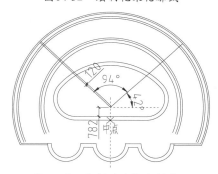

图14-33 绘制并旋转复制直线

10 调用TR（修剪）命令，修剪线段，如图14-34所示。

11 单击"修改"工具栏上的"路径阵列"按钮，命令行提示如下：

```
命令：_arraypath
选择对象：指定对角点：找到 4 个                        //选择左侧的檩条图形；
类型 = 路径  关联 = 是
选择路径曲线：                                          //选择圆弧；
选择夹点以编辑阵列或 [关联(AS)/方法(M)/基点(B)/切向(T)/项目(I)/行(R)/层(L)/对齐项目(A)/Z 方
向 (Z)/退出(X)] <退出>：I
指定沿路径的项目之间的距离或 [表达式(E)] <2853>：427
最大项目数 = 22
指定项目数或 [填写完整路径(F)/表达式(E)] <22>：*取消*        //按下Enter键；
```

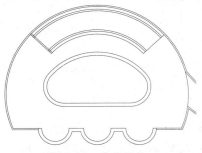

图14-34　修剪线段

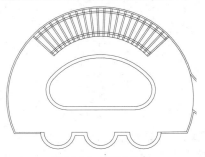

图14-35　阵列复制

12 绘制柱子基准线。调用L（直线）命令、RO（旋转）命令，旋转复制直线，如图 14-36 所示。

13 绘制柱子。调用REC（矩形）命令，绘制尺寸为250×250的矩形；调用"路径阵列"命令，设置项目距离为2110，项目数目为5，对矩形执行阵列复制的结果如图 14-37 所示。

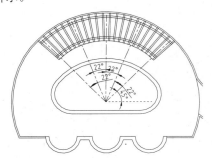

图14-36　绘制柱子基准线

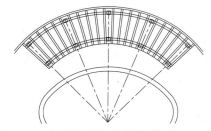

图14-37　绘制柱子

14 将"填充"图层置为当前图层。

15 填充图案。调用H（图案填充）命令，在【图案填充和渐变色】对话框中选择SOLID图案，对柱子轮廓线执行填充操作，如图14-38所示。

16 将"文字标注"图层置为当前图层。

17 花架平面图及其附属园地轮廓线已全部绘制

完成；调用MLD（多重引线）命令绘制引线标注，最终效果如图14-39所示。

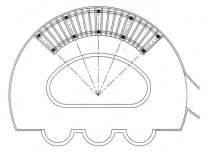

图14-38　填充图案

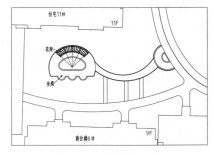

图14-39　花架平面图

14.2.5　绘制亲水平台

在水体边设置了两个亲水平台，一个为圆形，另一个为多边形。圆形的亲水平台附带设置了景观柱及花坛，而多边形的亲水平台则设置了情景雕塑。其绘制步骤为，首先分别确定各图形的轮廓，然后再在轮廓的基础上进行深化操作，最终完成各类景观图形的绘制。

01 整理图形。调用CO（复制）命令，选择总平面图左下角商住楼5#楼与住宅13#楼之间的园地图形，并将其移动复制到一旁，如

图14-40所示。

02 将"小品"图层置为当前图层。

03 绘制花坛。调用O（偏移）命令，往外偏移花坛轮廓线，如图14-41所示。

图14-40 整理图形

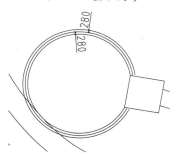

图14-41 绘制花坛

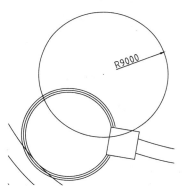

图14-42 绘制平台轮廓线

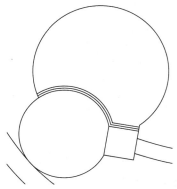

图14-43 修剪线段

04 将"亲水平台"图层置为当前图层。

05 绘制亲水平台。调用C（圆）命令，绘制平台轮廓线，如图14-42所示。

06 调用TR（修剪）命令，修剪线段，如图14-43所示。

07 将"小品"图层置为当前图层。

08 深化花坛图形。调用O（偏移）命令、TR（修剪）命令，编辑图形，如图14-44所示。

09 调用SPL（样条曲线）命令，绘制曲线，如图14-45所示。

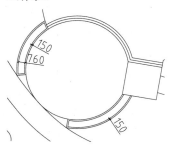

图14-44 编辑图形

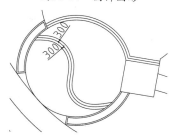

图14-45 绘制曲线

10 绘制景观柱基准线。调用L（直线）命令、O（偏移）命令，绘制基准线，如图 14-46所示。

11 绘制景观柱。调用REC（矩形）命令，绘制尺寸为400×400的矩形；调用RO（旋转）命令，设置旋转角度为-26°，对矩形执行旋转操作，如图 14-47所示。

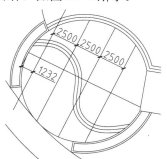

图14-46 绘制景观柱基准线

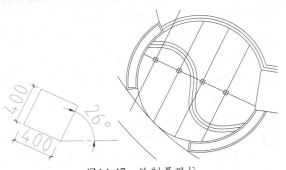

图14-47 绘制景观柱

12 将"填充"图层置为当前图层。

13 填充图案。调用H（图案填充）命令，在【图案填充和渐变色】对话框中选择SOLID图案，对矩形执行填充操作的结果如图14-48所示。

14 将"小品"图层置为当前图层。

15 绘制现代亭。调用PL（多段线）命令，设置线宽为50，在原有的现代亭轮廓线基础上绘制闭合多段线，如图14-49所示。

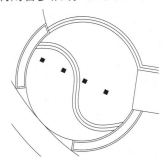

图14-48 填充图案

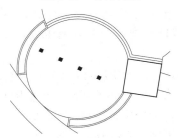

图14-49 绘制现代亭

16 调用O（偏移）命令，向内偏移原有的亭子轮廓线；调用L（直线）命令，绘制对角线，如图14-50所示。

17 将"亲水平台"图层置为当前图层。

18 深化亲水平台图形。调用O（偏移）命令来向内偏移平台轮廓线；调用L（直线）命令、TR（修剪）命令，绘制并修剪线段，如图14-51所示。

图14-50 绘制结果

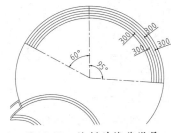

图14-51 绘制并修剪线段

19 绘制树池基准线。调用L（直线）命令、O（偏移）命令，绘制并旋转直线，如图14-52所示。

20 调用O（偏移）命令、TR（修剪）命令来绘制树池图形；调用"路径阵列"命令，设置项目距离为3387，项目数为7，对树池执行阵列复制。

21 调用X（分解）命令，分解阵列得到的图形；调用E（删除）命令，删除多余的树池图形，操作结果如图14-53所示。

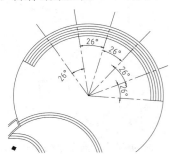

图14-52 绘制树池基准线

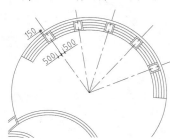

图14-53 绘制树池

22 绘制多边形亲水平台。调用O（偏移）命令，向外偏移轮廓线；调用L（直线）命

令、O（偏移）命令，绘制并偏移直线，如
图14-54所示。

23 绘制情景雕塑基准线。调用L（直线）命令、
RO（旋转）命令，绘制并旋转直线，如图
14-55所示。

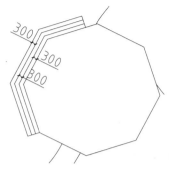

图14-54 绘制并偏移直线

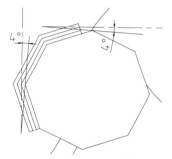

图14-55 绘制并旋转直线

24 调用O（偏移）命令，偏移基准线，如图
14-56所示。

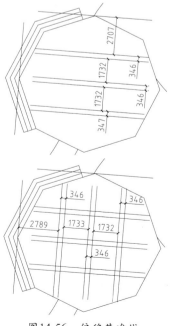

图14-56 偏移基准线

25 绘制情景雕塑。

26 调用E（删除）命令，删除轮廓线；调用
REC（矩形）命令，绘制尺寸为693×693的
矩形。

27 调用RO（旋转）命令，设置旋转角度为
41°，调整矩形的角度；调用TR（修剪）
命令，修剪线段，如图14-57所示。

28 将"水体"图层置为当前图层。

29 绘制水面轮廓线。调用SPL（样条曲线）命
令，绘制水面轮廓线，如图14-58所示。

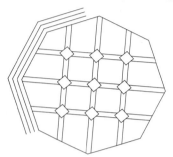

图14-57 绘制情景雕塑

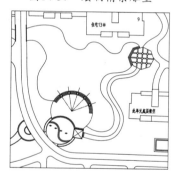

图14-58 绘制水面轮廓线

30 填充水体图案。调用H（图案填充）命令，
在【图案填充和渐变色】对话框中，选择
名称为MUDST的图案，设置填充比例为
300，对水体轮廓线执行填充操作的结果如
图14-59所示。

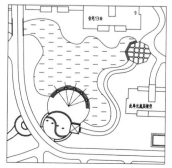

图14-59 填充水体图案

31 将"文字标注"图层置为当前图层。

32 至此，亲水平台、花坛等图形已全部绘制完成；调用MLD（多重引线）命令，绘制引线标注，如图14-60所示。

图14-60 绘制引线标注

14.2.6 绘制花坛

住宅小区中的花坛有多个，本例选择其中一个来介绍其绘制方法。其绘制步骤为：首先确定坐凳的位置，接着绘制处在中间的花坛图形，然后执行矩形命令和旋转命令来绘制树池图形。最后填充植物图案，为平面图绘制引线标注，便可完成所有的绘制操作。

01 整理图形。调用CO（复制）命令，选择总平面图中，住宅13#楼与住宅14#楼之间的园地图形，将其移动复制到一旁，如图14-61所示。

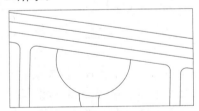

图14-61 整理图形

02 将"小品"图层置为当前图层。

03 绘制坐凳。调用O（偏移）命令、L（直线）命令，偏移轮廓线并绘制直线；调用TR（修剪）命令，修剪线段，如图14-62所示。

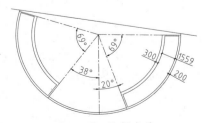

图14-62 绘制坐凳

04 绘制花坛。调用C（圆）命令、O（偏移）命令，绘制并偏移圆形，如图14-63所示。

05 调用L（直线）命令、RO（旋转）命令，绘制并旋转直线，如图14-64所示。

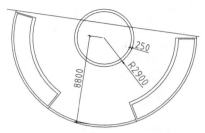

图14-63 绘制并偏移圆形

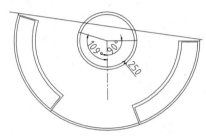

图14-64 绘制并旋转直线

06 调用TR（修剪）命令，修剪线段，如图14-65所示。

07 调用O（偏移）命令、TR（修剪）命令，偏移并修剪线段，如图14-66所示。

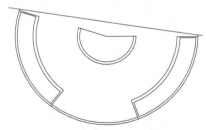

图14-65 修剪线段

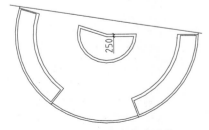

图14-66 偏移并修剪线段

08 调用L（直线）命令，绘制直线；调用RO（旋转）命令，旋转直线，如图14-67所示。

09 绘制树池。调用REC（矩形）命令，绘制尺寸为1200×1200的矩形；调用O（偏移）

命令，选择花坛圆弧轮廓线向内偏移，作为矩形的定位基准线；调用RO（旋转）命令，旋转矩形，如图14-68所示。

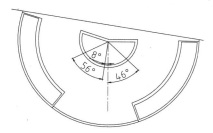

图14-67　旋转直线

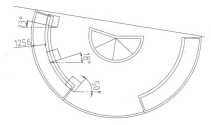

图14-68　旋转矩形

10 调用X（分解）命令，选择矩形边线向内偏移；调用E（删除）命令，删除矩形定位基准线；调用TR（修剪）命令，修剪矩形内的线段，如图14-69所示。

11 调用L（直线）命令、RO（旋转）命令，绘制并旋转直线来得到镜像复制基准线。

12 调用MI（镜像）命令，向右镜像复制树池图形，如图14-70所示。

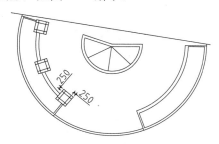

图14-69　修剪线段

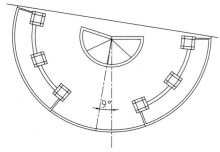

图14-70　镜像复制树池图形

13 将"填充"图层置为当前图层。

14 填充图案。调用H（图案填充）命令，在【图案填充和渐变色】对话框中，选择名称为GRASS的图案，设置填充比例为15，对平面图执行填充操作的结果如图14-71所示。

15 结束上一步骤的操作，花坛及其附属图形已绘制完成；调用MLD（多重引线）命令，绘制引线标注，如图14-72所示。

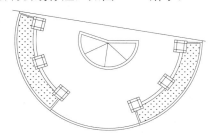

图14-71　填充图案

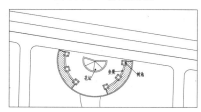

图14-72　绘制花坛

14.2.7　绘制儿童乐园

在住宅楼16#楼的左侧有一个幼儿园，儿童乐园便位于幼儿园的前面，本例介绍各类游乐设施的绘制，例如跷跷板、沙坑等。其中一些景观小品，如拉膜亭等也应一起绘制。

01 整理图形。调用CO（复制）命令，选择总平面图右上部分，幼儿园15#前的儿童乐园园地图形，将其移动复制到一旁，如图14-73所示。

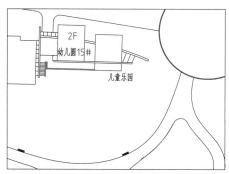

图14-73　整理图形

02 将"儿童乐园"图层置为当前图层。

03 绘制游乐场地图形。调用C（圆）命令，绘制场地轮廓线，如图 14-74 所示。

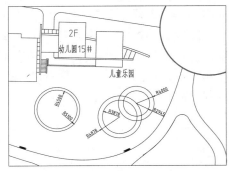

图14-74　绘制场地轮廓线

04 绘制游乐设施。调用L（直线）命令、RO（旋转）命令，绘制并旋转直线，如图 14-75所示。

05 调用O（偏移）命令，偏移线段，如图14-76所示。

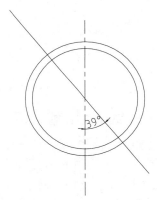

图14-75　绘制并旋转直线

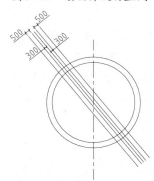

图14-76　偏移线段

06 调用TR（修剪）命令，修剪线段；调用L（直线）命令，绘制闭合直线，如图14-77所示。

07 绘制沙坑。调用O（偏移）命令、TR（修剪）命令，偏移并修剪圆形，绘制沙坑轮廓线，如图 14-78所示。

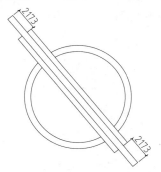

图14-77　绘制图形

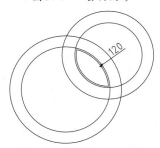

图14-78　绘制沙坑轮廓线

08 将"填充"图层置为当前图层。

09 填充图案。调用H（图案填充）命令，在【图案填充和渐变色】对话框中设置填充参数，对沙坑轮廓线执行填充操作，如图14-79所示。

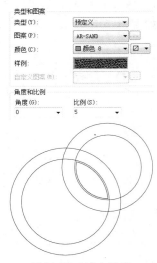

图14-79　填充图案

10 将"小品"图层置为当前图层。

11 调用REC（矩形）命令、L（直线）命令、TR（修剪）命令等，绘制小品或游乐设施等图形，如跷跷板、拉膜亭等，如图14-80

所示。

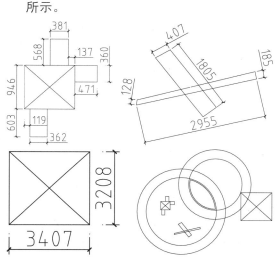

图14-80 绘制小品或游乐设施

12 将"文字标注"图层置为当前图层。

13 结束上一步操作，儿童乐园平面图绘制完成；调用MLD（多重引线）命令，绘制引线标注，如图14-81所示。

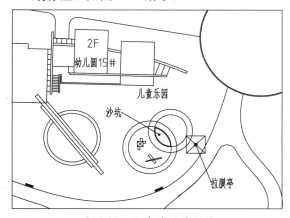

图14-81 儿童乐园平面图

14.2.8 绘制健身区

健身区由几个大小不一的圆形地坪组成，围绕住宅7#楼的卵石健身步道与地坪相邻。其绘制步骤为：首先绘制各地坪的轮廓线，接着绘制种植区的轮廓线及其植物图案；然后确定位于地坪上花架的位置，并调入弧形花架图块至平面图中，便可完成健身区平面图的绘制。

01 整理图形。调用CO（复制）命令，选择总平面图右下角住宅楼7#与商住楼2#之间的园地图形，将其移动复制到一旁，如图14-82所示。

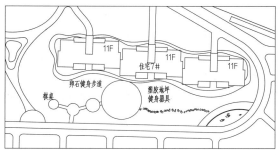

图14-82 整理图形

02 将"轮廓线"图层置为当前图层。

03 绘制各健身区域区轮廓线。调用O（偏移）命令来偏移圆形轮廓线；调用TR（修剪）命令修剪线段，如图14-83所示。

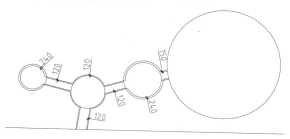

图14-83 绘制各健身区域轮廓线

04 绘制种植区。调用C（偏移）命令，向内偏移圆形，如图 14-84所示。

05 将"填充"图层置为当前图层。

06 填充植物图案。调用H（图案填充）命令，在【图案填充和渐变色】对话框中，选择名称为GRASS的图案，设置填充比例为12，对圆形执行填充操作，如图 14-85所示。

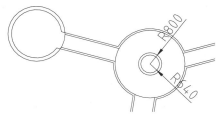

图14-84 偏移圆形

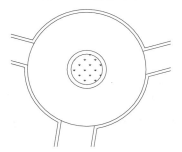

图14-85 填充植物图案

07 将"轮廓线"图层置为当前图层。

08 绘制塑胶地坪。调用O（偏移）命令，向内偏移圆形；调用C（圆）命令，绘制圆形，如图14-86所示。

09 调用TR（修剪）命令，修剪圆形，如图14-87所示。

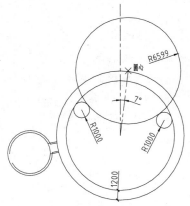

图14-86 绘制塑胶地坪

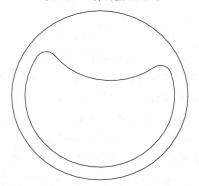

图14-87 修剪圆形

10 调用O（偏移）命令，偏移圆形或者圆弧，如图14-88所示。

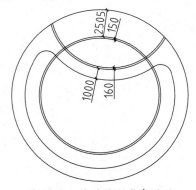

图14-88 偏移圆形或者圆弧

11 调用TR（修剪）命令，修剪图形，如图14-89所示。

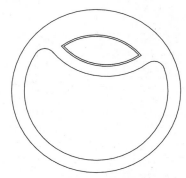

图14-89 修剪图形

12 将"花架"图层置为当前图层。

13 绘制花架轮廓。调用L（直线）命令、RO（旋转）命令，绘制并旋转直线，如图14-90所示。

14 调用TR（修剪）命令，修剪线段，如图14-91所示。

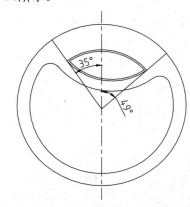

图14-90 绘制并旋转直线

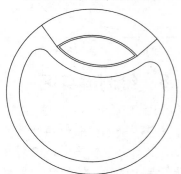

图14-91 修剪线段

15 将"图例"图层置为当前图层。

16 调入图块。按下Ctrl+O组合键，打开配套光盘提供的"第16章/家具图例.dwg"文件，将其中的休闲桌椅及花架图块复制粘贴至当前图形中，如图14-92所示，健身区平面图的绘制完成。

图14-92 调入图块

结合前面介绍的各小节的绘图工作，总平面各区域景观的绘制结果如图 14-93所示。

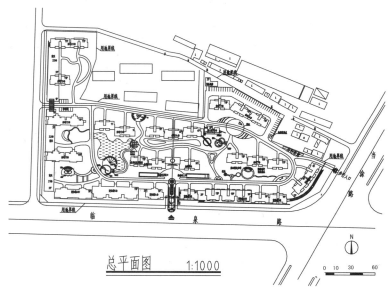

总平面图 1:1000

图14-93 总平面各区域景观的绘制结果

14.3 住宅小区水电图的绘制

　　水电图是住宅小区水电施工的参考图样，应由专业的人员来完成，由于小区占地较广，水电网络的布置较为复杂，因此，本节以小区入口平面景观的水电布置为例，介绍住宅小区水电图的绘制。

　　水电图的绘制步骤为：首先调入各类灯具图块，如景观灯、投光灯等设备图形，然后绘制它们之间的连接电缆便可；水路图的绘制也是一样，先调入用水设备图块，如水龙头，再绘制连接水管管线，便可完成水路的布置。

　　最后还应绘制图例表，以表示所用的相关图例的意义。

01 调用素材文件。打开"14.2.2 绘制小区主入口景观.dwg"文件，按下Ctrl+Shfit+S组合键，在【图形另存为】对话框中设置图形名称为"住宅小区水电图的绘制.dwg"，单击"保存"按钮可完成"另存为"操作。

02 将"灯具"图层置为当前图层。

03 调入灯具图块。按下Ctrl+O组合键，打开配套光盘提供的"第14章/图块图例.dwg"文件，将其中的景观灯、嵌入式墙灯、投光灯图块复制粘贴至当前图形中，如图 14-94所示。

04 将"电缆"图层置为当前图层。

05 绘制电缆。调用PL（多段线）命令，设置线宽为80，在各灯具图块之间绘制连接线路，如图 14-95所示。

06 将"灯具"图层置为当前图层。

07 调入水下上射灯。从"图块图例.dwg"文件中将水下上射灯图块复制粘贴至喷泉平面图上，如图14-96所示。

08 将"电缆"图层置为当前图层。

09 调用PL（多段线）命令，绘制电缆，如图14-97所示。

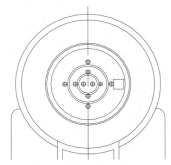

图14-96 调入水下上射灯

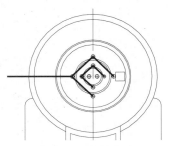

图14-97 绘制电缆

10 将"水管"图层置为当前图层。

11 绘制水管管线。从"图块图例.dwg"文件中将水龙头图块调入当前图形中，然后执行PL（多段线）命令来绘制水管管线，并将管线的线型设置为虚线，如图14-98所示。

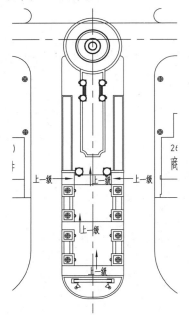

图14-94 调入灯具图块

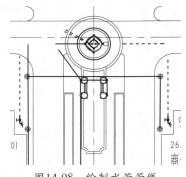

图14-98 绘制水管管线

12 将"文字标注"图层置为当前图层。

13 标注电缆根数。调用L（直线）命令，在电缆上绘制短斜线；调用MT（多行文字）命令，绘制文字标注，如图14-99所示。

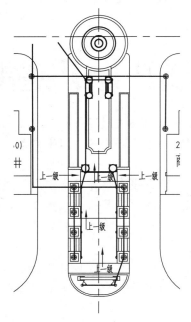

图14-95 绘制电缆

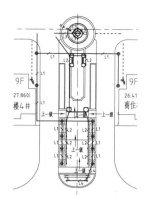

图14-99　标注电缆根数

14　绘制引线标注。调用MLD（多重引线）命令，绘制引线标注，如图 14-100所示。

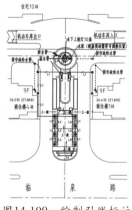

图14-100　绘制引线标注

15　绘制图例表。调用REC（矩形）命令、O（偏移）命令，绘制并偏移矩形边；调用

CO（移动）命令，将图块图例从平面图中移动复制到表格中。

16　调用MT（多行文字）命令，绘制文字标注，如图 14-101所示。

17　绘制说明文字。调用MT（多行文字）命令，绘制说明文字，如图 14-102所示，小区主入口景观水电图绘制完成。

图例表	
⊕	景观灯
◡	嵌入式墙灯
▷	投光灯
⊕	射灯
🚰	水龙头
——	电缆
⋯⋯	水管

图14-101　绘制图例

说明：
1.电源线采用ＶＶ22-1KN，工作电压380/220。
2.电缆采用直埋电缆，且电缆不小于500mm，穿越道路用钢管保护。
3.在适当的位置设置电缆接线井。
4.接配电箱的位置根据现场而定。
5.未尽事宜参照相关规范施工。

图14-102　绘制说明文字

14.4　住宅小区植物配置图的绘制

植物是景观设计中不可缺少的元素之一，在绘制完成各类小品图形后，就需要布置各类植物。植物的种类很多，一般的景观设计都包含乔木、灌木等类型的植物。乔木与灌木的高度不同，高矮搭配，才能营造错落有致的景观。

本例布置植物图形的步骤为：先布置沿道路种植的高大乔木，如无患子；然后布置种植于园区内的乔木，如桂花等；接着布置稍矮的茶花、更矮的灌木，便可完成植物配置图的绘制。最后需要绘制图例表。

本节介绍在图 14-93的基础上绘制植物配置图的方法。

01　将"植物"图层置为当前图层。

02　布置沿路植物。在打开的"第14章/图块图例.dwg"文件中选择名称为"无患子"的乔木图块，将其复制粘贴至平面图中，如图 14-103所示。

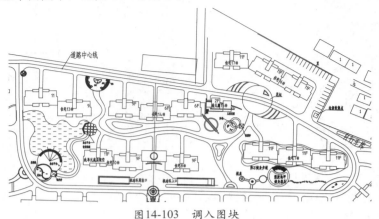

图14-103 调入图块

03 复制图例。单击"修改"工具栏上的"路径阵列"按钮，命令行提示如下：

```
命令：_arraypath
选择对象：找到 1 个                                              //选择植物图例；
类型 = 路径  关联 = 是
选择路径曲线：                                                  //选择道路中心线；
选择夹点以编辑阵列或  [关联(AS)/方法(M)/基点(B)/切向(T)/项目(I)/行(R)/层(L)/对齐项目(A)/Z 方
向(Z)/退出(X)]  <退出>：*取消*          //按下Esc键退出命令，阵列复制结果如图14-104所示。
```

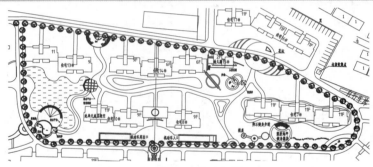

图14-104 阵列复制

04 选择阵列复制得到的图形，调用X（分解）命令将其分解。

05 调用E（删除）命令，删除多余的植物图例；调用M（移动）命令，调整植物图例的位置，结果
如图 14-105所示。

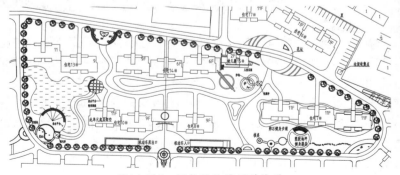

图14-105 调整植物图例的位置

06 布置园区内高大乔木图例。从"图块图例.dwg"文件中选择桂花、樱花、香樟等乔木图块，将
其复制粘贴至当前图形中；调用CO（复制）命令，移动复制植物图例，如图14-106所示。

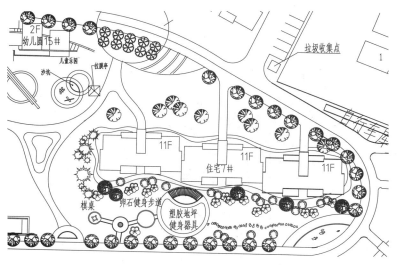

图14-106 布置园区内高大乔木图例

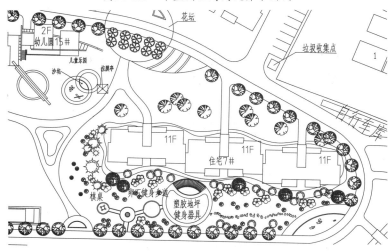

图14-107 布置灌木等植物图例

07 布置灌木等植物图例。从"图块图例.dwg"文件中选择构骨球、茶花等图块,将其复制到当前平面图;并调用CO(复制)命令、M(移动)命令,调整图块个数及位置,如图14-107所示。

08 重复上述操作,继续布置其他区域的植物图例,如图14-108所示。

图14-108 布置其他区域的植物图例

09 将本节所介绍的布置植物图例的方法应用到整个住宅小区中,为小区布置植物图例的结果如图14-109所示。

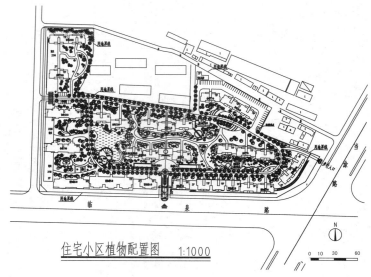

图 14-109　布 置 结 果

10 将"文字标注"图层置为当前图层。

11 绘制图例表。调用REC（矩形）命令、O（偏移）命令，绘制表格。

12 调用CO（复制）命令、MT（多行文字）命令，将图块复制到表格中，并标注图块名称，如图
14-110所示。

编号	图例	名称	编号	图例	名称
1		乐昌含笑	18		海棠
2		无患子	19		茶花
3		香樟	20		紫玉兰
4		桂花	21		广玉兰
5		杜英	22		枫树
6		垂柳	23		银杏
7		樱花	24		红枫
8		罗汉松	25		海桐
9		合欢	26		火棘
10		红花继木球	27		木芙蓉
11		棕榈	28		构骨球
12		雪松	29		紫薇
13		龙柏球	30		鸡爪槭
14		鸡爪槭	31		早竹
15		石榴	32		红花继木
16		龟甲冬青	33		金叶女贞
17		金边黄杨	34		杜鹃

图 14-110　绘制图例表

第15章
屋顶花园园林设计

屋顶花园是指在各类建筑物、构筑物、城围、桥梁（即立交桥）等的屋顶、露台或者大型人工假山山体上进行造园、种植花卉树木的总称。

本章介绍屋顶花园园林景观设计图纸的绘制。

15.1 屋顶花园景观设计概述

屋顶花园可为拥有屋顶的人们提供一个私密的园林空间，提供一个休憩、会客、娱乐、种植园艺的地方，可增进人们的身心健康及生活乐趣。

如图15-1所示为各类屋顶花园的制作效果。

图15-1 屋顶花园

15.1.1 屋顶花园的设计原则

屋顶花园的设计原则主要有：

1. 安全

屋顶花园的荷载承重要遵守相关的国家和地方规范，此外，防水、防风及活动者的安全也要保证。

2. 美观

屋顶花园的相关设施、植物的配置应遵循美学原理，应用统一与变化、对比与相似、比例与尺度等原则来对花园进行规划设计。

3. 功能性

根据形式应追随功能的设计原理，屋顶花园的设计应以改善城市生态功能、满足人们实用要求为主。

15.1.2 屋顶花园的分类

按照花园所在建筑的性质分，可以分为住宅屋顶花园、商业建筑屋顶花园。

1. 住宅屋顶花园

通常位于建筑顶层，面积一般在几十至200m2之间，荷载力较小，通常为100-300kg/m2。

住宅屋顶花园实用人数较少，私密性较强，在设计上应考虑休息、休闲、会友、种植等功能。在对屋顶花园进行规划设计时，应多与主人进行交流，结合主人的职业、年龄、爱好等多方面的因素来确定屋顶花园的风格、类型及预算。

如图 15-2所示为居住区屋顶花园的设计制作效果。

图15-2 住宅屋顶花园

2. 商业建筑屋顶花园

与住宅屋顶花园相比，商业建筑屋顶

花园的建造地点不一，服务对象的人数也较多。花园为建筑内的工作人员提供了交流、用餐、休憩等的场所，也对改善城市环境起到了一定的作用。目前，有些城市已经出台了关于管理屋顶绿化建设的相关措施，例如北京市的《屋顶绿化规范》就是针对北京市内屋顶绿化工程进行管理的。

如图15-3所示为在商业建筑中屋顶花园的建造效果。

图15-3　商业建筑屋顶花园

15.1.3　屋顶植物的选择原则

1）应遵循植物多样性及共生性的原则，以生长特征及观赏价值相对稳定、滞尘控温能力较强的本地植物及引种成功的植物为主。

2）以低矮的灌木、草坪地被植物和攀缘植物为主，一般情况下不栽种大型乔木，可少量种植耐旱小型乔木。

3）应选择根须发达的植物，不宜选用根系穿刺较强的植物，以防止植物根系穿透建筑物的防水层。

4）应选容易移植、耐修剪、耐粗放管理、生长缓慢的植物。

5）应选抗风、耐旱、耐高温的植物。

6）应选抗污性强，可耐受、吸收、滞留有害气体或者污染物质的植物。

7）应选生长强壮且具有抵抗极端气候的能力，能忍受夏季高热风、冬季露天过冬的品种。

8）选择适应种植土浅薄、少肥的花灌木，能忍受干燥、潮湿积水的品种。

15.2　屋顶花园总平面图设施的绘制

屋顶花园由水域、观水亭、弧形景墙、木质亲水平台等组成。屋顶花园为人们闲暇时间的放松休憩提供了去处，同时也可以丰富城市景观、改善城市生态气候；但同时也使得建筑物的自重增加，因此在设计时应考虑建筑物的实际承重情况。

本例屋顶花园设施多样，绿化景观丰富多彩。弧形景墙位于花园的一角，与汀步相邻，使人们在漫步的同时观赏景墙上丰富多变的造型。观鱼池右侧设置木质亲水平台，连接室内，可以让人们在办公、健身之余，到平台上观鱼赏花，以缓解疲劳。

圆形的喷泉与外形呈弧形的观鱼池互相呼应，使得人们在赏鱼的间隙，也可以通过喷泉得到不一样的美的享受。叠水瀑布位于花园的左上角，假山与水相结合，营造出别样的乐趣。遮棚可以提供短暂的遮阳、避雨作用，在汀步的尽头设置了仿树木的定制桌椅，可以方便人们品茗对弈。

如图15-4所示为屋顶花园总平面图的绘制结果。

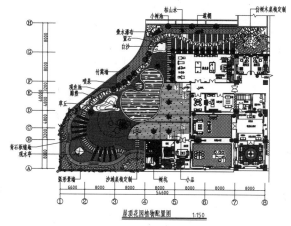

屋顶花园植物配置图　1:150

图15-4　屋顶花园总平面图

本节介绍屋顶花园总平面图的绘制。首

先需要设置绘图环境,包括单位、尺寸标注等;因为在第七章中已介绍了关于绘图环境的设置方法,在此便不再赘述;但是图层是因所绘图纸的不同而异的,所以在这里列举了绘制屋顶花园平面图所需要的各图层。

待绘图环境设置完成后,便可依次绘制花园各区域的平面图,分别有弧形景墙、步石、观鱼池等,待绘制完成这些图形后,才可在此基础上绘制给排水施工图及植物配置图。

15.2.1 设置绘图环境

沿用第七章所介绍的方法,设置绘图环境的各项参数,如图形单位、尺寸标注样式、文字样式、引线样式等。

调用LA(图层特性管理器)命令,在【图层特性管理器】对话框中创建各类图层,如图15-5所示。

图15-5 【图层特性管理器】对话框

15.2.2 绘制弧形景墙

景墙采用弧形造型设计,沿弧线来布置景墙上的景观,既有丰富的视觉变化,又契合人们游览的习惯。

弧形墙的绘制步骤如下,首先调用样条曲线命令来绘制墙线,然后调用直线命令及矩形路径阵列命令来绘制墙体图案。接着绘制地面铺装轮廓线及观水亭便可完成本节内容的绘制。

01 调用素材文件。按下Ctrl+O组合键,打开配套光盘提供的"第15章/屋顶花园原始平面图.dwg"文件,如图15-6所示。

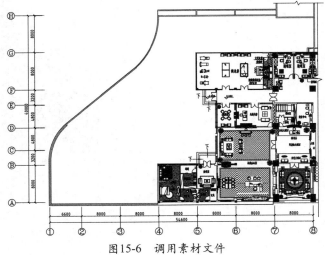

图15-6 调用素材文件

02 将"景墙"图层置为当前图层。

03 绘制弧形景墙轮廓线。调用SPL（样条曲线）命令，绘制弧墙轮廓线，如图 15-7所示。

04 调用L（直线）命令，绘制如图 15-8所示的直线。

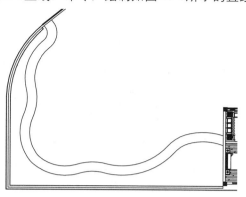

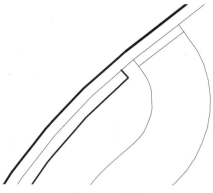

图15-7　绘制弧墙轮廓线　　　　　　　　　　　　　　　　图15-8　绘制直线

05 单击"修改"工具栏上的"路径阵列"按钮，命令行提示如下：

```
命令：_arraypath
选择对象：找到 1 个                                    //选择上一步骤绘制的直线；
类型 = 路径  关联 = 是
选择路径曲线：                                        //选择景墙轮廓线；
选择夹点以编辑阵列或 [关联(AS)/方法(M)/基点(B)/切向(T)/项目(I)/行(R)/层(L)/对齐项目(A)/Z  方
向 (Z)/退出(X)] <退出>：I
指定沿路径的项目之间的距离或 [表达式(E)] <1163>：200
最大项目数 = 183
指定项目数或 [填写完整路径(F)/表达式(E)] <183>：*取消*                //按下Enter键；
选择夹点以编辑阵列或 [关联(AS)/方法(M)/基点(B)/切向(T)/项目(I)/行(R)/层(L)/对齐项目(A)/Z  方向(Z)/
退出(X)] <退出>：*取消*    //按下Esc键退出命令，复制结果如图15-9所示。
```

06 将"铺装轮廓线"图层置为当前图层。

07 绘制硬质铺装轮廓线。调用SPL（样条曲线）命令，绘制样条曲线如图 15-10所示。

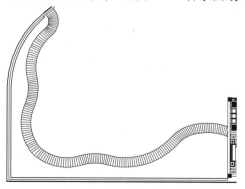

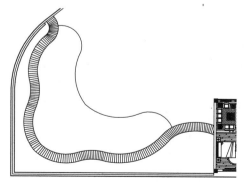

图15-9　阵列复制　　　　　　　　　　　　　　　图15-10　绘制硬质铺装轮廓线

08 绘制卵石铺地轮廓线。调用L（直线）命令、RO（旋转）命令，绘制并旋转直线；调用O（偏移）命令，设置偏移距离为500，偏移直线如图15-11所示。

09 将"小品"图层置为当前图层。

10 绘制观水亭。调用REC（矩形）命令、O（偏移）命令，绘制亭子外轮廓；调用L（直线）命令，绘制对角线，观水亭的绘制结果如图15-12所示。

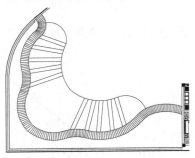

图15-11　绘制卵石铺地轮廓线

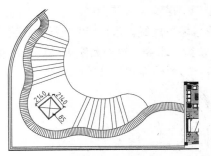

图15-12　绘制观水亭

15.2.3　绘制步石

本例的步石有两种类型，分别为青石板及虎皮石。青石板为矩形，因此可调用矩形来绘制。通过执行复制命令及旋转命令，可以复制或者调整青石板的位置及角度。而虎皮石为不规则图形，因此在对其进行布置时应绘制基准线。然后在基准线所定义的范围内，调用旋转命令、移动命令，来调整虎皮石的铺装位置。

01 将"步石"图层置为当前图层。

02 绘制基准线。调用SPL（样条曲线）命令，绘制步石基准轮廓线，如图15-13所示。

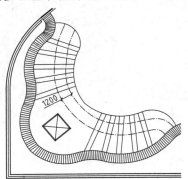

图15-13　绘制步石基准轮廓线

03 绘制步石。调用REC（矩形）命令，绘制尺寸为1200×300的矩形；调用RO（旋转）命令，旋转复制矩形，步石的绘制结果如图15-14所示。

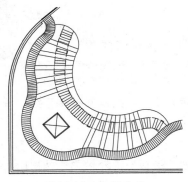

图15-14　绘制步石

04 调用E（删除）命令，删除基准线；沿用上述介绍的方法，继续绘制如图15-15所示的步石图形。

05 调用REC（矩形）命令，绘制步石轮廓线，如图15-16所示。

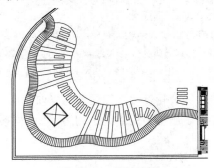

图15-15　绘制结果

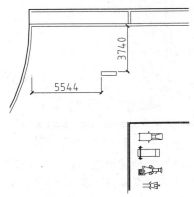

图15-16　绘制步石轮廓线

06 单击"修改"工具栏上的"矩形阵列"按钮 ，命令行提示如下：

```
命令: _arrayrect
选择对象: 找到 1 个                                          //选择矩形;
类型 = 矩形 关联 = 是
选择夹点以编辑阵列或 [关联(AS)/基点(B)/计数(COU)/间距(S)/列数(COL)/行数(R)/层数(L)/退出(X)]    <退
出>: COU
输入列数数或 [表达式(E)] <4>: 1
输入行数数或 [表达式(E)] <3>: 23
选择夹点以编辑阵列或 [关联(AS)/基点(B)/计数(COU)/间距(S)/列数(COL)/行数(R)/层数(L)/退出(X)]    <退
出>: S
指定列之间的距离或 [单位单元(U)] <1800>:                      //按下Enter键;
指定行之间的距离 <450>: -500
选择夹点以编辑阵列或 [关联(AS)/基点(B)/计数(COU)/间距(S)/列数(COL)/行数(R)/层数(L)/退出(X)]    <退
出>: *取消*        //按下Esc键, 阵列复制的结果如图15-17所示。
```

07 绘制虎皮石铺地基准线。调用SPL（样条曲线）命令、O（偏移）命令，绘制样条曲线，如图 15-18所示。

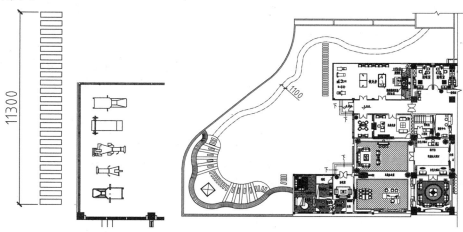

图15-17　矩形阵列　　　　　　　　　　　　图15-18　绘制样条曲线

08 调入图块。按下Ctrl+O组合键，打开配套光盘提供的"第15章/图块图例.dwg"文件，将其中的虎皮石图块复制粘贴至当前图形中。

09 调用RO（旋转）命令、M（移动）命令，调整虎皮石的位置及角度，如图 15-19所示。

10 重复上述操作，虎皮石铺装的绘制结果如图 15-20所示。

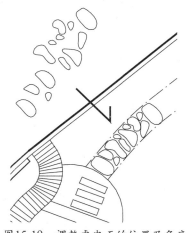

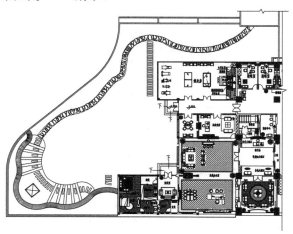

图15-19　调整虎皮石的位置及角度　　　　　图15-20　绘制虎皮石铺装

11 继续调用CO（复制）命令、RO（旋转）命令，在基准线外布置虎皮石图块，如图15-21所示。

12 结束上一步骤的操作，步石铺装的绘制结果如图15-22所示。

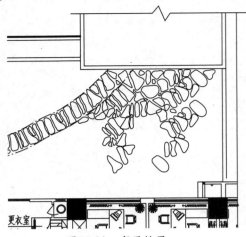

图15-21 布置结果

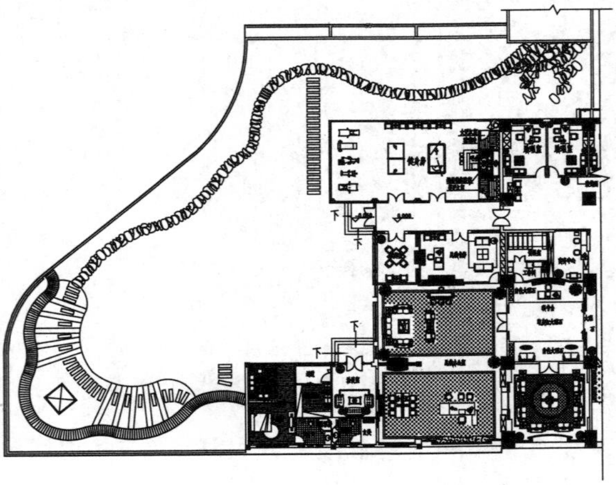

图15-22 步石铺装绘制结果

15.2.4 绘制水体

本例中绘制观鱼池及喷泉两种水体。观鱼池为不规则图形，可以通过调用圆形命令及修剪命令来得到其轮廓线。喷泉为圆形的叠级喷泉，因此可调用圆形命令、偏移命令来绘制。

01 将"水体"图层置为当前图层。

02 定位圆心。调用L（直线）命令，绘制定位短斜线，如图15-23所示。

03 绘制观鱼池。调用C（圆）命令，绘制圆形，如图15-24所示。

04 调用TR（修剪）命令，修剪圆形，如图15-25所示。

05 调用O（偏移）命令，向内偏移轮廓线，如图15-26所示。

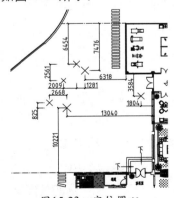

图15-23 定位圆心

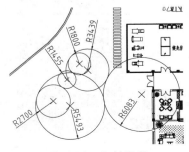

图15-24 绘制圆形

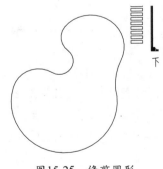

图15-25 修剪圆形

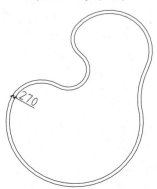

图5-26 向内偏移轮廓线

06 绘制喷泉。调用C（圆）命令、O（偏移）命令，绘制并偏移圆形，如图 15-27所示。

07 将"铺装轮廓线"图层置为当前图层。

08 绘制木栈道。调用L（直线）命令、C（圆）命令，绘制木栈道轮廓线，如图15-28所示。

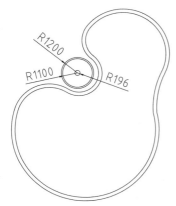

图15-27 绘制喷泉

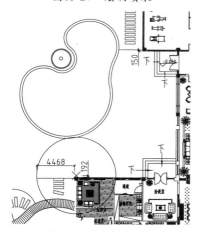

图15-28 绘制木栈道

09 调用TR（修剪）命令，修剪图形；调用O（偏移）命令，向内偏移轮廓线，如图15-29所示。

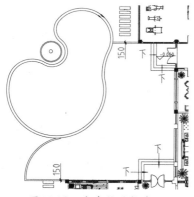

图15-29 向内偏移轮廓线

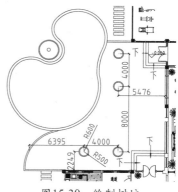

图15-30 绘制树坑

10 将"种植轮廓线"图层置为当前图层。

11 绘制树坑。调用C（圆）命令、O（偏移）命令，绘制并偏移圆形，如图 15-30所示。

12 将"小品"图层置为当前图层。

13 绘制小品。调用C（圆）命令，绘制并复制半径为300的圆形来表示小品的轮廓线，如图15-31所示。

14 结束上一步骤，完成水体、木栈道等图形轮廓线的绘制，如图 15-32所示。

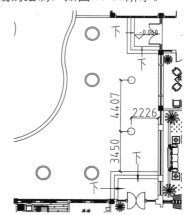

图15-31 绘制小品

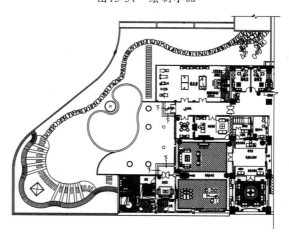

图15-32 绘制结果

15.3 屋顶花园给排水图的绘制

花园中有植物和鱼池，因此其中的给水排水工程显得尤为重要。给排水平面图的绘制步骤为，依次调入各类给排水附件，例如洒水栓（给水附件）、雨水口（排水附件）等，再绘制连接管线，如给排水管线、透水软管等。最后绘制附件图例表，便可完成给排水平面图的绘制。

01 调用素材文件。打开上一节绘制的"屋顶花园总平面图.dwg"文件，执行"文件"|"另存为"命令，在【图形另存为】对话框中设置文件名称为"屋顶花园给排水图.dwg"，单击"保存"按钮可完成另存为操作。

02 将"图块"图层置为当前图层。

03 调入图块。按下Ctrl+O组合键，打开配套光盘提供的"第15章/图块图例.dwg"文件，选择草丘、桌椅等图块，将其复制粘贴至当前图形中，如图15-33所示。

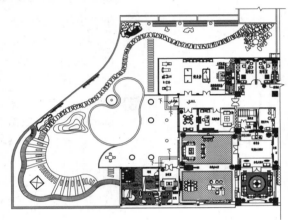

图15-33 调入图块

04 将"附件"图层置为当前图层。

05 调入洒水栓图块。从"图块图例.dwg"文件中选择洒水栓图块，复制粘贴至当前图形中，如图15-34所示。

06 将"给水管线"图层置为当前图层。

07 绘制给水管线。调用PL（多段线）命令，设置线宽为70，绘制给水管线，如图15-35所示。

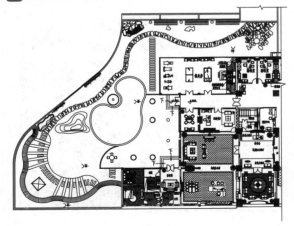

图15-34 调入洒水栓图块

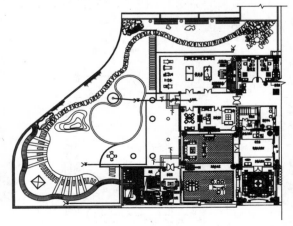

图15-35 绘制给水管线

08 将"附件"图层置为当前图层。

09 调入雨水口与雨水篦图块。从"图块图例.dwg"文件中选择雨水口、雨水篦图块复制到当前图形中，如图15-36所示。

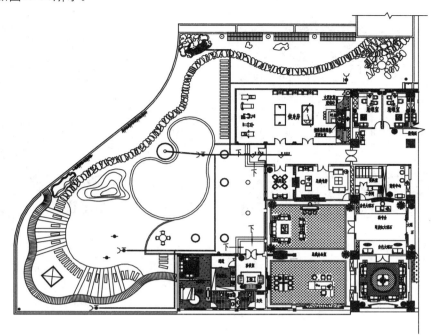

图15-36 调入图块

10 将"排水管线"图层置为当前图层。

11 绘制排水管线。调用PL（多段线）命令，设置线宽为100，绘制管线，如图15-37所示。

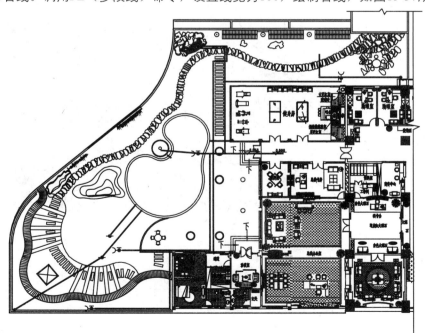

图15-37 绘制排水管线

12 将"给水管线"图层置为当前图层。

13 绘制透水软管。调用PL（多段线）命令，更改线宽为70，绘制软管图形；调用TR（修剪）命令，修剪管线，如图15-38所示。

14 将"文字标注"图层置为当前图层。

15 绘制引线标注。调用MLD（多重引线）命令，绘制引线标注，如图15-39所示。

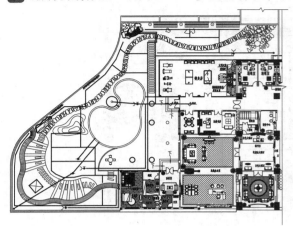

图15-38 绘制透水软管

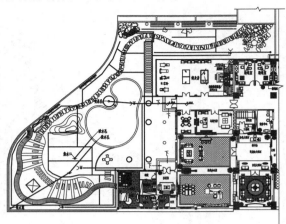

图15-39 绘制引线标注

16 坡度标注。调用PL（多段线）命令，绘制起点宽度为200，端点宽度为0的指示箭头；再调用MT（多行文字）命令，绘制坡度文字标注。

17 调用RO（旋转）命令，调整箭头及标注文字的角度，调用MLD（多重引线）命令，绘制引线文字标注，如图15-40所示。

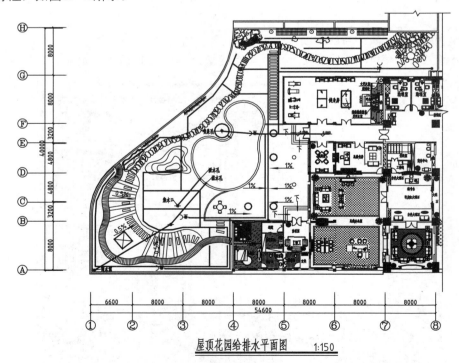

图15-40 坡度标注

18 绘制图例表。调用REC（矩形）命令、O（偏移）命令来绘制表格；调用CO（复制）命令，将给排水图例移动复制到表格中；调用MT（多行文字）命令，绘制文字标注，如图 15-41所示。

19 绘制文字标注。调用MT（多行文字）命令，绘制备注文字，如图15-42所示。

图例	
——————	给水管
——————	排水管
——————	透水软管
⊢•⊣	洒水管
⊸●	集水口
●	雨水篦

备注:

1.草坪排水采用广式透水管,汇集由UPVC排水塑料罐接至屋顶集水口。

2.透水软管设于草坪底砾石滤水层内,在其上铺无纺布滤水层。

3.透水软管间距约3米,坡度参照制造厂要求。

4.安置排水管时,注意不要破坏原楼板的保温防水结构,如有破坏,须做处理。

图15-41 绘制图例表　　　　　　　　图15-42 绘制文字标注

15.4 屋顶花园植物配置图的绘制

屋顶花园以常绿花灌木作为主要的景观植物,间或种植南竹、西洋杜鹃和红继木等植物,形成有高有低、错落有致的景观效果。同时,植物的种植方式既有规则式,又有自然式,规整中有变化,于变化中求统一。

植物的配置图表现了各类植物的种植范围及其种类,在本节中分别介绍地面铺装图案及绿植图案的绘制。屋顶花园的地面铺装材料主要有冰纹石及卵石,植物种类有灌木、红继木、南竹等。

地面铺装图案调用填充命令来绘制,南竹及灌木的图案也可调用填充命令来绘制,而其他类型的植物,如罗汉松、西洋杜鹃等则可调用图例来表示。

01 调用素材文件。打开上一节绘制的"屋顶花园给排水平面图.dwg"文件,执行"文件"|"另存为"命令,将文件名称设置为"屋顶花园植物配置图.dwg",然后在【另存为】对话框中单击"保存"按钮以完成另存为操作。

02 将"图块"图层置为当前图层。

03 调入图块。从"图块图例.dwg"文件中调入置石、雕塑等图块,如图 15-43所示。

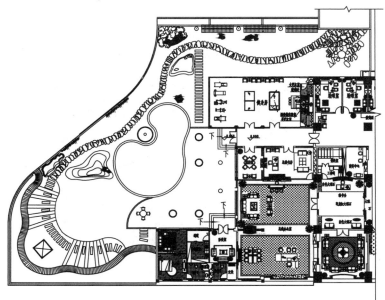

图15-43 调入图块

04 将"种植轮廓线"图层置为当前图层。

05 绘制灌木种植轮廓线。调用L（直线）命令、O（偏移）命令，绘制并偏移直线；调用TR（修剪）命令，修剪线段，如图15-44所示。

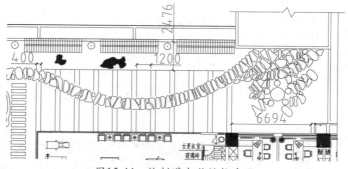

图15-44 绘制灌木种植轮廓线

06 绘制南竹种植区域。调用PL（多段线）命令，绘制种植区域轮廓线，如图15-45所示。

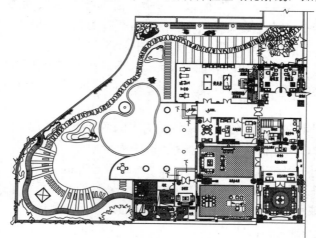

图15-45 绘制南竹种植区域

07 调用L（直线）命令、SPL（样条曲线）命令，绘制其他种植区域的轮廓线，如图15-46所示。

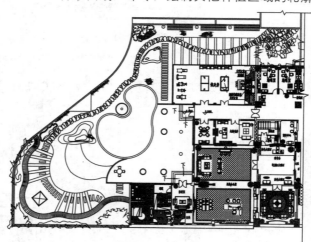

图15-46 绘制其他种植区域的轮廓线

08 将"填充"图层置为当前图层。

09 绘制地面铺装图案。调用H（图案填充）命令，参考表 15-1中的信息，在【图案填充和渐变色】对话框中，设置各类地面铺装图案的填充参数。

表15-1 地面铺装图案参数设置

编号	1	2	3
参数设置	类型和图案 类型(Y)：预定义 图案(P)：HEX 颜色(C)：颜色 43 样例： 自定义图案(M)： 角度和比例 角度(G)：0　比例(S)：40	类型和图案 类型(Y)：预定义 图案(P)：AR-SAND 颜色(C)：颜色 43 样例： 自定义图案(M)： 角度和比例 角度(G)：0　比例(S)：8	类型和图案 类型(Y)：预定义 图案(P)：AR-HBONE 颜色(C)：颜色 43 样例： 自定义图案(M)： 角度和比例 角度(G)：0　比例(S)：2
编号	4	5	
参数设置	类型和图案 类型(Y)：预定义 图案(P)：AR-RROOF 颜色(C)：颜色 140 样例： 自定义图案(M)： 角度和比例 角度(G)：0　比例(S)：25	类型和图案 类型(Y)：预定义 图案(P)：DOLMIT 颜色(C)：颜色 43 样例： 自定义图案(M)： 角度和比例 角度(G)：0　比例(S)：50	

10 填充地面铺装图案的操作结果如图 15-47所示。

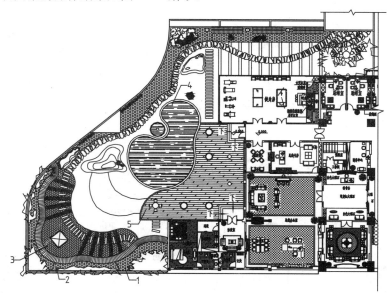

图15-47 绘制地面铺装图案

11 将"植物"图层置为当前图层。

12 填充绿植图案。按照表 15-2中的信息，在【图案填充和渐变色】对话框中设置各填充参数。

表15-2 绿植图案参数设置

编号	1	2
参数设置	类型和图案 类型(Y)：预定义 图案(P)：ANSI38 颜色(C)：绿 样例： 自定义图案(M)： 角度和比例 角度(G)：0　比例(S)：90	类型和图案 类型(Y)：预定义 图案(P)：CROSS 颜色(C)：ByLayer 样例： 自定义图案(M)： 角度和比例 角度(G)：0　比例(S)：20

13 填充绿植图案，如图 15-48所示。

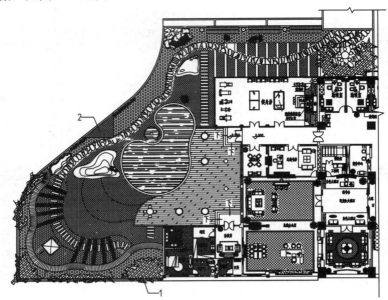

图15-48　绘制绿植图案

14 将"植物"图层置为当前图层。

15 调入植物图块。在"图块图例.dwg"文件中选择罗汉松、红继木等植物图块，将其复制到当前图形中，如图 15-49所示。

16 将"文字标注"图层置为当前图层。

17 绘制图例表。调用REC（矩形）命令、O（偏移）命令及MT（多行文字）命令，绘制图例表格，如图 15-50所示。

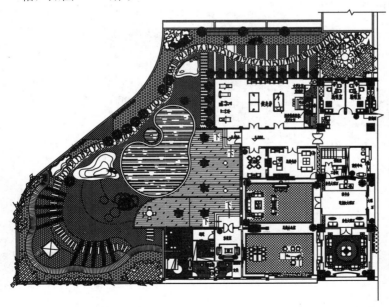

图15-49　绘制绿植图案

图例	名称
	冰纹石铺地
	卵石铺地
	防腐木
	长绿花灌木间植
	高杆蒲葵
	红继木
	酒瓶椰子
	假槟榔
	罗汉松
	南　竹
	西洋杜鹃

图15-50　绘制图例表

18 绘制引线标注。调用MLD（多重引线）命令，绘制引线文字标注，如图 15-51所示。

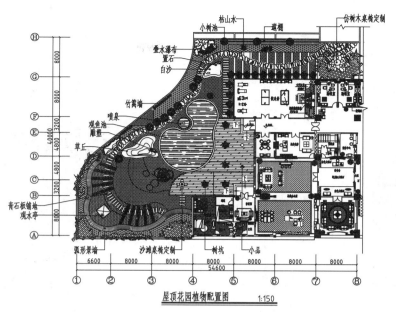

屋顶花园植物配置图   1:150

图15-51 绘制引线标注

第16章
小游园园林设计

城市小游园也叫游憩小绿地，是供人们休息、交流、锻炼、夏日纳凉及进行一些小型文化娱乐活动的场所，是城市公共绿地的重要组成部分。

本章介绍小游园园林设计的相关知识及施工图的绘制。

16.1 小游园园林设计概述

在规划设计小游园时，应注意以下要点。

16.1.1 特点鲜明突出，布局简洁明快

小游园的平面布局应当使用简洁的几何图形，且图形要素之间应具有严格的制约关系，最能引起人的美感，如图16-1所示。

简洁的几何图形对于整体效果、远距离及运动过程中的观赏效果的形成也十分有利，具有强烈时代感。

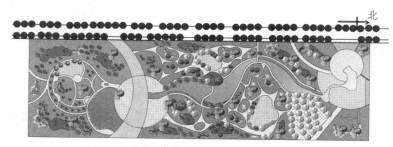

图16-1 游园的布局

16.1.2 因地制宜，以人为本

假如小游园面积较小，且地形较为平整，则园路以规则式为最好；假如园内面积较大，地形起伏变化明显，则可按照地形的特点来布置园内的设施。

游园应营造自然的环境，以使人能从嘈杂的城市环境中脱离出来；但是也应考虑到人们的使用需求，布置相应的使用设施，例如长廊、休息椅等，利于人们逗留休息。

如图16-2所示为游园中常见的长廊及坐凳。

图16-2 长廊及坐凳

16.1.3 发挥小品的作用

可利用园中的地形道路、植物小品来分隔空间，也可使用隔断花墙来布置园中园。此外，道路、铺地、坐凳、栏杆的数量与大小要在满足游人基本要求之内，在给人产生舒适感的同时扩大游园的空间感。

如图16-3所示为游园内的雕塑及雅亭。

图16-3　游园小品

▐ 16.1.4　植物的配置

植物配置与环境结合，体现地方风格。在选择主调树种时，不仅要注意其风韵美，使其姿态与周围的环境气氛相协调，还要注意其色彩美和形态美。

此外，植物时相、季相、景相的统一，不仅可在较小的绿地空间取得较大活动面积，又不减少绿景。

植物种植可以乔木为主，灌木为辅；以

点植的方式来种植乔木，在边缘辅以树丛，还可适当种植宿根类花卉。

如图16-4所示为游园植物配置的结果。

图16-4　游园植物配置

16.2　小游园总平面图设施的绘制

小游园内可以划分为多个区域，例如才艺广场、儿童游乐场、亲水平台、小广场等，这些场地的设置均是为了满足人们不同的需求。才艺广场、小广场等主要是满足游人对生态休闲游憩活动的需求。有大量的人流集中活动区，有充足的场地支持及丰富的开敞临水空间；可以使人们敞开心扉，重新体会对自然界的一切生灵和万物的热爱。

垂钓码头方便满足人们的亲水性，并在垂钓的过程中，使参与者体验"沉静"与"等待"，从而达到"心境"的重生。在水域边设置的木质亲水平台，可以使人们尽享与园区外的环境的不同体验。

本节介绍小游园总平面图设施的绘制方法，由于小游园面积较大，因此分小节介绍各区域的布置情况。例如绘制主出入口平面图便介绍了游园出入口的布置，包括地面的铺装、植物的位置等。

在绘制完成各区域的设施布置图后，再将各区域综合起来便可完成小游园总平面图设施的绘制，如图16-5所示。

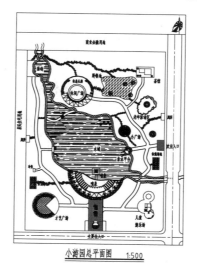

小游园总平面图　　1:500

图16-5　小游园总平面图

16.2.1　设置绘图环境

沿用第七章所介绍的方法，设置绘图环境的各项参数，如图形单位、尺寸标注样式、文字样式、引线样式等。

调用LA（图层特性管理器）命令，在【图层特性管理器】对话框中创建各类图层，如图16-6所示。

图16-6　【图层特性管理器】对话框

16.2.2　绘制主出入口平面图

主出入口平面图的绘制步骤是，首先绘制地面铺装轮廓线，然后调入植物图块，最后填充地面铺装图案。

01 调用文件。按下Ctrl+O组合键，打开配套光盘提供的"第16章/小游园总平面图.dwg"文件，如图16-7所示。

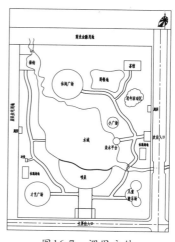

图16-7　调用文件

02 整理图形。调用CO（复制）命令，选择总平面图下方的主出入口平面图形，将其移动复制到一旁，整理结果如图16-8所示。

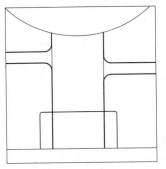

图16-8 整理图形

03 将"铺装轮廓线"图层置为当前图层。

04 绘制地面铺装轮廓线。调用C（圆）命令、O（偏移）命令，绘制并偏移圆形，如图16-9所示。

05 调用L（直线）命令、TR（修剪）命令，绘制直线并修剪圆形，如图16-10所示。

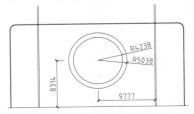

图16-9 绘制并偏移圆形

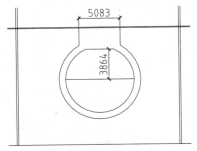

图16-10 绘制直线并修剪圆形

06 将"植物"图层置为当前图层。

07 调入图块。按下Ctrl+O组合键，打开配套光盘提供的"第16章/图块图例.dwg"文件，将其中的大花金鸡菊图块复制至当前图形中，如图16-11所示。

08 将"填充"图层置为当前图层。

09 填充图案。调用H（图案填充）命令，在【图案填充和渐变色】对话框中设置填充参数，绘制地面铺装图案的结果如图16-12所示。

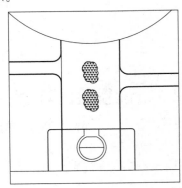

图16-11 调入图块

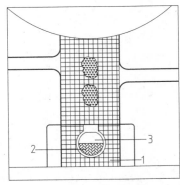

图16-12 填充图案

注意

填充参数请参考表16-1。

表16-1 填充参数

编号	1	2	3
参数设置	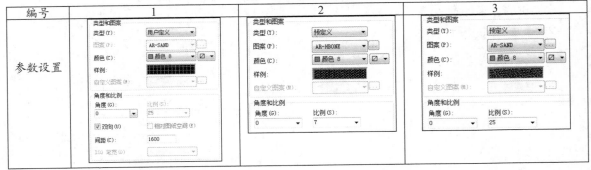		

16.2.3 绘制才艺广场

小游园中的才艺广场是供人们平时休闲、健身的场所，还为小型演出提供了场地。因此其地面铺装特意选用了花岗岩石材，耐磨、耐腐蚀。

才艺广场的绘制步骤是，首先调用偏移命令，向内偏移广场轮廓线以表示地面铺装区域，然后调用图案填充命令，绘制地面铺装图案，便可完成才艺广场的绘制。

01 整理图形。选择总平面图左下角的才艺广场平面图形，调用CO（复制）命令，将平面图移动复制到一旁，如图 16-13 所示。

02 将"地面铺装轮廓线"图层置为当前图层。

03 调用O（偏移）命令，选择圆形轮廓线向内偏移，如图 16-14 所示。

04 调用L（直线）命令、RO（旋转）命令，绘制并旋转直线，如图 16-15 所示。

05 调用TR（修剪）命令，修剪线段，如图 16-16 所示。

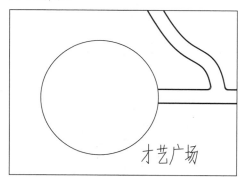

图16-13 整理图形

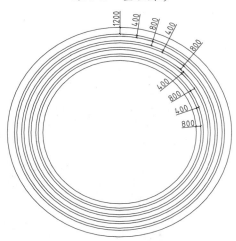

图16-14 偏移轮廓线

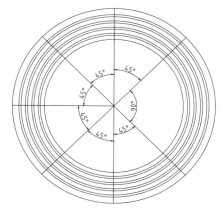

图16-15 绘制并旋转直线

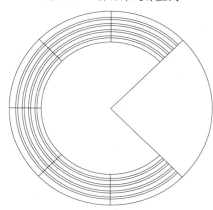

图16-16 修剪线段

06 将"填充"图层置为当前图层。

07 填充图案。调用H（图案填充）命令，对广场地面执行图案填充操作，如图 16-17 所示。

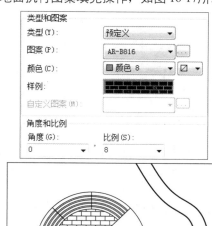

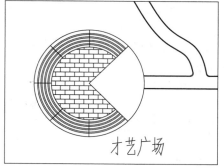

图16-17 填充图案

16.2.4 绘制儿童游乐场

　　儿童游乐场是供孩子们玩耍的场地，在其中提供了各类游乐设施，有沙坑、滑梯等。游乐场由几个不同大小的圆形游乐场地组成，既活泼生动又有效地将各区域连接起来。

　　儿童游乐场的绘制步骤为，首先绘制各类游乐设施平面图形，设施平面图形较为复杂，需要调用各类绘图命令、编辑命令，例如直线命令、矩形命令以及偏移命令和修剪命令等。接着调入座椅图块、填充沙坑图案，便可完成儿童乐园的绘制。

01 整理图形。调用CO（复制）命令，选择总平面图右下角的儿童游乐场平面图形，将其移动复制到空白处，如图16-18所示。

02 将"游乐设施"图层置为当前图层。

03 绘制沙坑。调用C（圆）命令，绘制圆形以表示沙坑的外轮廓线，如图16-19所示。

04 绘制游乐设施。调用L（直线）命令、C（圆）命令，绘制设施轮廓线；调用O（偏移）命令、TR（修剪）命令，编辑设施轮廓线，如图16-20所示。

05 调用O（偏移）命令、CO（复制）命令，偏移线段并复制圆形；调用TR（修剪）命令来修剪图形，如图16-21所示。

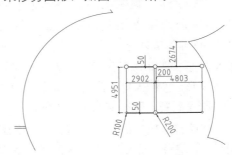

图16-20　编辑设施轮廓线

图16-18　整理图形

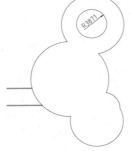

图16-19　绘制沙坑

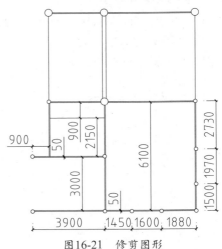

图16-21　修剪图形

06 重复上述操作继续绘制如图16-22所示的图形。

07 单击"修改"工具栏上的"矩形阵列"按钮🔲，命令行提示如下：

```
命令: _arrayrect
选择对象: 指定对角点: 找到 2 个
类型 = 矩形 关联 = 是
选择夹点以编辑阵列或 [关联(AS)/基点(B)/计数(COU)/间距(S)/列数(COL)/行数(R)/层数(L)/退出(X)]     <退出>: COU
输入列数数或 [表达式(E)] <4>: 13
输入行数数或 [表达式(E)] <3>: 1
选择夹点以编辑阵列或 [关联(AS)/基点(B)/计数(COU)/间距(S)/列数(COL)/行数(R)/层数(L)/退出(X)]     <退出>: S
指定列之间的距离或 [单位单元(U)] <75>: -300
指定行之间的距离 <4390>:                                          //按下Enter键;
选择夹点以编辑阵列或 [关联(AS)/基点(B)/计数(COU)/间距(S)/列数(COL)/行数(R)/层数(L)/退出(X)]     <退出>: *取消*        //按下Esc键退出命令，阵列复制的结果如图16-23所示。
```

图16-22 绘制图形

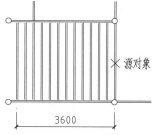

图16-23 阵列复制

08 调用X（分解）命令，将阵列复制得到的图形分解；调用EX（延伸）命令，将线段延伸至边界，如图 16-24所示。

09 重复执行"矩形阵列"命令，设置行数为6，行距为500，对线段执行阵列复制的结果如图 16-25所示。

图16-24 延伸图形

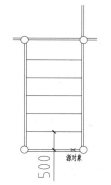

图16-25 阵列复制

10 调用L（直线）命令，绘制对角线，如图16-26所示。

11 绘制辅助线。调用O（偏移）命令、TR（修剪）命令，偏移并修剪线段，绘制辅助线，如图 16-27所示。

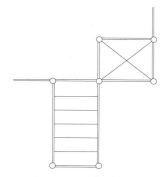

图16-26 绘制对角线

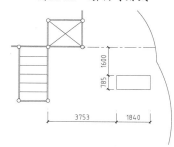

图16-27 绘制辅助线

12 调用EX（延伸）命令，延伸圆弧，如图16-28所示。

13 调4用O（偏移）命令来偏移圆弧；调用TR（修剪）命令，修剪圆弧；调用L（直线）命令，绘制闭合直线，如图16-29所示。

图16-28 延伸圆弧

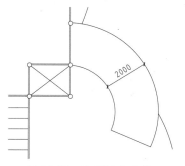

图16-29 绘制闭合直线

14 调用O（偏移）命令、TR（修剪）命令，偏移并修剪圆弧，如图16-30所示。

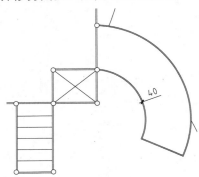

图16-30 偏移并修剪圆弧

15 调用C（圆）命令，绘制半径为100的圆形；调用TR（修剪）命令，修剪线段如图16-31所示。

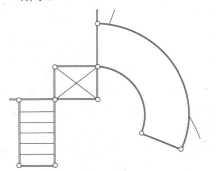

图16-31 修剪线段

16 将"图块"图层置为当前图层。

17 调入图块。从"图块图例.dwg"文件中选择座椅图块，将其复制至当前图形中，如图16-32所示。

18 将"填充"图层置为当前图层。

19 填充沙坑图案。调用H（图案填充）命令，在【图案填充和渐变色】对话框中选择名称为AR-SAND的图案，设置填充比例为17，对图形执行填充操作，如图16-33所示。

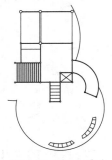

图16-32 调入图块

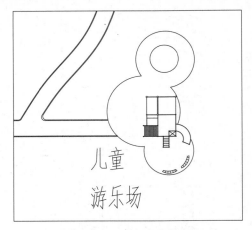

图16-33 填充沙坑图案

16.2.5 绘制喷泉

喷泉与园区内的水域相连，通过左侧的汀步，可以直达休憩场地。喷泉仅在中间布置了几个喷口，这样游客步行走过喷泉左右两侧可到达观景亭赏景。

喷泉与主出入口相对应，为半圆形喷泉。首先执行偏移命令，通过偏移喷泉外轮廓线来绘制喷泉的装饰轮廓线，然后绘制树池、临水观景台等图形，最后调入观景亭及植物图块，可完成喷泉的绘制。

01 整理图形。喷泉与主要出入口相对应，在总平面图中选择喷泉平面图图形，调用CO（复制）命令，将其移动复制到空白处，如图16-34所示。

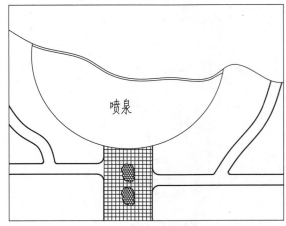

图16-34 整理图形

02 将"景观"图层置为当前图层。

03 绘制喷泉。调用O（偏移）命令，选择圆弧向内偏移，如图16-35所示。

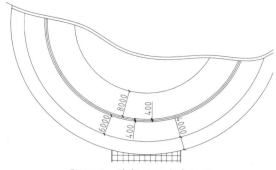

图16-35 选择圆弧向内偏移

04 调用L（直线）命令，绘制喷泉装饰轮廓线，如图 16-36所示。

05 将"小品"图层置为当前图层。

06 绘制树池。调用REC（矩形）命令，绘制尺寸为2720×2890的矩形；调用O（偏移）命令，设置偏移距离为170，选择矩形向内偏移，如图 16-37所示。

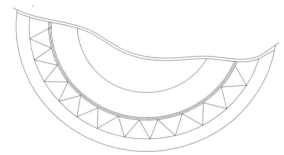

图16-36 绘制喷泉装饰轮廓线

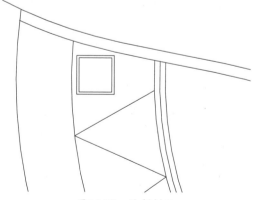

图16-37 绘制树池

07 调用CO（复制）命令，移动复制树池轮廓线；调用RO（旋转）命令，调整树池图形角度，如图 16-38所示。

08 调用L（直线）命令，绘制铺装轮廓线，如图 16-39所示。

09 将"填充"图层置为当前图层。

10 填充图案。调用H（图案填充）命令，在【图案填充和渐变色】对话框中选择名称为ANSI32的图案，分别设置其填充角度为0°（左侧）、90°（右侧），填充比例为300，对轮廓线执行填充操作的结果如图16-40所示。

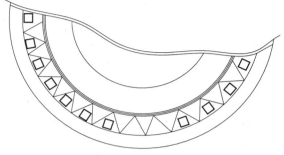

图16-38 复制树池

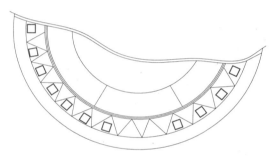

图16-39 绘制铺装轮廓线

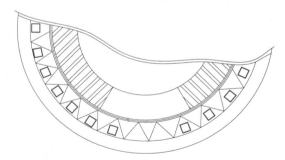

图16-40 填充图案

11 重复调用H（图案填充）命令，对喷泉平面图填充地面铺装图案，如图 16-41所示。

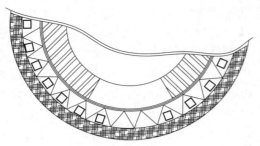

图16-41　填充地面铺装图案

12 将"景观"图层置为当前图层。

13 调用C（圆）命令，绘制半径为454的圆形来表示喷口图形，如图16-42所示。

14 绘制临水观景台。调用L（直线）命令、REC（矩形）命令，绘制观景台轮廓线，如图16-43所示。

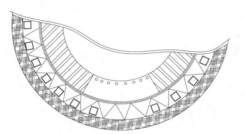

图16-42　绘制喷口图形

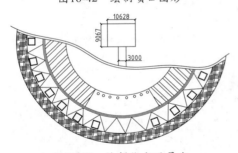

图16-43　绘制临水观景台

15 将"图块"图层置为当前图层。

16 调入图块。从"图块图例.dwg"文件中选择观景亭、树图块，将其复制至当前图形中，如图16-44所示。

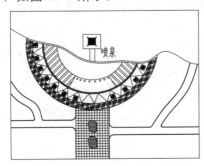

图16-44　调入图块

16.2.6　绘制亲水平台

亲水平台位于水域边上，呈圆形，与次出口相连。与其相连的长、短亲水长廊，可以使游客更近距离的接近水域，满足其赏鱼等需求。

亲水平台的绘制步骤为，首先绘制装饰轮廓线，需要分别调用直线命令及旋转命令，绘制并旋转直线；在使用旋转命令对直线执行旋转操作时，选择"复制"选项，便可以在旋转源对象的基础上复制对象。然后绘制亲水长廊，完成亲水平台的绘制。

01 整理图形。在总平面图中选择亲水平台轮廓线，调用CO（复制）命令，将其移动复制到一旁，如图16-45所示。

02 将"景观"图层置为当前图层。

03 绘制平台装饰轮廓线。调用O（偏移）命令，选择圆形轮廓线向内偏移，如图16-46所示。

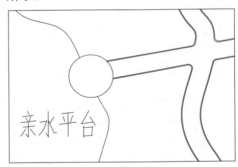

图16-45　整理图形

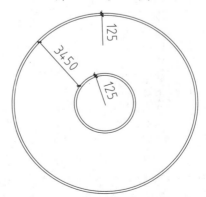

图16-46　向内偏移圆形轮廓线

04 调用L（直线）命令、RO（旋转）命令，绘制并旋转直线，如图16-47所示。

05 调用O（偏移）命令、TR（修剪）命令，偏移并修剪线段，如图16-48所示。

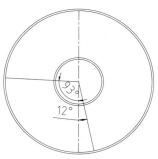

图16-47 绘制并旋转直线

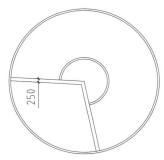

图16-48 偏移并修剪线段

06 调用RO（旋转）命令，旋转复制直线，如图16-49所示。

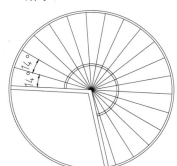

图16-49 旋转复制直线

07 调用TR（修剪）命令，修剪线段，如图16-50所示。

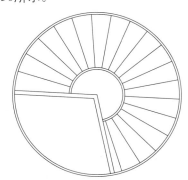

图16-50 修剪线段

08 调用L（直线）命令绘制亲水长廊，结束亲水平台平面图的绘制，如图16-51所示。

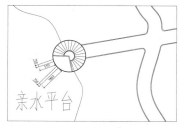

图16-51 绘制亲水长廊

16.2.7 绘制小广场

小广场位于水域旁边，主要是游人在赏玩水景之余的休憩场地。广场上的花坛及喷泉等景观设施，既给游客提供了美的感受，又美化了环境、增加了大气的湿度。

小广场的绘制步骤为，首先绘制花坛图形，接着绘制圆形的叠级喷泉，喷泉的样式较为复杂，但是可以通过圆形命令、修剪命令等来绘制；然后再调入坐凳、垂柳等图块，最后绘制水体图案、地面铺装图案后可完成小广场平面图的绘制。

01 整理图形。在总平面图中选择小广场平面轮廓线图形，调用CO（复制）命令，将其移动复制到一旁，如图16-52所示。

图16-52 整理图形

02 将"铺装轮廓线"图层置为当前图层。

03 绘制广场铺装轮廓线。调用O（偏移）命令，选择圆形向内偏移，如图16-53所示。

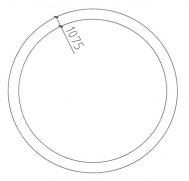

图16-53 选择圆形向内偏移

04 绘制花坛。调用O（偏移）命令，设置偏移距离为2845，选择圆弧向内偏移。

05 调用L（直线）命令、RO（旋转）命令，绘制并旋转直线，如图16-54所示。

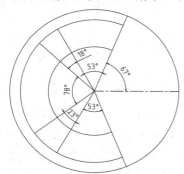

图16-54　绘制并旋转直线

06 调用TR（修剪）命令，修剪线段，如图16-55所示。

07 调用RO（旋转）命令，旋转复制直线，如图16-56所示。

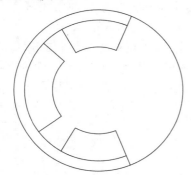

图16-55　修剪线段

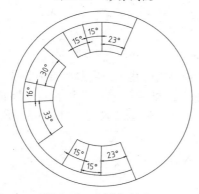

图16-56　旋转复制直线

08 调用O（偏移）命令、TR（修剪）命令，偏移并修剪线段如图16-57所示。

09 调用O（偏移）命令，选择圆弧向内偏移；调用TR（修剪）命令，修剪图形，如图16-58所示。

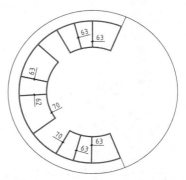

图16-57　偏移并修剪线段

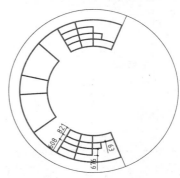

图16-58　修剪图形

10 将"景观"图层置为当前图层。

11 绘制喷泉。调用C（圆）命令、O（偏移）命令，绘制并偏移圆形，如图16-59所示。

12 重复调用C（圆）命令，分别绘制半径为872、683的圆形，如图16-60所示。

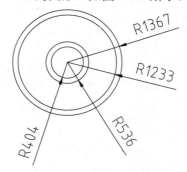

图16-59　绘制并偏移圆形

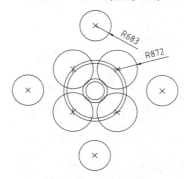

图16-60　绘制圆形

13 调用TR（修剪）命令，修剪圆形，如图16-61所示。

14 调用L（直线）命令，绘制直线以连接圆形，如图16-62所示。

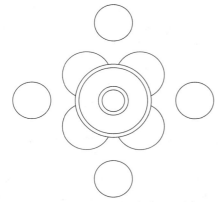

图16-61 修剪圆形

图16-62 绘制直线

15 调用TR（修剪）命令，修剪圆形，如图16-63所示。

16 调用O（偏移）命令，设置偏移距离为135，选择轮廓线向内偏移；调用TR（修剪）命令，修剪图形，如图16-64所示。

图16-63 修剪圆形

图16-64 修剪图形

17 将"图块"图层置为当前图层。

18 调入图块。从"图块图例.dwg"文件中选择坐凳、垂柳图块，将其复制至当前图形中，如图16-65所示。

19 将"填充"图层置为当前图层。

20 填充图案。调用H（图案填充）命令，在【图案填充和渐变色】对话框中设置图案填充参数，对广场平面图执行填充操作，如图16-66所示。

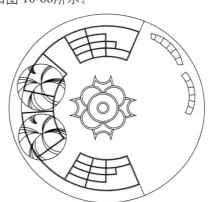

图16-65 调入图块

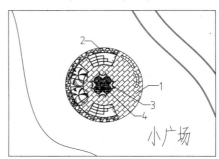

图16-66 填充图案

提示

填充参数请参考表16-2。

表16-2　参数设置列表

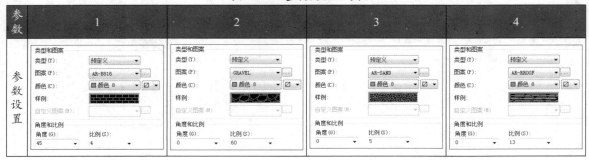

参数	1	2	3	4
参数设置	类型和图案 类型(Y)：预定义 图案(P)：AR-B816 颜色(C)：颜色 8 角度和比例 角度(G)：45　比例(S)：4	类型和图案 类型(Y)：预定义 图案(P)：GRAVEL 颜色(C)：颜色 8 角度和比例 角度(G)：0　比例(S)：60	类型和图案 类型(Y)：预定义 图案(P)：AR-SAND 颜色(C)：颜色 8 角度和比例 角度(G)：0　比例(S)：5	类型和图案 类型(Y)：预定义 图案(P)：AR-RROOF 颜色(C)：颜色 8 角度和比例 角度(G)：0　比例(S)：13

16.2.8　绘制茶馆

　　茶馆自然是为游客提供饮食服务的，之所以设置于园区的尽头，与野餐地相邻，也是考虑游客从大门游玩至此，应该需要休息一番了吧。

　　茶馆分室内与室外两个区域，室内区域简单表示其形状轮廓即可，室外主要绘制遮阳伞。遮阳伞可执行圆形命令来绘制其外轮廓线，再调用修剪命令、镜像命令来对图形执行编辑修改，可得到遮阳伞的平面图形。

01 整理图形。调用CO（复制）命令，从总平面图中将茶馆平面轮廓线移动复制至一旁，如图16-67所示。

02 将"景观"图层置为当前图层。

03 绘制室内茶馆。调用REC（矩形）命令，绘制室内茶馆轮廓线，如图16-68所示。

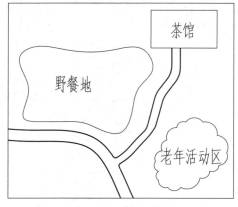

图16-67　整理图形

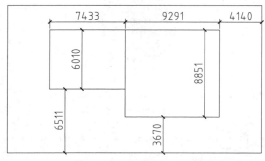

图16-68　绘制室内茶馆轮廓线

04 将"小品"图层置为当前图层。

05 绘制室外茶座遮阳伞。调用C（圆）命令，绘制相交圆形，如图16-69所示。

06 调用TR（修剪）命令，修剪圆形，如图16-70所示。

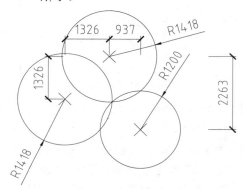

图16-69　绘制相交圆形

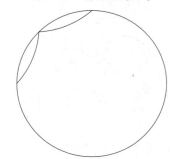

图16-70　修剪圆形

07 调用MI（镜像）命令，镜像复制圆弧，如图16-71所示。

08 调用E（删除）命令，删除圆形，如图16-72所示。

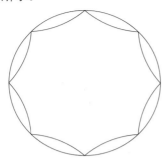

图16-71　镜像复制圆弧

图16-72　删除圆形

09 调用L（直线）命令，绘制连接直线，如图16-73所示。

10 调用CO（复制）命令，移动复制遮阳伞图形，如图16-74所示。

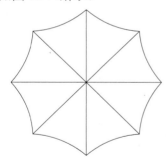

图16-73　绘制连接直线

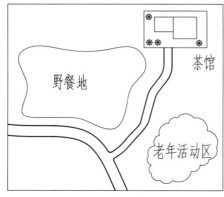

图16-74　复制遮阳伞

16.2.9　绘制水体/步石

水域位于园区中间，所占面积最大，其他景观依托它来设置，它也需要其他景观的衬托。水域上的观景长廊、观景亭为游客游览水上风光提供了好去处，而划船区的设置则可以使游客泛舟于水面。

绘制水体的步骤为，首先绘制驳岸的轮廓线，然后绘制设置于水面上的游乐项目或者游乐设施，例如水上观景长廊、划船区；接着调入图块、填充水体图案即可。

本例步石有两种，一种为规则步石，由矩形命令来绘制；一种为不规则步石，由椭圆命令来绘制。而步石角度、位置的变化则可通过执行复制命令及旋转命令来实现。

01 将"铺装轮廓线"图层置为当前图层。

02 绘制驳岸轮廓线。调用O（偏移）命令，选择水体轮廓线往外偏移，完成驳岸的绘制如图16-75所示。

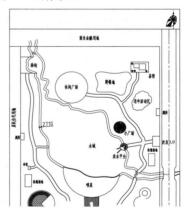

图16-75　绘制驳岸轮廓线

03 将"景观"图层置为当前图层。

04 绘制水上观景长廊。调用SPL（样条曲线）命令、O（偏移命令，）绘制并偏移样条曲线，长廊的绘制如图16-76所示。

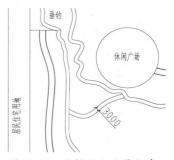

图16-76　绘制水上观景长廊

05 绘制划船区。调用REC（矩形）命令，分别绘制尺寸为8000×2864、3000×5000的矩形，完成划船区小码头的绘制，如图16-77所示。

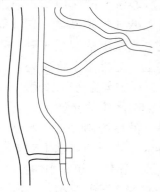

图16-77 绘制划船区小码头

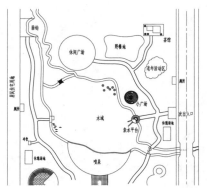

图16-78 调入图块

06 将"图块"图层置为当前图层。

07 调入图块。从"图块图例.dwg"文件中选择观景亭、荷叶、小船图块，将其复制至当前图形中，如图16-78所示。

08 将"填充"图层置为当前图层。

09 填充图案。调用H（图案填充）命令，参考表16-3中的信息，在【图案填充和渐变色】对话框中设置填充参数，对平面图执行填充操作的结果如图16-79所示。

表16-3 参数列表

编号	1	2	3
参数设置	类型和图案 类型(Y)：预定义 图案(P)：HONEY 颜色(C)：颜色 9 样例： 自定义图案(M)： 角度和比例 角度(G)：0　比例(S)：350	类型和图案 类型(Y)：预定义 图案(P)：AR-RROOF 颜色(C)：颜色 120 样例： 自定义图案(M)： 角度和比例 角度(G)：0　比例(S)：120	类型和图案 类型(Y)：预定义 图案(P)：AR-HBONE 颜色(C)：颜色 9 样例： 自定义图案(M)： 角度和比例 角度(G)：0　比例(S)：6

10 将"步石"图层置为当前图层。

11 绘制步石。调用REC（矩形）命令，绘制971×2574的矩形；调用CO（复制）命令、RO（旋转）命令，复制矩形并调整矩形的角度，绘制步石，如图16-80所示。

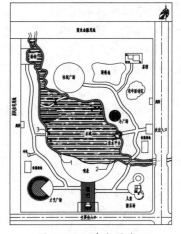

图16-79 填充图案

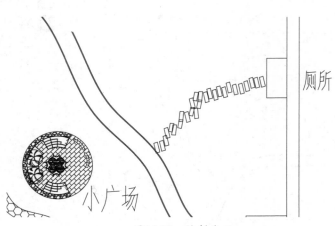

图16-80 绘制步石

12 调用EL（椭圆）命令、CO（复制）命令，绘制并复制椭圆，绘制卵石铺装的结果如图16-81所示。

13 沿用本章目前为止所介绍的绘图方法，继续绘制其他区域的景观平面图及步石，绘制结果如图16-82所示。

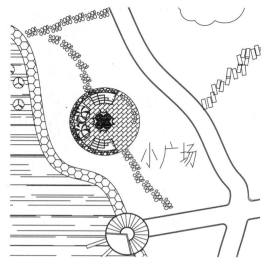

图16-81 绘制卵石铺装

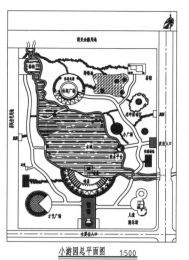

图16-82 绘制结果

16.3 绘制小游园植物配置图

植物是园林造景的主要组成要素。而且园林植物具有保护及改善生态环境的特殊功效，可以构成优美、舒适、雅静的工作、生活及游憩环境。

小游园植物配置图表现了在园区中各类植物的配置方式。植物按照类型来划分，可以分成乔木、灌木、藤本植物、花卉等，不同的植物所表现的景观效果是不同的。因此需要综合考虑园区的具体情况，例如各场地的布置、园路的走向等；只有通盘考虑实际环境，才能因地制宜的布置植物，达到较好的景观效果。

植物配置图的绘制步骤为，首先调入植物图块，然后执行路径阵列命令来复制图块；但是有时候阵列复制得到的图块会遮挡其他图形，因此需要删除多余的图块，以便与其他图形相协调。植物图例表表示了该平面图中所包含的植物种类及名称，因此必须绘制。

16.3.1 布置主干道植物

通过观察小游园的平面图可以得知，游园与外面的主干道没有围墙作为间隔。因此，需要种植高大的乔木来充当围墙的作用，作为园内园外的间隔。

由于是种植同一类型的乔木，因此在布置图块时，可以通过调用矩形阵列命令来复制图块。又由于阵列复制图块是以等间距来布置图形的，因此会出现路口也被植物图块覆盖的情况。

这时只要将阵列复制得到的图块分解（因为阵列操作后，所得到的图形是一个整体），调

用删除命令将路口处的植物删除即可。

01 调用素材文件。打开上一小节所绘制完成的"小游园总平面图.dwg"文件，执行"文件"|"另存为"命令，在【图形另存为】对话框中设置文件名称为"小游园植物配置图.dwg"，单击"保存"按钮可将图形执行另存为操作。

02 将"植物"图层置为当前图层。

03 布置沿街大道云杉等植物。在"图块图例.dwg"文件中选择云杉图块，将其复制到

当前图形中，如图 16-83所示。

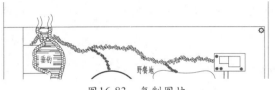

图16-83　复制图块

04 执行"修改"|"阵列"|"路径阵列"命令，选择植物图块；单击图块上方的水平直线为路径曲线，阵列复制植物图块，如图 16-84所示。

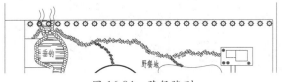

图 16-84　路径阵列

05 调用X（分解）命令，将分解后的植物图形分解；调用E（删除）命令，删除多余的植物图块，如图 16-85所示。

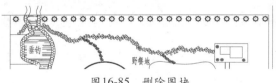

图16-85　删除图块

16.3.2　布置园区内的植物

植物的布置方式有自然式、规则式、混合式。小游园采用的是混合式，即将自然式与规则式相结合。自然式指植物的种植位置及植物品种因地制宜的选择，因此其可营造较浓的自然气息。规则式则指植物的种植位置及植物的品种按照一定的几何规律来分配，可得到比例整齐的景观效果。

因此在布置园区内植物时，就不能使用阵列复制命令来操作了。通过执行复制、移动、缩放等命令，来调整植物的位置、数量及大小，呈现其混合式的布置效果。

01 重复调用"路径阵列"命令，继续布置植物图块的结果如图 16-86所示。

02 调用SC（缩放）命令，调整灌木图块的大小，然后调用"路径阵列"命令，沿小游园内的道路来布置植物图块，如图 16-87所示。

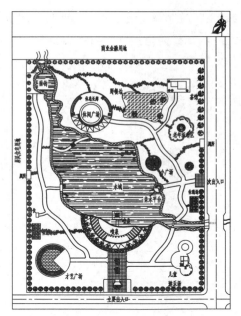

图16-86　布置植物图块

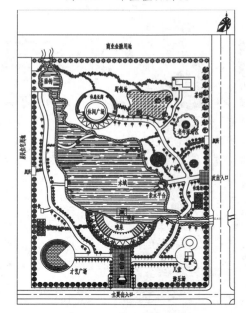

图16-87　布置灌木图块

03 最后再从"图块图例.dwg"文件中选择其他类型的植物图块，例如榆叶梅、连翘、迎春等，并将这些图块复制到平面图中，如图 16-88所示。

16.3.3　绘制图例表

园区内的植物种类繁多、位置不定，因此单从图形上难以辨别植物的种类。要是将植物名称标注于植物旁边，又会造成画面的混乱，因此需要绘制图例表。

图例表由植物图例与其名称组成，可以直观的表达植物图例与其相对应的名称，因而不可缺少。

01 将“文字标注”图层置为当前图层。

02 绘制图例表。调用REC（矩形）命令、X（分解）命令，绘制并分解矩形；调用O（偏移）命令，偏移矩形边线，以完成表格的绘制。

03 调用CO（复制）命令，从平面图中将植物图例移动复制到表格中；调用MT（多行文字）命令，绘制植物名称，如图 16-89所示。

商业金融用地
休闲广场
水域
亲水平台
喷泉
次出入口
主要出入口

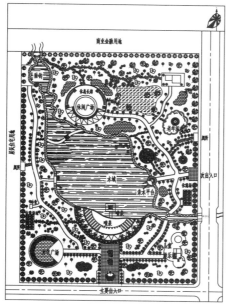

小游园植物配置图 1:500

图16-88 调入图块

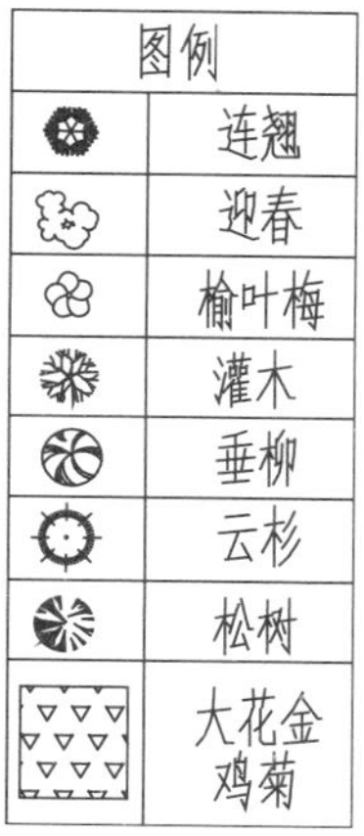

图例
连翘
迎春
榆叶梅
灌木
垂柳
云杉
松树
大花金鸡菊

图16-89 绘制图例表

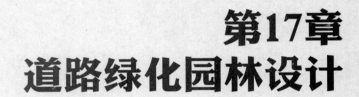

第17章
道路绿化园林设计

道路绿化设计是城市规划中的一项重要内容，本章介绍道路绿化设计的相关知识，并以珠江路的绿化规划设计为例，介绍道路绿化设计图纸的绘制。

17.1 道路绿化设计概述

城市道路指城市内的道路，指城市中建筑红线之间的用地。道路绿地在城市交通空间的基础上发展起来，最初以行道树的形式出现。城市道路绿地以线的形式广泛分布于城市中，联系着城市中各分散的"点"、"面"绿地，与其共同组成完整的城市园林绿地系统。

17.1.1 城市道路绿地功能

较好的城市道路绿化可以美化街景，烘托城市建筑艺术，遮盖有碍城市面貌的景观，使得城市的面貌更加整洁、生动。

城市道路绿化的功能有以下几个方面：

1. 改善城市的环境功能

道路及其周边各种绿地对于改善城市环境有着重要的作用，例如增加庇荫，调节大气温度，吸收二氧化碳、释放氧气，净化空气；还可防尘吸毒，降低外部环境噪音对人们所造成的影响；除此之外，对于抗震防灾也有一定的作用。

2. 组织交通的功能

使用绿化带将快车道与慢车道隔开是城市规划中常用的手法。在人行道与车行道之间利用行道树来将行人与车辆隔开也是惯用的做法。街道上的绿化可以起到组织交通、保证行车速度及交通安全等作用。

在人行横道及车行道之间种植较为严密的绿地或者是设置较为宽松的中央绿化分隔带，以此来代替金属护栏，可美化街道，又可达到规划交通的作用，如图 17-1 所示。

图17-1 分车道

3. 美化环境的功能

城市道路绿化的质量，直接影响一个城市的面貌及环境质量。现代城市道路纵横交织、车辆川流不息，既繁荣兴隆又嘈杂拥挤。

道路绿化不仅可以改善城市的环境，还担负着衬托城市艺术面貌的职责。有些城市的绿化景观可以给人们留下较为深刻的印象，如图17-2所示为巴黎香榭丽舍大道上所栽种的法国梧桐。

图17-2 香榭丽舍大道

4. 休闲娱乐功能

在大小不一、风格迥异的街道绿地、城市广场绿地及公共建筑绿地内，常常设置园路、广场、廊桥等园林建筑设施。有些绿地为契合人们的需要，还设置了儿童乐园或者健身器材，以供孩子嬉耍、大人锻炼身体。随着人们健身意识的普遍提高，街边绿地已经成为人们锻炼身体必去的场所之一。

如图17-3所示为街心公园内的健身器材。

5. 生产功能

道路绿化不仅可以起到改善环境、美化城市面貌等作用，还可创造物质财富。从实际出发，因地制宜，选择适合当地的生产环境又含有较高经济价值的树种，例如芒果树、柿子树、椰子树等；在营造富有当地特色的街道景观的同时，也能收获一定的经济效益。

图17-3 健身区

如图17-4所示为三亚市的椰林大道，既体现了海南特有的绿化景观，又能通过收获椰子来创造经济效益。

图17-4 椰林大道

17.1.2 道路绿化景观设计原则

道路绿化的设计要依据当地的法律法规，又要明确设计构思及设计风格，以下设计原则可提供参考。

1. 以人为本原则

考虑到人们不同行为规律下的不同视觉特点，在对街道景观进行规划设计时，应充分兼顾行车速度及行人的视觉特点，可将路线作为视觉线形设计的对象，以提高视觉质量，防止眩光。

2. 景观特色原则

道路设计不应仅仅考虑到整个城市的大环境，还应考虑各街道自身的特色；充分结合沿街建筑及人流、车流等因素，尽量做到一路一景，移步换景的效果。

如图17-5所示为桂林市的桂花大道，桂花是当地的市花。

图17-5 桂花大道

图17-6 中央公园

3. 生态原则

根据每个地区的实际情况，来规划街道绿地的面积；同时在对植物的选择上，应注意不同植物所产生的层次美、季节美。使用乔木、灌木、草坪的组合形式，竖向分割空间，使植物呈现层次美，同时实现道路绿地的生态性。

如图17-6所示为纽约市的中央公园鸟瞰图，中央公园对调节纽约当地的气候条件起到了很重要的作用。

4. 与周围环境相协调

道路绿地的设计要保持连续性，植物的

种类的选择及配置也要以统一、协调为主。不同的标准路段以一种景观为主，以几种植物来营造同一种气氛，以形成不同的标准路段的景观。

在营造这种景观时要注意与周围环境的相互协调，以形成有秩序的外部空间，使两个标准路段在节点处植物交汇融合、自然过渡。

17.1.3 珠江路景观设计概述

本例所选项目的设计范围为珠江路景观带，包括巨石文化广场、街边雕塑、街心花园等。设计应该丰富珠江路植物群落，打造四季分明的景观，营造三季有花、四季常绿的景观效果。

在珠江路的入口设置了入口广场，广场上有路口指示牌；珠江路全路段不设置行道树，在绿化带内栽植雪松、红花继木及茶梅，丰富了景观层次。

珠江路与支路交汇处都设置了小广场或者小花园，例如与规划路的交汇处设置了巨石广场，与丽春路交汇处设置了青铜广场；此外，在广场或花园上设置了雕塑，例如马踏飞燕雕塑、唐三彩雕塑等，体现了该市的历史文化。

在树种的选择上，要综合考虑植物的抗风性、抗旱性、抗寒性等生态学特性，另外植物的生态变化、植物生物学特征以及植物的文化含义等方面也要考虑。

根据该市的气候特点，在沿路绿化带内栽植了千头柏、小龙柏、石楠、海桐球等植物，在考虑植物生态性的同时，也兼顾了植物所营造的景观效果，即三季有花、四季常绿。

如图17-7和图17-8所示为珠江路上街心花园及巨石文化广场三维效果图的制作效果。

图17-7 街心花园

图17-8 巨石文化广场

本节讲述珠江路（洛阳市）沿路景观设计图的绘制，介绍各路段景观的表现方法。由于珠江路跨度较长，因此在本章中仅截取其中的几个具有代表性的区域来表现，例如巨石文化广场、街边的雕塑喷泉以及街心花园。

在绿化配置图中截取街道入口处的一段道路来表现，介绍沿路景观及辅助设施的绘制或者布置，例如街灯、休息座椅等。

如图17-9所示为珠江路（部分）景观设计平面图的绘制结果。

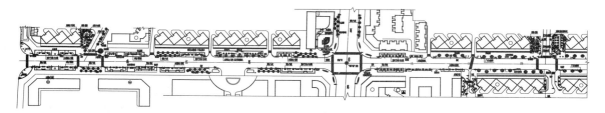

图17-9 珠江路（部分）景观设计平面图

17.2 绘制珠江路及其支路平面图

路沿与路沿中间的部分为道路的路面，本节介绍珠江路及其支路上路沿轮廓线的绘制，路沿轮廓线之间的空白区域用来表示珠江路及其支路的路面。

17.2.1 设置绘图环境

沿用第七章所介绍的方法，设置绘图环境的各项参数，如图形单位、尺寸标注样式、文字样式、引线样式等。

调用LA（图层特性管理器）命令，在【图层特性管理器】对话框中创建各类图层，如图17-10所示。

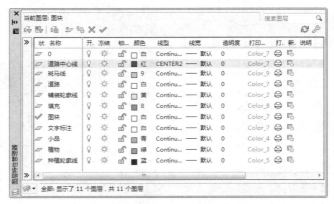

图17-10 【图层特性管理器】对话框

17.2.2 绘制道路平面图

道路平面图轮廓线的绘制步骤如下。

01 将"道路中心线"图层置为当前图层。

02 绘制道路中心线。调用L（直线）命令、RO（旋转）命令，绘制并旋转直线，如图17-11所示。

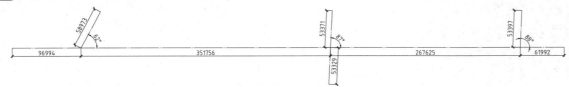

图17-11 绘制道路中心线

03 将"道路"图层置为当前图层。

04 绘制路沿线。调用O（偏移）命令、TR（修剪）命令，偏移道路中心线来表示路沿线，并将路沿线的线型更改为细实线，如图17-12所示。

图17-12 绘制路沿线

05 调用L（直线）命令、RO（旋转）命令、O（偏移）命令，继续绘制路沿轮廓线的结果如图17-13所示。

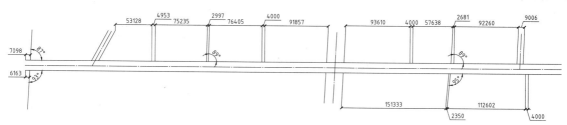

图17-13　绘制结果

06 调用F（圆角）命令，对线段执行圆角操作，结果如图 17-14所示。

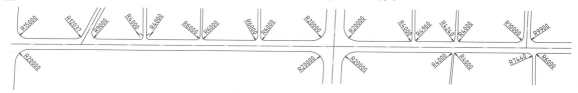

图17-14　圆角操作

07 调用O（偏移）命令，设置偏移距离为100，选择路沿轮廓线向内偏移，完成路沿图形的绘制如图 17-15所示。

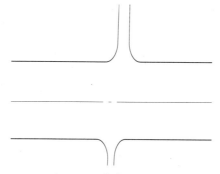

图17-15　向内偏移线段

08 将"文字标注"图层置为当前图层。

09 调用MT（多行文字）命令，绘制道路名称标注，如图 17-16所示。

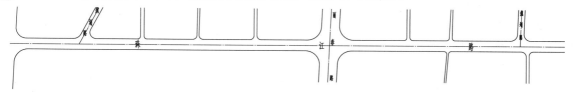

图17-16　绘制道路名称标注

17.3 绘制支路广场景观设计图

　　巨石文化广场因广场上的巨石雕塑而得名，巨石的正反两面各刻河图、洛书，记录了本市辉煌的历史。广场旁边还设置了露天茶吧让人们在品茗清茶、放飞自我的同时，能沉思过去，展望未来。

　　巨石文化广场的绘制步骤为，首先绘制花坛，由于花坛为不规则形状，因此需要借助基准线来定位；接着绘制植被种植区域，然后绘制地面铺装轮廓线；休息花架为圆形，其檩条可通过执行环形阵列命令来绘制；最后绘制填充图案及文字标注，可完成广场平面图的绘制。

如图17-17所示为巨石文化广场景观设计平面图的绘制结果。

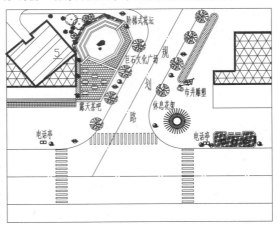

图17-17　绘制巨石文化广场

17.3.1　完善道路

本节介绍在17.2.2小节的基础上，完善支路平面图形的操作方法。

01 调用CO（复制）命令，在17.2.2节中绘制完成的道路平面图上选择规划路与珠江路交汇处的平面图形，将其移动复制到一旁，如图17-18所示。

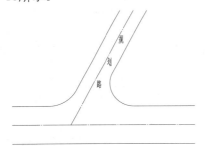

图17-18　复制图形

02 将"斑马线"图层置为当前图层。

03 绘制斑马线。调用REC（矩形）命令，绘制尺寸为400×3000的矩形来表示斑马线，如图17-19所示。

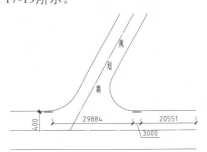

图17-19　绘制斑马线

04 单击"修改"工具栏上的"矩形阵列"按钮，命令行提示如下：

```
命令：_arrayrect
选择对象：找到 1 个，总计 2 个                    //选择上一步骤所绘制的矩形；
类型 = 矩形 关联 = 是
选择夹点以编辑阵列或 [关联(AS)/基点(B)/计数(COU)/间距(S)/列数(COL)/行数(R)/层数(L)/退出(X)]<退出>：
COU
输入列数数或 [表达式(E)] <4>：1
输入行数数或 [表达式(E)] <3>：15
选择夹点以编辑阵列或 [关联(AS)/基点(B)/计数(COU)/间距(S)/列数(COL)/行数(R)/层数(L)/退出(X)]<退出>：
S
指定列之间的距离或 [单位单元(U)] <53825>：            //按下Enter键；
指定行之间的距离 <793>：-1000
选择夹点以编辑阵列或 [关联(AS)/基点(B)/计数(COU)/间距(S)/列数(COL)/行数(R)/层数(L)/退出(X)]<退出>：
*取消*     //按下Esc键退出命令，阵列复制的结果如图17-20所示。
```

05 调用REC（矩形）命令，绘制尺寸为400×3000的矩形。

06 调用"矩形阵列"命令，选择矩形，设置列数为18，列间距为1000，阵列复制矩形的结果如图17-21所示。

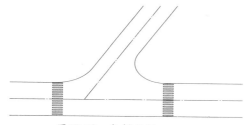

图17-20　复制矩形

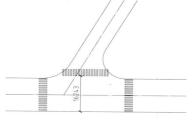

图17-21　阵列复制结果

07 调用X（分解）命令，分解阵列复制得到的图形。

08 调用TR（修剪）命令，修剪矩形，结果如图17-22所示。

09 调用REC（矩形）命令，绘制如图17-23所示的轮廓线。

在其中选择建筑物图块，将其调入当前图形的结果如图17-24所示。

12 将"道路"图层置为当前图层。

13 绘制园路。调用L（直线）命令、O（偏移）命令，绘制园路轮廓线，如图17-25所示。

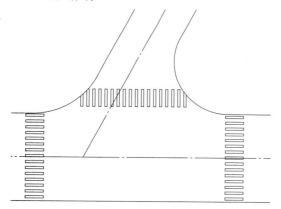

图17-22　修剪矩形

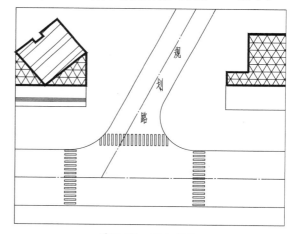

图17-24　调入图块

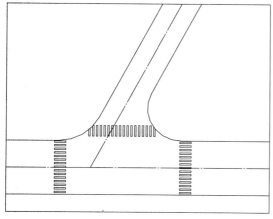

图17-23　绘制矩形

10 将"图块"图层置为当前图层。

11 调入图块。按下Ctrl+O组合键，打开配套光盘提供的"第17章/图块图例.dwg"文件，

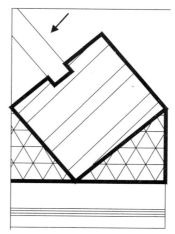

图17-25　绘制园路

14 调用F（圆角）命令，对园路及支路轮廓线执行圆角操作，结果如图17-26所示。

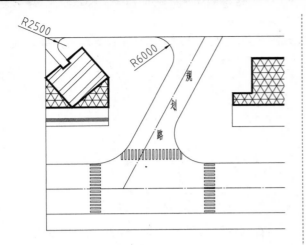

图17-26　圆角操作

■ 17.3.2　绘制花坛

　　花坛是巨石广场上最主要的景观之一，本节介绍花坛的绘制。

01 将"小品"图层置为当前图层。

02 绘制阶梯式花坛。调用REC（矩形）命令，绘制花坛基准线，如图17-27所示。

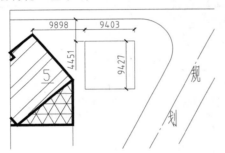

图17-27　绘制花坛基准线

03 调用O（偏移）命令、TR（修剪）命令，偏移并修剪基准线，如图17-28所示。

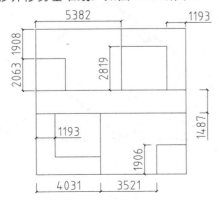

图17-28　偏移并修剪基准线

04 调用L（直线）命令，绘制连接直线，完成花坛外轮廓线的绘制，如图17-29所示。

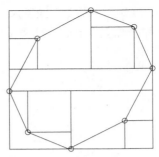

图17-29　绘制花坛外轮廓线

05 调用O（偏移）命令，选择花坛轮廓线往外偏移，如图17-30所示。

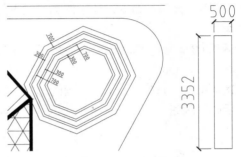

图17-30　偏移轮廓线

06 调用REC（矩形）命令、RO（旋转）命令、F（圆角）命令，对矩形执行如图17-31所示的操作。

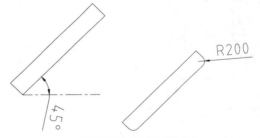

图17-31　绘制矩形

07 调用M（移动）命令，调整圆角矩形的位置；调用MI（镜像）命令，镜像复制矩形，如图17-32所示。

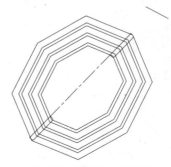

图17-32　镜像复制矩形

08 调用TR（修剪）命令，修剪图形如图 17-33 所示。

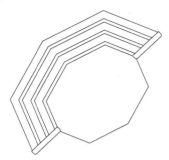

图17-33 修剪图形

09 调用O（偏移）命令，选择花坛轮廓线往外偏移，如图 17-34所示。

图17-34 偏移线段

17.3.3 绘制绿化带

绿化带是园林设计中最主要的元素之一，本节介绍巨石广场及支路上的绿化带的绘制。

01 将"种植轮廓线"图层置为当前图层。

02 绘制水蜡（地被植物）种植区域。调用L（直线）命令、O（偏移）命令，绘制并偏移直线；调用TR（修剪）命令，修剪线段，如图 17-35所示。

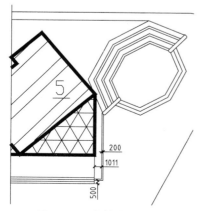

图17-35 绘制种植区域

03 将"铺装轮廓线"图层置为当前图层。

04 绘制地面铺装轮廓线。调用O（偏移）命令、TR（修剪）命令，偏移并修剪轮廓线，如图 17-36所示。

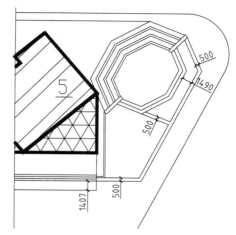

图17-36 绘制地面铺装轮廓线

05 将"种植轮廓线"图层置为当前图层。

06 绘制水蜡（地被植物）种植区域。调用REC（矩形）命令、F（圆角）命令，绘制矩形并对其进行圆角操作；调用RO（旋转）命令，旋转矩形，如图 17-37所示。

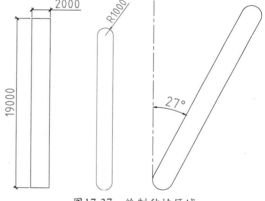

图17-37 绘制种植区域

07 调用O（偏移）命令，选择轮廓线往外偏移，如图 17-38所示。

17.3.4 绘制花架

花架似乎在园林景观设计中总是必不可少，因其同时具备观赏功能及实用功能（休憩），本节介绍圆形花架的绘制。

01 将"小品"图层置为当前图层。

02 绘制休息花架。调用C（圆）命令，绘制如图 17-39所示的圆形。

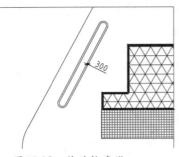

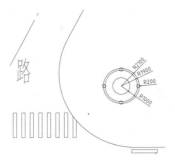

图17-38　偏移轮廓线 　　　　　　　　　　　　图17-39　绘制圆形

03 绘制檩条。调用REC（矩形）命令，绘制如图 17-40所示的矩形。

04 执行"修改"|"阵列"|"环形阵列"命令，命令行提示如下：

```
命令：_arraypolar
选择对象：找到 1 个                                    //选择上一步骤所绘制的矩形；
类型 = 极轴  关联 = 是
指定阵列的中心点或 [基点(B)/旋转轴(A)]：                         //指定圆心；
选择夹点以编辑阵列或 [关联(AS)/基点(B)/项目(I)/项目间角度(A)/填充角度(F)/行(ROW)/层(L)/旋转项目
(ROT)/退出(X)] <退出>：I
输入阵列中的项目数或 [表达式(E)] <6>：32
选择夹点以编辑阵列或 [关联(AS)/基点(B)/项目(I)/项目间角度(A)/填充角度(F)/行(ROW)/层(L)/旋转项目
(ROT)/退出(X)] <退出>：   //按下Esc键退出命令，阵列复制图形如图17-41所示。
```

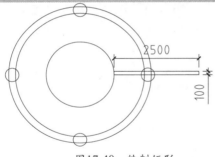

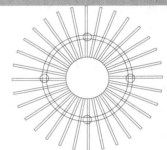

图17-40　绘制矩形 　　　　　　　　　　　　図17-41　环形阵列

05 调用H（填充）命令，在【图案填充和渐变色】对话框中选择SOLID图案，对圆柱轮廓线执行填充操作，如图 17-42所示。

06 将"图块"图层置为当前图层。

07 调入图块。按下Ctrl+O组合键，打开配套光盘提供的"第17章/图块图例.dwg"文件，在其中选择植物、休闲桌椅、花圃等图块，将其复制到当前图形中，如图 17-43所示。

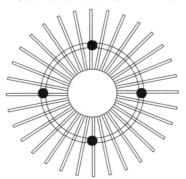

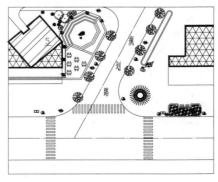

图17-42　填充图案 　　　　　　　　　　　　図17-43　调入图块

17.3.5 填充铺装/植被图案

地面铺装及地表植被可以使用各类图案来表示，本节介绍填充图案及文字标注的绘制。

01 将"填充"图层置为当前图层。

02 填充地面铺装图案。调用H（图案填充）命令，参考表17-1中的填充信息，对平面图执行填充操作的结果如图17-44所示。

表17-1填充参数列表

编号	1	2	3
参数设置	类型和图案 类型(Y)：预定义 图案(P)：ANGLE 颜色(C)：颜色 8 样例： 角度和比例 角度(G)：0　比例(S)：60	类型和图案 类型(Y)：预定义 图案(P)：DOTS 颜色(C)：ByLayer 样例： 角度和比例 角度(G)：0　比例(S)：100	类型和图案 类型(Y)：预定义 图案(P)：AR-B88 颜色(C)：颜色 8 样例： 角度和比例 角度(G)：0　比例(S)：3
编号	4	5	6
参数设置	类型和图案 类型(Y)：预定义 图案(P)：DOTS 颜色(C)：ByLayer 样例： 角度和比例 角度(G)：0　比例(S)：100	类型和图案 类型(Y)：预定义 图案(P)：ANGLE 颜色(C)：颜色 8 样例： 角度和比例 角度(G)：62　比例(S)：70	类型和图案 类型(Y)：预定义 图案(P)：CROSS 颜色(C)：ByLayer 样例： 角度和比例 角度(G)：0　比例(S)：45

03 将"文字标注"图层置为当前图层。

04 文字标注。调用MT（多行文字）命令，绘制文字标注，如图17-45所示。

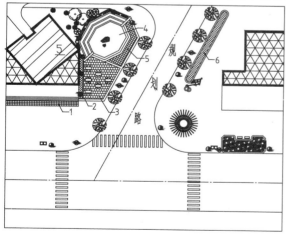

图17-44 填充图案

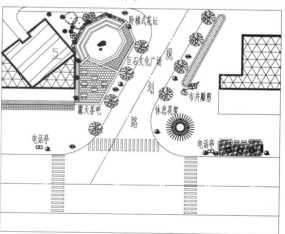

图17-45 文字标注

17.4 绘制十字路口景观设计图

在丽春路与珠江路交会的十字路口处设置了青铜广场，在广场上设置了花坛、玉琮雕塑、喷泉水景，各环境小品在造型、线条、形体、材质上互相协调统一，在绿色植物的映衬下，无一不是靓丽风景。

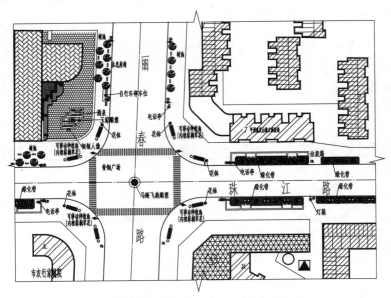

图17-46　绘制十字路口景观设计平面图

　　喷泉的绘制步骤为，首先来确定植物的种植轮廓线，接着绘制喷泉的定位基准线，然后通过偏移、修剪基准线可得到喷泉图形轮廓线；继续绘制其他图形，例如自行车停车位、种植池、文字标注等，可完成雕塑喷泉平面图的绘制。

　　如图17-46所示为十字路口景观设计平面图的绘制结果。

17.4.1　完善十字路口

　　十字路口是车流、人流较大的区域，本例十字路口中央设置了马踏飞燕雕塑；另外，围绕十字路口的景观设施有玉琮喷泉、绿化带、树池、可移动种植池等。

　　本节介绍在17.2.2小节的基础上，完善十字路口（丽春路与珠江路交会处）平面图形的操作方法。

01 调用CO（复制）命令，在17.2.2节中绘制完成的道路平面图上选择十字路口（丽春路与珠江路交汇处）的平面图形，将其移动复制到一旁，如图 17-47所示。

图17-47　复制图形

02 调用PL（多段线）命令，绘制折断线，如图 17-48所示。

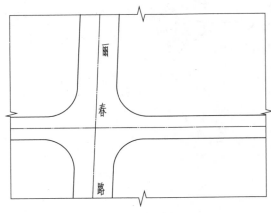

图17-48　绘制折断线

03 将"斑马线"图层置为当前图层。

04 绘制斑马线。调用REC（矩形）命令，绘制尺寸为400×3000的矩形；调用"矩形阵列"命令，阵列复制矩形的结果如图 17-49所示。

05 调用X（分解）命令，将阵列复制得到的矩形分解；调用TR（修剪）命令，修剪矩形，如图17-50所示。

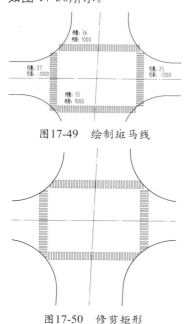

图17-49 绘制斑马线

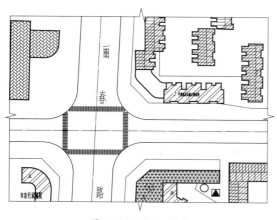

图17-50 修剪矩形

06 将"图块"图层置为当前图层。

07 调入图块。按下Ctrl+O组合键，打开配套光盘提供的"第17章/图块图例.dwg"文件，在其中选择建筑物图块，将其调入当前图形的结果如图17-51所示。

图17-51 调入图块

17.4.2 绘制玉琮喷泉

玉琮喷泉是十字路口区域较为显眼的景观设施之一，本节介绍玉琮喷泉及其周边绿化带、地面铺装范围线的绘制。

01 将"种植轮廓线"图层置为当前图层。

02 绘制种植轮廓线。调用L（直线）命令、O（偏移）命令，绘制并偏移直线；调用TR（修剪）命令，修剪线段，如图17-52所示。

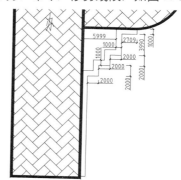

图17-52 绘制种植轮廓线

03 调用O（偏移）命令、TR（修剪）命令，偏移并修剪轮廓线；调用F（圆角）命令，对线段直线圆角操作，如图17-53所示。

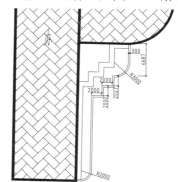

图17-53 修剪线段

04 将"铺装轮廓线"图层置为当前图层。

05 绘制地面铺装轮廓线。调用L（直线）命令、O（偏移）命令，绘制并偏移直线；调用F（圆角）命令，对线段执行圆角操作，如图17-54所示。

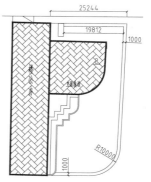

图17-54 绘制地面铺装轮廓线

06 将"小品"图层置为当前图层。

07 绘制喷泉。调用REC（矩形）命令、X（分解）命令，绘制并分解矩形；调用O（偏移），向内偏移矩形边线，如图17-55所示。

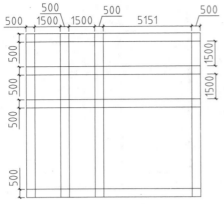

图17-55　偏移矩形边线

08 调用TR（修剪）命令，修剪线段，如图17-56所示。

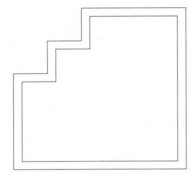

图17-56　修剪线段

09 调用F（圆角）命令，分别设置圆角半径为6000、5500，对图形执行圆角操作，如图17-57所示。

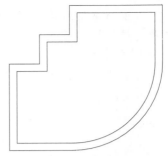

图17-57　圆角操作

10 绘制涌泉泉眼基准线。调用O（偏移）命令，向内偏移喷泉轮廓线，如图17-58所示。

11 调用C（圆）命令，绘制半径为100的圆形表示泉眼，如图17-59所示。

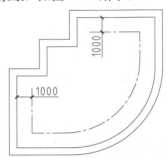

图17-58　向内喷泉轮廓线

图17-59　绘制泉眼

12 执行"修改"|"阵列"|"路径阵列"命令，命令行提示如下：

```
命令: _arraypath
选择对象: 找到 1 个                                              //选择圆形;
类型 = 路径   关联 = 是
选择路径曲线:                                       //选择基准线;
选择夹点以编辑阵列或 [关联(AS)/方法(M)/基点(B)/切向(T)/项目(I)/行(R)/层(L)/对齐项目(A)/Z 方向
(Z)/退出(X)] <退出>: I
指定沿路径的项目之间的距离或 [表达式(E)] <300>: 750
最大项目数 = 25
指定项目数或 [填写完整路径(F)/表达式(E)] <25>: *取消*                //按下Enter键;
选择夹点以编辑阵列或 [关联(AS)/方法(M)/基点(B)/切向(T)/项目(I)/行(R)/层(L)/对齐项目(A)/Z 方向
(Z)/退出(X)] <退出>: *取消*        //按下Esc键退出命令，阵列复制结果如图17-60所示。
```

13 调用X（分解）命令，分解阵列得到的图形；调用M（移动）命令，调整圆形的位置；调用E（删除）命令，删除基准线，如图17-61所示。

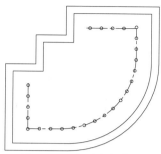

图17-60 阵列复制泉眼

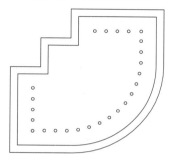

图17-61 调整结果

14 调用CO（复制）命令，移动复制泉眼，如图17-62所示。

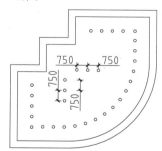

图17-62 移动复制泉眼

15 绘制雕塑。调用REC（矩形）命令，绘制尺寸为1500×1500的矩形来表示雕塑外轮廓线，如图17-63所示。

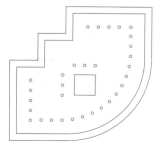

图17-63 绘制雕塑外轮廓线

16 调用H（图案填充）命令，在【图案填充和渐变色】对话框中选择SOLID图案，对矩形执行填充操作的结果如图17-64所示。

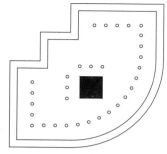

图17-64 填充图案

17.4.3 绘制小品

本例介绍自行车位、可移动种植池图形的绘制。

01 绘制自行车停车位。调用REC（矩形）命令，绘制如图17-65所示的矩形。

02 执行"修改"|"阵列"|"矩形阵列"命令，设置行数为13，行距为500，对矩形边线执行阵列复制操作，如图17-66所示。

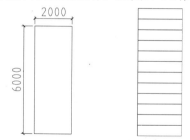

图17-65 绘制矩形　　图17-66 阵列复制

03 调用O（偏移）命令来偏移矩形边线，调用TR（修剪）命令，修剪线段，如图17-67所示。

图17-67 修剪线段

04 绘制可移动种植池。调用REC（矩形）命令、O（偏移）命令，绘制矩形并向内偏移矩形，如图17-68所示。

05 调用C（圆）命令、O（偏移）命令，绘制并偏移圆形，如图17-69所示。

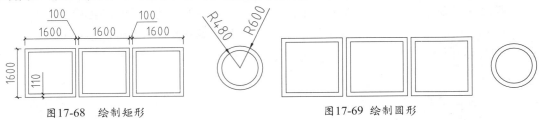

图17-68 绘制矩形   图17-69 绘制圆形

▌ 17.4.4 绘制铺装/植被图案

AutoCAD中各种类型的图案为绘制地面铺装及地表植被图形提供了方便，调用图案填充命令，可以选择各类图案来表示铺装及植被图形。

01 将"填充"图层置为当前图层。

02 设置填充参数。调用H（图案填充）命令，在【图案填充和渐变色】对话框中设置植被及地面铺装的填充参数，参数设置如表17-2所示。

表17-2 填充参数列表

03 填充图案的操作结果如图17-70所示。

04 将"图块"图层置为当前图层。

05 调入图块。按下Ctrl+O组合键，打开配套光盘提供的"第17章/图块图例.dwg"文件，在其中选择植物、休息椅、电话亭等图块，将其复制到当前图形中，如图17-71所示。

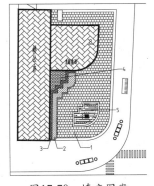

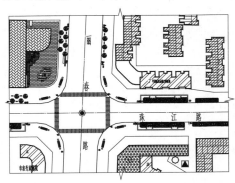

图17-70 填充图案   图17-71 调入图块

06 将"文字标注"图层置为当前图层。

07 文字标注。调用MT（多行文字）命令、MLD（多重引线）命令，绘制文字标注，如图17-72所示。

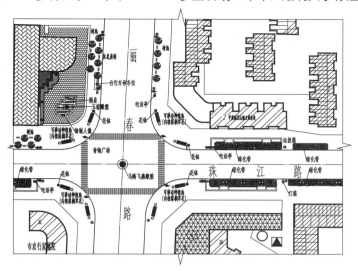

图17-72　文字标注

17.5　绘制规划路花园景观设计图

文化古城洛阳的"唐三彩"举世瞩目。木质休息平台、唐三彩雕塑、层次丰富，配置合理的植物，以现代的表现手法与环境相结合，创造具有文化内涵的街头小景。对侧则置一铜人雕塑，亲切可人。充满阳光气息的咖啡座，纯纯的，浓浓的……令人回味无穷。

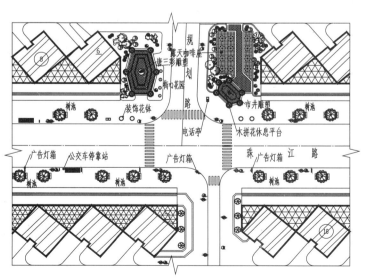

图17-73　街心花园

街心花园的绘制步骤为，首先来绘制花园的地面铺装轮廓线，然后绘制树池、植物种植区域轮廓线；接着绘制木制平台，在分别确定植物种植区域及绘制植被图案后，需要绘制文字标注以注明各部分的名称，至此可完成街心花园平面图的绘制。

规划路上的街心花园及其他景观设施的绘制结果如图 17-73所示。

17.5.1 绘制街道

在规划路与珠江路的交汇处不仅有街心花园、露天咖啡馆等，还有绿化带、休息平台以及市井雕塑等。本节介绍在17.2.2小节的基础上，完善街道（即珠江路与规划路交汇处）平面图形的操作方法。

01 调用CO（复制）命令，在17.2.2节中绘制完成的道路平面图上，选择街道（即珠江路与规划路交汇处）平面图形，将其移动复制到一旁，如图 17-47所示。

02 将"斑马线"图层置为当前图层。

03 绘制斑马线。调用REC（矩形）命令，绘制尺寸为400×3000的矩形。

04 调用"矩形阵列"命令，阵列复制矩形；调用X（分解）命令，将阵列结果分解；调用TR（修剪），修剪矩形，如图 17-75所示。

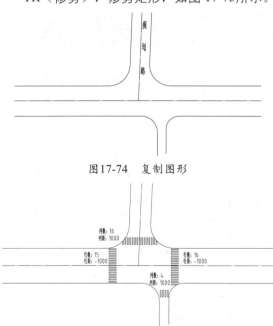

图17-74 复制图形

图17-75 绘制斑马线

05 调用PL（多段线）命令，绘制折断线；调用EX（延伸）命令，延伸支路轮廓线至折断线上，如图 17-76所示。

06 将"图块"图层置为当前图层。

07 调入图块。按下Ctrl+O组合键，打开配套光盘提供的"第17章/图块图例.dwg"文件，在其中选择建筑物图块，将其调入当前图形的结果如图 17-77所示。

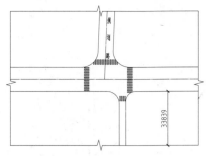

图17-76 绘制折断线

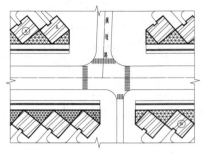

图17-77 调入图块

17.5.2 绘制花园

花园的形状为六边形，可以调用直线命令及偏移命令来绘制；树池图形调用圆形命令和偏移命令来绘制，最后绘制绿化带的种植轮廓线，可以完成花园的绘制。

01 将"铺装轮廓线"图层置为当前图层。

02 绘制花园地面铺装轮廓线。调用REC（矩形）命令、X（分解）命令，绘制并分解矩形；调用O（偏移）命令，偏移矩形边线，如图 17-78所示。

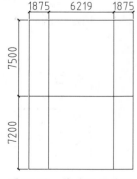

图17-78 偏移矩形边线

03 调用L（直线）命令，绘制连接直线，如图17-79所示。

04 调用TRC修剪命令，修剪图形，调用O（偏移）命令，选择轮廓线向内偏移，如图

17-80所示。

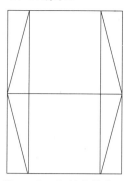

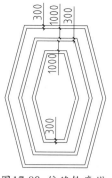

图17-79 绘制连接直线 　　图17-80 偏移轮廓线

05 调用O（偏移）命令，往外偏移轮廓线；调用TR（修剪）命令来修剪图形，最后调用L（直线）命令，绘制对角线，如图17-81所示。

06 将"小品"图层置为当前图层。

07 绘制树池。调用C（圆）命令、O（偏移）命令，绘制并偏移圆形，如图17-82所示。

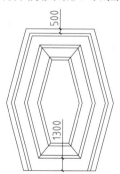

图17-81 绘制结果

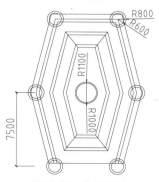

图17-82 绘制树池

08 调用TR（修剪）命令，修剪图形，如图17-83所示。

09 将"种植轮廓线"图层置为当前图层。

10 绘制种植区域。调用O（偏移）命令、F（圆角）命令，偏移线段并对其进行圆角操作，如图17-84所示。

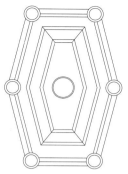

图17-83 修剪图形

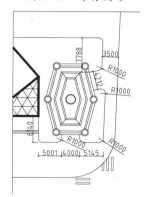

图17-84 绘制种植区域

17.5.3 绘制木制休息平台

休息平台与露天咖啡馆相邻，平台上设置了市井雕塑，雕塑的平面图使用正六边形来绘制。本节介绍休息平台及市井雕塑的绘制。

01 将"铺装轮廓线"图层置为当前图层。

02 绘制木拼花休息平台。调用L（直线）命令、O（偏移）命令，绘制并偏移直线，如图17-85所示。

03 调用L（直线）命令，绘制如图17-86所示的直线。

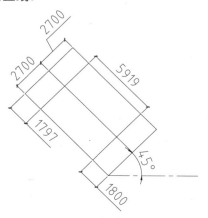

图17-85 绘制并偏移直线

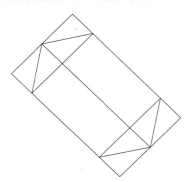

图17-86 绘制直线

04 调用E（删除）命令、TR（修剪）命令，删除并修剪多余线段；调用O（偏移）命令，选择轮廓线往外偏移，如图 17-87所示。

05 将"小品"图层置为当前图层。

06 绘制树池。调用C（圆）命令、O（偏移）命令，绘制并偏移圆形；调用TR（修剪）命令，修剪图形，如图 17-88所示。

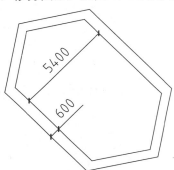

图17-87 选择轮廓线往外偏移

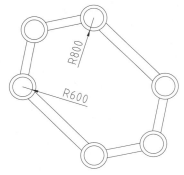

图17-88 绘制树池

07 调用O（偏移）命令、TR（修剪）命令，偏移并修剪线段，绘制台阶轮廓线，如图17-89所示。

08 绘制雕塑平台。调用O（偏移）命令、TR（修剪）命令，偏移并修剪轮廓线，如图17-90所示。

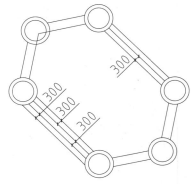

图17-89 绘制台阶

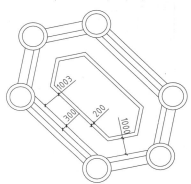

图17-90 绘制雕塑平台

09 绘制雕塑平面图。执行"绘图"｜"正多边形"命令，设置多边形的边数为6，半径为520，类型为外切于圆，绘制结果如图17-91所示。

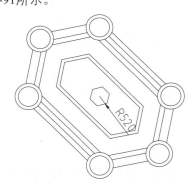

图17-91 绘制雕塑平面图

▌ 17.5.4 绘制植被/铺装轮廓线

　　本节介绍植被种植轮廓线、地面铺装轮廓线的绘制，主要调用偏移命令、修剪命令以及圆角命令来绘制。

01 将"种植轮廓线"图层置为当前图层。

02 绘制种植区域。调用O（偏移）命令，向内偏移轮廓线；调用F（圆角）命令，对轮廓线执行圆角操作，如图17-92所示。

03 调用O（偏移）命令、F（圆角）命令，偏移直线并对其进行圆角处理，如图17-93所示。

04 将"铺装轮廓线"图层置为当前图层。

05 绘制地面铺装轮廓线。调用O（偏移）命令，向内偏移线段；调用TR（修剪）命令，修剪线段，如图17-94所示。

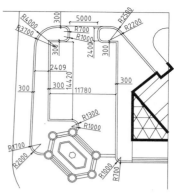

图17-93　偏移线段

图17-92　绘制种植区域

图17-94　绘制地面铺装轮廓线

06 将"图块"图层置为当前图层。

07 调入图块。按下Ctrl+O组合键，打开配套光盘提供的"第17章/图块图例.dwg"文件，在其中选择植物、休息椅、路灯等图块，将其复制到当前图形中，如图17-95所示。

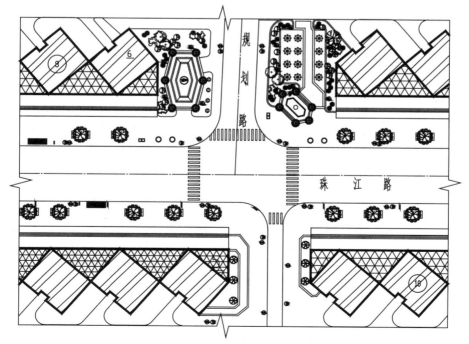

图17-95　调入图块

17.5.5 绘制植被/铺装图案

本节介绍植被/铺装图案、文字标注和引线标注的绘制。

01 将"填充"图层置为当前图层。

02 填充图案。调用H（图案填充）命令，对平面图填充植被、地面铺装图案，如图 17-96所示；具体填充参数的设置请参考表 17-3。

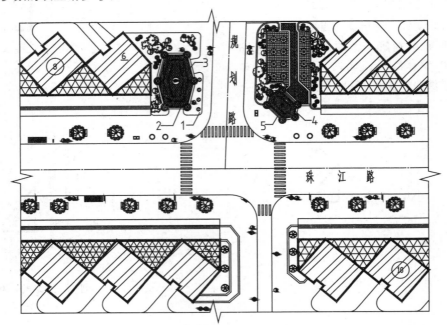

图17-96 填充图案

表17-3 参数设置列表

编号		1		2		3	
	类型和图案		**类型和图案**		**类型和图案**		
	类型(Y)：	预定义	类型(Y)：	预定义	类型(Y)：	预定义	
	图案(P)：	DOTS	图案(P)：	ANSI31	图案(P)：	AR-BRSTD	
参数设置	颜色(C)：	ByLayer	颜色(C)：	ByLayer	颜色(C)：	颜色 8	
	样例：		样例：		样例：		
	自定义图案(M)：		自定义图案(M)：		自定义图案(M)：		
	角度和比例		**角度和比例**		**角度和比例**		
	角度(G)：0	比例(S)：240	角度(G)：0	比例(S)：50	角度(G)：90	比例(S)：4	
编号		4		5		6	
	类型和图案		**类型和图案**		**类型和图案**		
	类型(Y)：	预定义	类型(Y)：	预定义	类型(Y)：	预定义	
	图案(P)：	ANSI31	图案(P)：	AR-BRSTD	图案(P)：	ANGLE	
参数设置	颜色(C)：	ByLayer	颜色(C)：	ByLayer	颜色(C)：	ByLayer	
	样例：		样例：		样例：		
	自定义图案(M)：		自定义图案(M)：		自定义图案(M)：		
	角度和比例		**角度和比例**		**角度和比例**		
	角度(G)：0	比例(S)：25	角度(G)：135	比例(S)：4	角度(G)：0	比例(S)：70	

03 将"文字标注"图层置为当前图层。

04 绘制文字标注。调用MLD（多重引线）命令、MT（文字标注）命令，绘制引线标注及文字标注，如图 17-97所示。

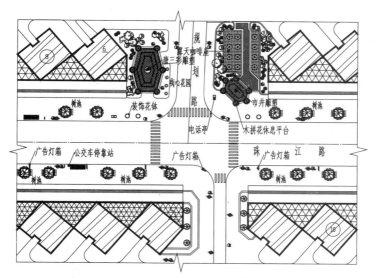

图17-97 绘制文字标注

17.6 绘制珠江路植物景观／地面铺装平面图

商业街绿化带主要以花坛、树池、可移动器具及垂直绿化的形式为主。植物配置上考虑冬季的"绿色"街景效果以及夏季的遮荫需要，以常绿植物为主，间植落叶阔叶乔木。北端花坛内雪松、石楠或龙柏球间植，下植洒金千头柏、红花继木、火棘等小灌木。树池内栽植阔叶乔木如栾树、臭椿、合欢等，树下摆放休闲座椅。花坛、树池、座凳的选材上以天然、质朴的毛石、原木为主。中段主要采用树池形式，以广玉兰作为主景树，南端花坛内则栽植棕榈为主，搭配高大落叶乔木，地被为小龙柏、月季、水蜡、六月雪等等。

道路景观绿化配置图表现了道路两边绿化景观及其附属设施的布置情况，其绘制步骤为，首先绘制入口广场的平面轮廓线，接着绘制街边花圃图形，包括树池、休息座椅及公交车停靠站等；最后绘制填充图案、文字标注、图例表格便可完成绿化配置图的绘制。

如图17-98所示为珠江路植物景观及地面铺装的绘制结果。

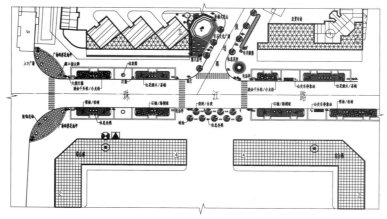

图17-98 珠江路景观设计平面图

17.6.1　绘制广场

　　广场位于路口处，为人流量的短暂停留提供了场地；其中所包括的景观设施有路口指示牌、灯箱等。绘制方法较为简单，通过调用圆形命令、矩形命令及偏移等命令来绘制。

01 调入素材文件。打开配套光盘提供的"第17章/17.6绘制珠江路植物景观/地面铺装平面图.dwg"文件，如图17-99所示。

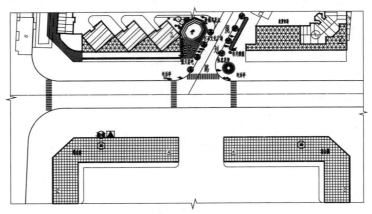

图17-99　调入素材文件

02 将"铺装轮廓线"图层置为当前图层。

03 绘制入口广场轮廓线。调用A（圆弧）命令，绘制如图17-100所示的圆弧。

04 调用O（偏移）命令，偏移圆弧如图17-101所示。

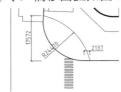　　　　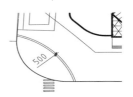

图17-100　绘制入口广场轮廓线　　　　图17-101　偏移圆弧

05 将"小品"图层置为当前图层。

06 绘制花钵。调用C（圆）命令，绘制并偏移圆形。

07 绘制路口指示牌。调用REC（矩形）命令，绘制尺寸为3000×500的矩形；调用RO（旋转）命令，调整矩形的角度，如图17-102所示。

08 沿用相同的方法，继续绘制另一路口的入口广场，如图17-103所示。

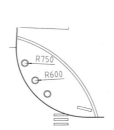　　　　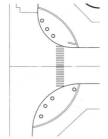

图17-102　绘制花钵、指示牌　　　　图17-103　绘制结果

17.6.2　绘制道路景观设施

　　道路沿边的景观设施包括树池、小品、花坛等，还有一些附属公告设施，例如休息座椅、

公交车站等；完成这些景观及设施图形的绘制后，再调入相关的植物图块，以及绘制地面铺装图案及植被图案，可以完成景观设计图的绘制。

01 将"种植轮廓线"图层置为当前图层。

02 绘制街边绿化及其附属设施。调用REC（矩形）命令、X（分解）命令，绘制并分解矩形；调用O（偏移）命令，偏移矩形边线，如图17-104所示。

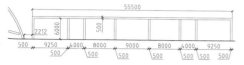

图17-104 偏移矩形边线

03 绘制花圃。调用O（偏移）命令，向内偏移轮廓线；调用CHA（倒角）命令，设置倒角距离为676、500，分别对偏移得到的内外轮廓线进行倒角操作，如图17-105所示。

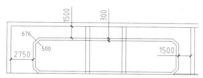

图17-105 绘制花圃

04 调用O（偏移）命令、TR（修剪）命令及F（圆角）命令，对花圃轮廓线执行编辑操作，如图17-106所示。

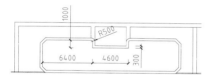

图17-106 编辑操作结果

05 将"小品"图层置为当前图层。

06 绘制休息座椅等图形。调用REC（矩形）命令、TR（修剪）命令，绘制如图17-107所示的图形。

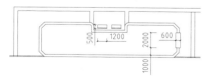

图17-107 绘制休息座椅等图形

07 调用MI（镜像）命令，向右镜像复制绘制完成的图形，如图17-108所示。

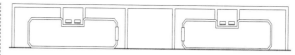

图17-108 镜像复制图形

08 绘制垃圾桶。执行"绘图"|"正多边形"命令，设置多边形的边数为8，半径为800，绘制类型为外切于圆的正八边形。

09 调用O（偏移）命令，设置偏移距离为200，选择多边形往外偏移，如图17-109所示。

图17-109 绘制垃圾桶

10 调用MI（镜像）命令，向下镜像复制绘制完成的设施图形，如图17-110所示。

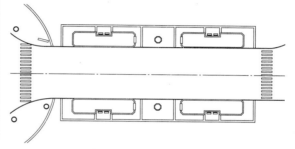

图17-110 镜像复制图形

11 绘制树池。调用REC（矩形）命令，绘制尺寸为1500×1500的矩形；调用CO（复制）命令，移动复制矩形，如图17-111所示。

12 绘制休息座椅。调用REC（矩形）命令，绘制尺寸为500×500的矩形；使用X（分解）命令将矩形分解后，调用O（偏移）命令，设置偏移距离为100，选择矩形边线向下偏移，如图17-112所示。

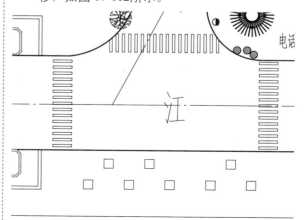

图17-111 绘制树池

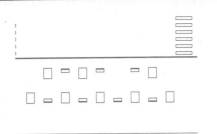

图17-112 绘制休息座椅

13 沿用上述的绘制方法，继续绘制街边绿化设施图形，如图17-113所示。

图17-113 绘制结果

14 绘制公交车停靠站。调用REC（矩形）命令，分别绘制站台及广告牌；调用H（图案填充）命令，在【图案填充和渐变色】对话框中选择名称为ASNI31的图案，设置填充角度为315°，填充比例为65，对站台执行填充操作如图17-114所示。

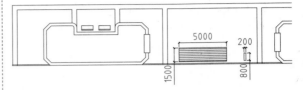

图17-114 绘制公交车停靠站

15 道路景观设施图形绘制结果如图17-115所示。

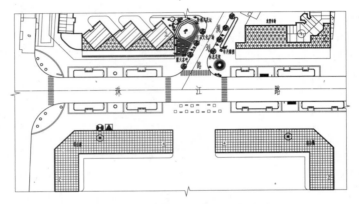

图17-115 绘制道路景观设施图形

17.6.3 填充图案

　　绘制景观设计图纸时，并不是每种类型的图样都需要徒手绘制，有些设施图形可以通过调用图块来表现。例如灯箱、电话亭、植物等图形，通过调用图块，即可保证图纸的统一性，又可节省制图时间。

　　除了调用图块外，可以通过各种不同的图案来表现地面铺装或者植被。调用图案填充命令，通过设置图案的比例、角度等参数，来绘制图案表现地面铺装的效果及植被的种植效果。

01 将"图块"图层置为当前图层。

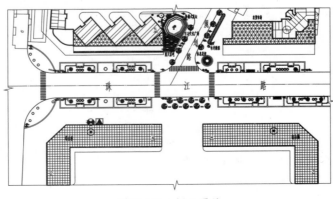

图17-116 调入图块

02 调入图块。按下Ctrl+O组合键，打开配套光盘提供的"第17章/图块图例.dwg"文件，在其中选择植物、路灯、电话亭等图块，将其复制到当前图形中，如图 17-116所示。

03 将"填充"图层置为当前图层。

表17-4 参数设置列表

编号	1	2	3
参数设置	**类型和图案** 类型(Y)：预定义 图案(P)：ANSI38 颜色(C)：ByLayer 样例： 自定义图案(M)： **角度和比例** 角度(G)：0 比例(S)：200	**类型和图案** 类型(Y)：预定义 图案(P)：HOUND 颜色(C)：ByLayer 样例： 自定义图案(M)： **角度和比例** 角度(G)：0 比例(S)：100	**类型和图案** 类型(Y)：预定义 图案(P)：STARS 颜色(C)：ByLayer 样例： 自定义图案(M)： **角度和比例** 角度(G)：0 比例(S)：80

图17-117 填充图案

04 填充图案。调用H（图案填充）命令，在【图案填充和渐变色】对话框中设置地面及植被图案填充参数，如表 17-4所示，填充结果如图 17-117所示。

17.6.4 绘制图例表

文字标注说明了平面图上各图块及填充图案所代表的意义，可以方便人们直观的了解道路绿化的设计情况，调用多重引线命令来绘制文字标注。

图例表由图例及文字标注组成，说明各图例所代表植物的名称。

01 将"文字标注"图层置为当前图层。

02 文字标注。调用MLD（多重引线）命令、MT（多行文字）命令，绘制文字标注，如图 17-118所示。

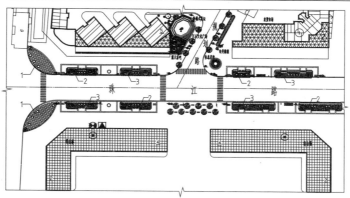

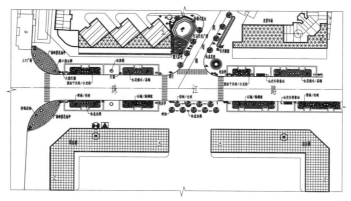

图17-118 文字标注

03 绘制图例表。调用REC（矩形）命令、X（分解）命令，绘制并分解矩形；调用O（偏移）命令，偏移矩形边线可完成表格的绘制。

04 调用CO（复制）命令，将图块移动复制到表格中；调用MT（多行文字）命令，绘制文字标注，如图 17-119所示。

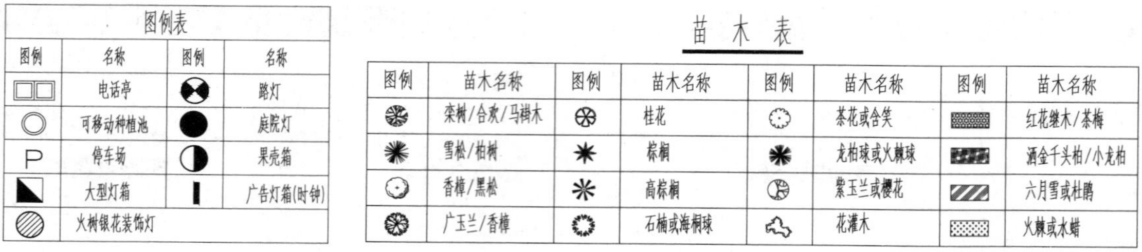

图例表			
图例	名称	图例	名称
	电话亭		路灯
	可移动种植池		庭院灯
P	停车场		果壳箱
	大型灯箱	I	广告灯箱(时钟)
	火树银花装饰灯			

苗 木 表

图例	苗木名称	图例	苗木名称	图例	苗木名称	图例	苗木名称
	栾树/合欢/马褂木		桂花		茶花或含笑		红花檵木/茶梅
	雪松/柏树		棕榈		龙柏球或火棘球		洒金千头柏/小龙柏
	香樟/黑松		高棕榈		紫玉兰或樱花		六月雪或杜鹃
	广玉兰/香樟		石楠或海桐球		花灌木		火棘或水蜡

图17-119　绘制图例表

第18章
施工图打印方法与技巧

园林设计施工图纸的打印方式有两种，一是在模型空间中打印，也就是我们经常用来绘制图形的空间；一是在布局空间中打印，在该空间中打印需要创建视口。

本章分别介绍在模型空间与布局空间中打印各类园林设计图纸的方法。

18.1

模型空间打印 ━━━━━━○

启动软件，系统默认进入模型空间。在通常情况下，我们会在模型空间中绘制或者编辑图形。在模型空间中打印图形既方便又简单，首先是调入图签，接着指定打印机，设定打印参数，便可将图纸打印输出。

18.1.1 调入图签 ━━━━━━○

图签应该先绘制好，然后将图签创建成图块；这样的话在打印各种图纸时，先调入图签，再根据图形的数量及大小来调整图签的大小即可。

首先，打开配套光盘提供的"18.1 模型空间打印.dwg"文件，如图18-1所示。

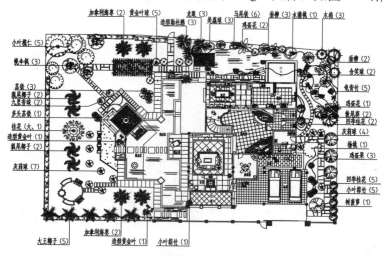

乔、灌木配置总平面图　　1:150

图18-1　打开素材文件

其次，调用I（调入）命令，调出【插入】对话框，在其中选择"A3图签"图块；单击"确定"按钮，在命令行中输入S，选择"比例"选项，设置比例因子为150，放大图签。

最后，在绘图区中点取图签的插入点，结果如图18-2所示。

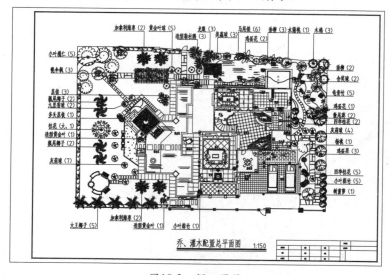

乔、灌木配置总平面图　1:150

图18-2　调入图签

18.1.2 页面设置

通过设置发布和打印的页面参数，为即将打印的图形指定打印机、打印尺寸、打印比例等，使得所选择的图形都按照一个样式来打印。

页面设置的操作如下。

01 执行"文件"|"页面设置管理器"命令，弹出【页面设置管理器】对话框，如图18-3所示。

图18-3 【页面设置管理器】对话框

02 单击"新建"按钮，调出【新建页面设置】对话框，设置新页面设置名称如图18-4所示。

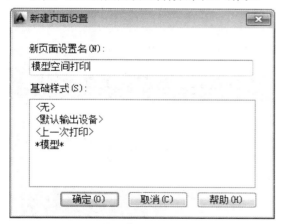

图18-4 【新建页面设置】对话框

03 单击"确定"按钮进入【页面设置—模型】对话框，在对话框中分别指定打印机及图纸尺寸，在"打印范围"选项组下选择"窗口"，单击右侧的"窗口"按钮，此时对话框被关闭并回到绘图区中，分别点

取图签的左上角点及右下角点来指定打印窗口。

04 指定打印窗口后返回对话框中，再分别设置其他参数，如图18-5所示。

05 单击"确定"按钮返回【页面设置管理器】对话框，单击右侧的"置为当前"按钮，将新页面设置置为当前样式，如图18-6所示。

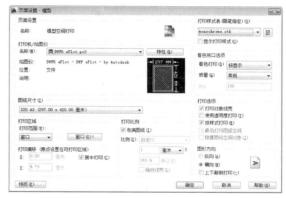

图18-5 【页面设置—模型】对话框

06 单击"关闭"按钮关闭对话框，完成页面设置的操作。

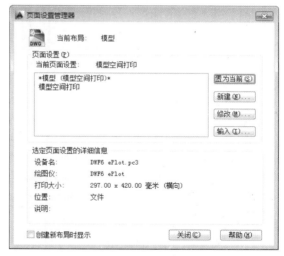

图18-6 置为当前样式

18.1.3 打印

执行"打印"命令，可以将所选的图纸按照指定的打印样式打印输出。

打印图纸的操作如下。

01 执行"文件"|"打印"命令，调出【打印—模型】对话框，如图18-7所示。

02 单击"预览"按钮进入预览页面，预览图纸的打印效果，如图18-8所示。

图18-7 【打印—模型】对话框

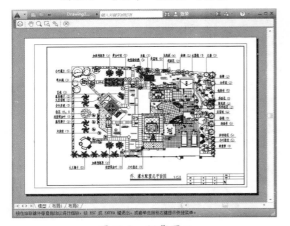

图18-8 预览页面

03 单击页面左上角的"打印"按钮🖶，在弹出的【浏览打印文件】对话框中设置文件名称及存储路径，如图18-9所示。

04 单击"保存"按钮，显示如图18-10所示的【打印作业进度】对话框。

图18-9 【浏览打印文件】对话框

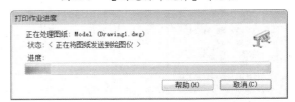

图18-10 【打印作业进度】对话框

18.2 图纸空间打印

图纸空间也就是布局空间，通常情况下布局空间会有一个系统自定义创建的视口；激活视口，可以在该视口内查看或者编辑图形。与模型空间类似，在图纸空间中也可以将图形打印输出。

18.2.1 进入布局空间

进入布局空间的操作步骤如下。

01 单击工作界面左下角的"布局1"选项卡，可以进入布局空间，如图18-11所示。

02 位于虚线框内的矩形即系统创建的视口边框，因为我们需要打印的图形有多个，因此一个视口是不够的；通常将其删除，另外创建新的多个视口以符合打印要求。

03 选中视口边框，调用E（删除）命令，将其删除的结果如图18-12所示。

图18-11　布局空间

图18-12　删除视口

18.2.2　页面设置

页面设置的操作步骤如下。

01 在布局标签上单击右键，在弹出的快捷菜单中选择"页面设置管理器"选项。在调出的【页面设置管理器】对话框中新建一个名称为"图纸空间打印样式"的页面设置。

02 单击"确定"按钮进入【页面设置—布局】对话框，设置各项参数，如图 18-13所示。单击"确定"按钮关闭对话框，在【页面设置管理器】对话框中单击"置为当前"按钮，将新页面设置置为当前正在使用的样式。

图18-13　【页面设置—布局】对话框

03 单击"关闭"按钮，完成设置的结果如图 18-14所示。

图18-14　设置结果

18.2.3　创建视口

创建视口的步骤如下。

01 执行"视图"|"视口"命令，在【视口】对话框中选择"四个：相等"选项，如图 18-15所示。

02 单击"确定"按钮，在布局空间中的虚线框内分别指定视口的左上角点及右下角点，创建四个相等视口的结果如图 18-16所示。

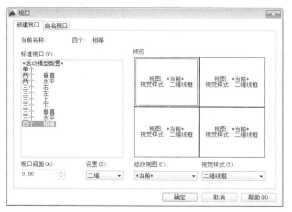

图18-15　【视口】对话框

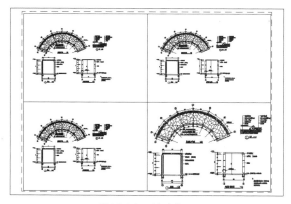

图18-16　创建视口

18.2.4　调入图签

调入图签及调整视口内图形显示的操作

步骤如下。

01 调用I（插入）命令，在【插入】对话框中选择"A3图签"，在"比例"选项组下设置参数如图18-17所示。

02 单击"确定"按钮，在布局空间中点取图签的插入点；调用M（移动）命令，调整图签的位置，使其全部位于虚线框内，如图18-18所示。

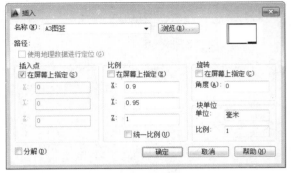

图18-17 【插入】对话框

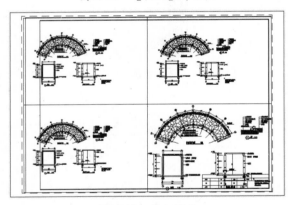

图18-18 插入图签

03 在视口边框内双击左键，待视口边框变粗后在其中调整图形的显示，如图18-19所示。

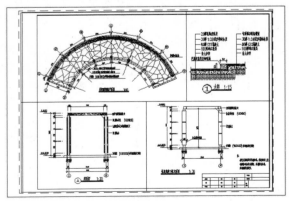

图18-19 调整图形的显示

18.2.5 打印

打印输出图纸的操作步骤如下。

01 调用LA（图层特性管理器）命令，在【图层特性管理器】对话框中将视口所在图层设置为不打印状态。

02 执行"文件"|"打印"命令，调出如图18-20所示的【打印—布局】对话框。

03 单击"预览"按钮，预览图形的打印效果，如图18-21所示。

04 单击页面左上角的"打印"按钮，在弹出的【浏览打印文件】对话框中设置文件名称及存储路径；单击"保存"按钮，显示【打印作业进度】对话框，对话框关闭即可完成打印操作。

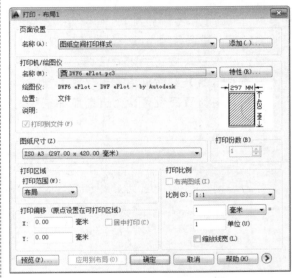

图18-20 【打印—布局】对话框

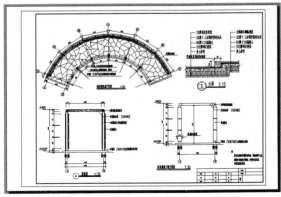

图18-21 打印预览